21世纪高等院校创新教材

GAILÜLUN YU SHULI TONGJI

概率论与数理统计

主　编◎李振华　齐宗会
副主编◎周振宁　樊园杰

中国人民大学出版社

·北京·

内容简介

　　本书根据高等院校经管类专业概率论与数理统计课程的最新教学大纲编写而成，注重数学概念的实际背景与几何直观的引入，强调数学的思想和方法，紧密联系实际，服务专业课程，精选了许多实际应用案例并配备了相应的应用习题，供读者学习时选用.

　　本书内容包括随机事件及其概率、随机变量及其分布、随机变量的数字特征、数理统计的基础知识、参数估计、假设检验、方差分析与回归分析简介等知识.

　　本书可作为普通高等院校、独立学院、成教学院、民办院校等本科院校以及具有较高要求的高职高专院校相应专业的概率论与数理统计教材.

前　言

  概率论与数理统计是近代数学的一个分支，是研究现实生活中一类不确定现象（随机现象）及其规律性的一门学科，在工业生产、科技、医药、国防、经济等各个方面都有广泛的应用．随着我国现代化的进程，概率论与数理统计在我国日益受到人们的重视，高校的许多专业都把这门课列入教学计划，甚至在高中和中专的教材中也出现了概率论和数理统计的初步知识．故掌握概率论和数理统计的基本思想和方法是每一个数学教师的迫切任务．

  本书根据高等院校经管类专业概率论与数理统计课程的最新教学大纲编写而成，注重数学概念的实际背景与几何直观的引入，强调数学的思想和方法，紧密联系实际，服务专业课程，精选了许多实际应用案例并配备了相应的应用习题，供读者学习时选用．

  本书内容包括随机事件及其概率、随机变量及其分布、随机变量的数字特征、数理统计的基础知识、参数估计、假设检验、方差分析与回归分析简介等知识．

  本书可作为普通高等院校、独立学院、成教学院、民办院校等本科院校以及具有较高要求的高职高专院校相应专业的概率论与数理统计的教材．

  在本书的编写过程中，天津师范大学的刘立凯教授提出了许多宝贵意见；宝德学院的领导和老师也给予了热情的帮助，在此，向他们表示衷心的感谢．

目　录

第一章

随机事件及其概率

概率论与数理统计是从数量化的角度来研究现实世界中一类不确定现象(随机现象)及其规律性的一门应用数学学科. 20 世纪以来，它已广泛应用于自然科学、社会科学、工程技术、医药卫生等各个领域. 特别是近几年，其思想方法在经济、管理、金融、保险等方面的应用使得这些领域的研究方法取得了实质性的进展. 本章介绍的随机事件及其概率是概率论中最重要、最基本的概念之一.

§1.1　随机事件及其关系和运算

一、随机现象

在自然界和人类社会生活中普遍存在的现象大致可以分为两类：确定性现象和随机现象.

在一定的条件下进行试验，必然会出现某一结果的现象，称为**确定性现象**，亦称为**必然现象**.

例如，(1)在标准大气压下，把纯水加热到 100℃，水必沸腾；(2)盒子里有 10 个白球，任取一个必为白球.

在一定的条件下进行试验，于试验结束之前不能准确预言其结果的现象，称为**随机现象**.

例如，(1)掷一枚均匀的硬币，我们无法事先预知将出现正面还是反面；(2)袋中有 3 个白球 2 个红球，有放回地每次任取一个，则球的颜色不完全一样，可能取到白球也可能取到红球；(3)观察一小时内电话交换台接到的呼唤次数，可能多也可能少.

那随机现象到底有没有规律可循？下面就这一问题进行简单的介绍.

根据随机现象性质的不同，有些随机现象可以通过重复出现来体现一定的规律性，而有些随机现象则不具有这样的特征. 所以随机现象又可以大致分成两类：个别随机现象和大量随机现象.

一般把不能在相同条件下重复出现且带有偶然性的现象，称为**个别随机现象**. 例如，"牛顿于 1727 年 3 月 31 日去世"，还有很多带偶然性特点的历史事件，都可以归属于个别随机现象.

在一定的条件下可以（至少原则上可以）重复出现的现象，称为**大量随机现象**，例如，掷硬币观察其正反面出现的情况，等等. 概率论主要研究的是大量随机现象的规律性，一般不研究个别随机现象. 以后若无特别说明，随机现象都指大量随机现象.

大量随机现象所体现的规律性又称为**统计规律性**，其特点是在多次重复出现时表现出来的一种规律性. 例如，一名优秀的短跑运动员，一两次短跑成绩不足以反映其真实水平，而应该通过多次测试其真实水平才能表现出来. 概率论的任务，就是通过随机现象的随机性揭示其统计规律性.

二、随机试验与样本空间

1. 随机试验

对于随机现象的结果，初看似乎毫无规律. 然而人们发现同一随机现象大量重复出现时，其每种可能的结果出现的频率具有稳定性，从而表明随机现象具有其固有的规律性. 也就是上面所说的随机现象的**统计规律性**. 概率论与数理统计是研究随机现象统计规律性的一门学科.

例如，掷一枚均匀的硬币结果出现正面还是反面有规律吗？这种规律性又如何表现出来呢？历史上有一些著名的试验，表 1—1—1 为我们提供了背景.

表 1—1—1　　　　　　　　　　　　抛硬币试验记录

试验者	掷硬币次数	出现正面的次数	正面频率
De Morgan	2 048	1 061	0.518 07
Buffon	4 040	2 048	0.506 93
Pearson	12 000	6 019	0.501 58
Pearson	24 000	12 012	0.500 50

为了对随机现象的统计规律性进行研究，就需要对随机现象进行重复观察，我们把对随机现象的观察称为**随机试验**，并简称为试验，记为 E. 而并不是任何试验都是随机试验，概率论研究的主要是大量随机现象，这就对试验有一定的要求.

我们称一个试验 E 为随机试验，如果它满足：

(1) 试验可以在相同条件下重复进行；

(2) 每次试验的可能结果不止一个，并且能事先明确试验的所有可能结果；

(3) 每次试验总出现这些可能结果中的一个，但试验之前不能确定会出现哪个结果.

【例 1】　判断下面试验是否为随机试验.

(1) 从某厂生产的灯泡中任取一只观察其最长使用时间；

(2) 观察两同性电荷是否会相斥.

解　根据随机试验的条件判断(1)为随机试验，(2)不属于随机试验，不满足第二个和第三个条件.

2. 样本空间

对于试验 E，它的每一个可能结果称为一个**样本点**，记为 ω_i 或 e_i（$i = 1, \cdots, n, \cdots$）；全体样本点所构成的集合称为**样本空间**，记为 Ω（或 S）.

【例2】 从标号为 $1,2,\cdots,10$ 的十个球中任取一个，观察取到球的标号.

解 样本点：$\omega_i = \{$取到第 i 号球$\}$，$i = 1,\cdots,10$；样本空间：$\Omega = \{\omega_i : i = 1,\cdots,10\} = \{1,2,\cdots,10\}$.

【例3】 观察某市 120 急救电话交换台在一昼夜内接到的呼叫次数.

解 样本点：$\omega_i = \{$接到 i 次呼叫$\}$，$i = 0,1,2,\cdots$；样本空间：$\Omega = \{0,1,2,\cdots\}$.

对于一个试验 E 而言，其样本点可能是有限个，也可能是无限个.

三、随机事件

1. 随机事件的概念

在概率论中，只包含一个样本点的事件称为**基本事件**，包含两个或两个以上样本点的事件称为**复合事件**. 基本事件与复合事件统称为**随机事件**，简称**事件**. 习惯上，用大写英文字母 $A,B,C,\cdots$ 表示；有时也用 $\{\cdots\cdots\}$ 或 "$\cdots\cdots$" 表示（大括号或引号内用式子或文字表示事件的内容）.

例如，掷硬币 "出现正面"；掷色子 "出现偶数点"；抽样检验 "抽到不合格品" 等都是事件；若以 n 表示 10 次射击命中的次数，则 $\{5 \leqslant n < 9\}$ 也是事件.

在一定的条件下必然发生的事件称为**必然事件**，用 Ω（或 S）表示. 例如，在标准大气压下，把水加热到 $100\,^\circ\!\mathrm{C}$，则 $\{$水沸腾$\}$ 是一个必然事件. 在一定的条件下必然不发生的事件称为**不可能事件**，用 $\varnothing$ 表示. 例如，在标准大气压下，把水加热到 $100\,^\circ\!\mathrm{C}$，则 $\{$水结冰$\}$ 是一个不可能事件. 必然事件和不可能事件都是确定性事件，为了方便讨论，今后我们将它们都看作两个特殊的随机事件.

2. 随机事件的集合表示

由定义，样本空间 Ω 是随机试验的所有可能结果（样本点）的集合，每一个样本点是该集合的一个元素. 一个事件是由具有该事件所要求的特征的那些可能结果所构成的，所以一个事件对应于 Ω 中具有相应特征的样本点所构成的集合，它是 Ω 的一个子集. 于是，任何一个事件都可以用 Ω 的某个子集来表示.

例如，在例 2 的随机试验中 $A = \{$抽到偶数号球$\}$，则可将 A 表示成 $A = \{2,4,6,8,10\}$.

基本事件 ω 只包含它自身，用单元素集 $\{\omega\}$ 来表示；必然事件包含全体事件，用样本空间 Ω 来表示；不可能事件不含任何事件，用空集 $\varnothing$ 来表示.

四、事件的关系与运算

因为事件是样本空间的一个集合，故事件之间的关系与运算可按集合之间的关系和运算来处理.

（1）**包含**：若事件 A 发生必导致事件 B 发生（即 A 中的每个样本点都在 B 中），则称事件 A **包含于**事件 B，或事件 B **包含**事件 A，记 $A \subset B$.

（2）**相等（等价）**：若 $A \subset B$ 且 $B \subset A$（即 A 与 B 包含完全相同的样本点），则称事件 A 与事件 B **相等**，记 $A = B$.

（3）**和（并）**："事件 A 与事件 B 至少有一个发生" 作为一个事件，称为事件 A 与事件 B 的**和**或**并**，记作 $A \cup B$ 或 $A + B$；"有限个 $A_1,A_2,\cdots,A_n$ 或可数个事件 $A_1,A_2,\cdots,A_n,\cdots$

之中至少有一个发生"作为一个事件，称为 $A_1,A_2,\cdots,A_n$ 或 $A_1,A_2,\cdots,A_n,\cdots$ 的和（或并），记作 $\bigcup\limits_{i=1}^{n}A_i$ 或 $\bigcup\limits_{i=1}^{\infty}A_i$.

(4) 积（交）："事件 A 与事件 B 同时发生"作为一个事件，称为事件 A 与事件 B 的**交或积**，记作 $A\bigcap B$ 或 AB；"有限个 $A_1,A_2,\cdots,A_n$ 或可数个事件 $A_1,A_2,\cdots,A_n,\cdots$ 同时发生"作为一个事件，称为这些事件 $A_1,A_2,\cdots,A_n$ 或 $A_1,A_2,\cdots,A_n,\cdots$ 的交（或积），记作 $\bigcap\limits_{i=1}^{n}A_i$ 或 $\bigcap\limits_{i=1}^{\infty}A_i$.

(5) 差："事件 A 发生但事件 B 不发生"作为一个事件，称为"事件 A 与事件 B 的**差**"或"A 减 B"，记作 $A-B$.

(6) 互不相容（互斥）：若事件 A 与事件 B 不能同时发生，即 $AB=\varnothing$，则称事件 A 与事件 B **互不相容**，或者**互斥**. 若 $A_1,A_2,\cdots,A_n$ 中任意两个事件都互不相容，则称 $A_1,A_2,\cdots,A_n$ 两两互不相容.

(7) 对立（互逆）：事件"A 不发生"称为事件 A 的**对立事件**，记作 $\bar{A}$. 显然，A 也是 $\bar{A}$ 的对立事件：$\bar{\bar{A}}=A$，即 A 和 $\bar{A}$ 互为对立事件. 在每次试验中，两个相互对立的事件 A 和 $\bar{A}$ 必有一个出现，但不可能同时出现. 所以两个相互对立的事件一定是互不相容事件，但是两个互不相容事件一般未必是对立事件.

由于事件的运算法则与集合的运算法则相同，所以我们可以利用图形（维恩图，Venn，1834—1888，英国逻辑学家）来表示事件之间的关系（见图 1—1—1）.

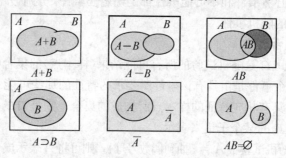

图 1—1—1　维恩图

易见事件的运算满足如下基本关系：

(1) $A\bar{A}=\varnothing$，$A\bigcup\bar{A}=\Omega$，$\bar{A}=\Omega-A$.

(2) 若 $A\subset B$，则 $A\bigcup B=B$，$AB=A$.

(3) $A-B=A\bar{B}=A-AB$，$A\bigcup B=A\bigcup(B-A)$.

利用事件的关系与运算可以得出如下概念：

设 $A_1,A_2,\cdots,A_n,\cdots$ 是有限或可数个事件，如果其满足：

(1) 事件两两互不相容：$A_iA_j=\varnothing$ $(i\neq j)$；

(2) 它们之和是必然事件：$A_1+A_2+\cdots+A_n+\cdots=\Omega$. 即事件 $A_1,A_2,\cdots,A_n,\cdots$ 在每次试验中必出现一个且只出现一个；

则称 $A_1,A_2,\cdots,A_n,\cdots$ 构成一个完备事件组.

显然 A 与 $\bar{A}$ 是一个完备事件组.

【例4】 某射手连续射击 10 次，记录其命中次数，则样本空间为 $\Omega=\{0,1,\cdots,10\}$；以 n 表示 10 次射击命中的次数，事件 $A=\{n\geqslant6\}$，$B=\{n<6\}$，$C=\{n\geqslant7\}$，$D=\{5\leqslant n\leqslant8\}$，则事件作为样本空间的子集，有如下关系式：

$$\overline{A}=B,A+B=\Omega=\{0,1,\cdots,10\},A-B=A,$$
$$A+C=A,A-C=\{6\},A+D=\{5,6,\cdots,10\},A-D=\{9,10\};$$
$$A\cap C=C,B\cap C=\varnothing,A\cap D=\{6,7,8\},B\cap D=\{5\}.$$

五、事件的运算规律

对于任意事件 A,B,C，满足交换律、结合律、分配律、自反律和对偶律：

(1) 交换律　$A\cup B=B\cup A$，$A\cap B=B\cap A$；

(2) 结合律　$A\cup B\cup C=(A\cup B)\cup C=A\cup(B\cup C)$，$A\cap B\cap C=(A\cap B)\cap C=A\cap(B\cap C)$；

(3) 分配律　$(A\cup B)\cap C=(A\cap C)\cup(B\cap C)$，$(A\cap B)\cup C=(A\cup C)\cap(B\cup C)$；

(4) 自反律　$\overline{\overline{A}}=A$；

(5) 对偶律　$\overline{A\cup B}=\overline{A}\cap\overline{B}$，$\overline{A\cap B}=\overline{A}\cup\overline{B}$。

注　以上各运算都可以推广到有限个或可数个事件的情形.

【例5】 甲、乙、丙三人进行射击训练，记 A 表示"甲击中目标"，B 表示"乙击中目标"，C 表示"丙击中目标"，则可用上述三个事件的运算来分别表示下列各事件：

(1) "乙未击中目标"：$\overline{B}$；

(2) "甲击中而乙未击中"：$A\overline{B}$；

(3) "三人中只有丙未击中"：$AB\overline{C}$；

(4) "三人中恰好有一人击中"：$A\overline{B}\,\overline{C}\cup\overline{A}B\overline{C}\cup\overline{A}\,\overline{B}C$；

(5) "三人中至少有一人击中"：$A\cup B\cup C$；

(6) "三人中至少有一人未击中"：$\overline{A}\cup\overline{B}\cup\overline{C}$ 或 $\overline{ABC}$；

(7) "三人中恰有两人击中"：$AB\overline{C}\cup A\overline{B}C\cup\overline{A}BC$；

(8) "三人中至少两人击中"：$AB\cup AC\cup BC$；

(9) "三人均未击中"：$\overline{A}\,\overline{B}\,\overline{C}$；

(10) "三人中至多一人击中"：$\overline{A}\,\overline{B}\,\overline{C}\cup A\overline{B}\,\overline{C}\cup\overline{A}B\overline{C}\cup\overline{A}\,\overline{B}C$；

(11) "三人中至多两人击中"：$\overline{ABC}$ 或 $\overline{A}\cup\overline{B}\cup\overline{C}$。

习题 1—1

1. (1) 一枚硬币连抛 2 次，观察正面 H、反面 T 出现的情形，样本空间是：$\Omega=$＿＿＿；
(2) 一枚硬币连抛 3 次，观察出现正面的次数，样本空间是：$\Omega=$＿＿＿＿＿＿＿＿＿；
(3) 一枚硬币连抛 2 次，A：第一次出现正面，则 $A=$＿＿＿＿＿＿＿；B：两次出现同一面，则 $B=$＿＿＿＿；C：至少有一次出现正面，则 $C=$＿＿＿＿。

2. 掷一颗骰子. A：出现奇数点，则 $A=$＿＿＿；B：数点大于 2，则 $B=$＿＿＿。

3. A、B、C 为三事件，用 A、B、C 的运算关系表示下列各事件：

(1) "A、B、C 都不发生"表示为：_____.

(2) "A 与 B 都发生，而 C 不发生"表示为：_____.

(3) "A 与 B 都不发生，而 C 发生"表示为：_____.

(4) "A、B、C 中最多两个发生"表示为：_____.

(5) "A、B、C 中至少两个发生"表示为：_____.

(6) "A、B、C 中不多于一个发生"表示为：_____.

4. 设某人向靶子射击 3 次，用 A_2 表示"i 次射击击中靶子"（$i=1,2,3$），试用语言描述下列事件：(1) $A_1 \bigcup A_2 \bigcup A_3$；(2) $\overline{A_1 \bigcup A_2 \bigcup A_3}$；(3) $\overline{A_1 \bigcup A_2}$.

5. 举例说明两个事件互不相容与两个事件对立的区别.

§1.2　随机事件的概率

一、随机事件的频率与概率

1. 事件的频率

在相同的条件下将试验 E 重复 n 次，设在这 n 次试验中事件 A 发生了 $r_n(A)$ 次，则称比值

$$f_n(A) = \frac{r_n(A)}{n}$$

为事件 A 在这 n 次试验中发生的**频率**.

注：易证，频率有如下性质：

(1) $0 \leqslant f_n(A) \leqslant 1$；　(2) $f_n(\varnothing) = 0$；　(3) $f_n(\Omega) = 1$；

(4) 设 $A_1, A_2, \cdots, A_n$ 是两两互不相容的事件，则 $f_n(\bigcup_{i=1}^{n} A_i) = \sum_{i=1}^{n} f_n(A_i)$.

实践证明频率具有稳定性：当试验次数 n 很大时，事件 A 的频率 $f_n(A)$ 总是稳定于某个常数，频率的这一特性称为**频率的稳定性**.

由表 1—2—1 可以看出，随着试验次数的不断增大，正面出现的频率越来越"稳定"在数值 0.5 附近，而与 0.5 有较大偏差的情形越不易发生，于是我们就用 0.5 来刻画正面出现的可能性的大小，称 0.5 为正面出现的"概率". 一般地，我们有如下概率的统计定义.

表 1—2—1　　　　　　　　　抛掷硬币统计频数和频率的试验

抛掷硬币次数 n	10	100	1 000	4 040	12 000	24 000	30 000
出现正面次数 $f_n(A)$	6	45	490	2 048	6 019	12 012	14 994
出现正面频率 $\dfrac{f_n(A)}{n}$	0.6	0.45	0.490	0.506 9	0.501 6	0.500 5	0.499 8

2. 概率的统计定义

在一定条件下，将试验 E 重复进行 n 次，当试验次数 n 很大时，如果事件 A 发生的频率 $f_n(A) = \dfrac{r_n(A)}{n}$ 稳定地在某一数值 p 附近摆动，并且随着试验次数 n 的不断增大，$f_n(A)$ 与 p 有较大偏差的情形越少发生，则称数值 p 为事件 A 发生的概率. 记为 $P(A) = p$.

频率的稳定性，是指当 n 很大时，$f_n(A) = \dfrac{r_n(A)}{n}$ 经常地在 $P(A)$ 附近，$f_n(A)$ 与 $P(A)$ 有显著差异的情形十分罕见，但不是绝对不可能的. 所以，增加了试验次数，频率接近于概率，不是绝对必然的，而是极大可能的. 因此"频率的极限是概率"的说法是不准确的.

二、概率的公理化定义

设 E 是随机试验，Ω 是它的样本空间，对于 E 的每一个事件 A 赋予一个实数，记为 $P(A)$. 若 $P(A)$ 满足下列三个条件：

(1) 非负性：对每一个事件 A，有 $P(A) \geqslant 0$；

(2) 完备性(规范性)：$P(\Omega) = 1$；

(3) 可列可加性：对任意可数个两两互不相容的事件 $A_1, A_2, \cdots, A_n, \cdots$，有
$$P\left(\bigcup_{i=1}^{\infty} A_i\right) = \sum_{i=1}^{\infty} P(A_i)；$$
则称 $P(A)$ 为事件 A 的概率.

三、概率的性质

除了概率的公理化定义中的三条外，概率还有下列性质：

性质 1　$P(\varnothing) = 0$；

性质 2　(有限可加性) 若 $A_1, A_2, \cdots, A_n$ 两两互不相容(即 $A_iA_j = \varnothing, i \neq j$)，则
$$P\left(\bigcup_{i=1}^{n} A_i\right) = \sum_{i=1}^{n} P(A_i).$$

性质 3　$P(\bar{A}) = 1 - P(A)$；

性质 4　(减法公式) $P(A-B) = P(A) - P(AB)$；若 $B \subset A$，则 $P(A-B) = P(A) - P(B)$；

性质 5　(单调性) 若 $A \subset B$，则 $P(A) \leqslant P(B)$；

性质 6　(加法公式)对于任意事件 A, B, C，有
$$P(A+B) = P(A) + P(B) - P(AB),$$
$$P(A+B+C) = [P(A)+P(B)+P(C)] - P(AB) - P(AC) - P(BC) + P(ABC).$$

【例1】 已知 $P(\bar{A}) = 0.5$，$P(\bar{A}B) = 0.2$，$P(B) = 0.4$，求 (1) $P(AB)$；(2) $P(A-B)$；(3) $P(A \cup B)$；(4) $P(\bar{A}\bar{B})$.

解　(1) 因为 $P(\bar{A}B) = P(B) - P(AB)$，所以 $P(AB) = P(B) - P(\bar{A}B) = 0.2$；

（2）因为 $P(A)=1-P(\overline{A})=1-0.5=0.5$，所以 $P(A-B)=P(A)-P(AB)=0.5-0.2=0.3$；

（3）$P(A\bigcup B)=P(A)+P(B)-P(AB)=0.5+0.4-0.2=0.7$；

（4）$P(\overline{A}\overline{B})=P(\overline{A\bigcup B})=1-P(A\bigcup B)=0.3$.

【例2】 产品有一、二等品及废品 3 种，若一、二等品率分别为 0.63 及 0.35，求产品的合格率与废品率.

解 令 $A=\{$任取一产品为合格品$\}$，$A_1=\{$任取一产品为一等品$\}$，$A_2=\{$任取一产品为二等品$\}$，则 A_1，A_2 互不相容，且 $A=A_1+A_2$，故

$$P(A)=P(A_1+A_2)=P(A_1)+P(A_2)=0.63+0.35=0.98,$$
$$P(\overline{A})=1-P(A)=0.02.$$

四、古典概型

1. 古典概率与计算

如果一个随机试验 E 具有下述两个特征：

（1）样本空间 Ω 中只有有限个基本事件（样本点）$\omega_1,\omega_2,\cdots,\omega_n$；

（2）每个基本事件 $\omega_i(1=1,2,\cdots,n)$ 出现的可能性都相同；

则称这种随机试验为古典型随机试验，而相应的数学模型称为古典概型.

【例3】 判断下列试验是否为古典概型.

E_1：掷一枚均匀硬币，观察出现哪一面；

E_2：从 m 件正品、n 件次品中任取一件，观察取到的是正品还是次品；

E_3：同时掷两枚相同的硬币，观察出现哪一面；

E_4：对靶射击一次，观察弹着点到靶心的距离.

解 E_1，E_2 是古典概型，而 E_3，E_4 就不是.

对于古典概型事件概率的计算有公式可循，设古典型随机试验的样本空间中共有 n 个基本事件（样本点），A 为古典概型中的事件. 而事件 A 由 m 个基本事件组成（A 包含的样本点个数），则

$$P(A)=\frac{m}{n}=\frac{\text{组成 }A\text{ 的基本事件个数}}{\text{基本事件总数}}=\frac{A\text{ 包含的样本点个数}}{\text{样本点总数}}. \tag{1.1}$$

这个计算公式称为**概率的古典定义**，这就把求古典概率的问题转化为基本事件的计数问题.

2. 基本计数原理

（1）乘法原理.

如果完成某件事需分 n 个步骤：完成第 1 步有 m_1 种方法；完成第 2 步有 m_2 种方法；…；完成第 n 步有 m_n 种方法，则完成这件事一共有 $m_1\cdot m_2\cdots m_n$ 种方法.

（2）加法原理.

如果完成某件事有 n 种方式，第 1 种方式有 m_1 种方法；第 2 种方式有 m_2 种方法；…；第 n 种方式有 m_n 种方法，则完成这件事共有 $m_1+m_2+\cdots+m_n$ 种方法.

这两个基本原理在排列组合中，无论是推导公式还是解答问题都经常引用，应熟练掌握.

3. 排列组合方法

从 n 个不同的元素中取出 r 个元素，依一定的顺序摆成一排，叫做从 n 个不同元素中取 r 个元素的**排列**. 这种排列的总数为

$$\mathrm{P}_n^r = n(n-1)\cdots(n-r+1) = \frac{n!}{(n-r)!}.$$

当 $r < n$ 时，称为**选排列**；当 $r = n$ 时，称为**全排列**，此时 $\mathrm{P}_n = \mathrm{P}_n^n = n!$.

从 n 个不同的元素中取出 r 个元素，不考虑它们的顺序并成一组，叫做从 n 个不同元素中取 r 个元素的**组合**. 这种组合的总数为

$$\mathrm{C}_n^r = \frac{\mathrm{P}_n^r}{\mathrm{P}_r} = \frac{n(n-1)\cdots(n-r+1)}{r!} = \frac{n!}{r!\,(n-r)!}.$$

【例 4】 有 m 个男同学与 n 个女同学，

(1) 女同学必须排在一起，有多少种排法？

(2) 首尾必须是男同学，有多少种排法？

解 (1) 由排列方法和乘法原理排法为 $\mathrm{P}_{m+1} \cdot \mathrm{P}_n$；(2) 由乘法原理可得 $\mathrm{P}_m^2 \cdot \mathrm{P}_{m+n-2}$.

【例 5】 袋中有 7 个球，4 白 3 黑. 从中任取 3 个球，计算至少有两个白球的概率.

解 令 $A = \{$至少有两个白球$\}$.

从 7 个球中任取 3 个，共有 C_7^3 种取法，它们都是等可能的；而其中至少有 2 个白球的取法有下面两种情况：①2 个白球 1 个黑球有 $\mathrm{C}_4^2 \mathrm{C}_3^1$ 种取法；②3 个都是白球有 C_4^3 种取法. 故使 A 发生的取法共有 $\mathrm{C}_4^2 \mathrm{C}_3^1 + \mathrm{C}_4^3$ 种，于是有 $P(A) = \dfrac{\mathrm{C}_4^2 \mathrm{C}_3^1 + \mathrm{C}_4^3}{\mathrm{C}_7^3} = \dfrac{22}{35}$.

【例 6】 在 6 张同样的卡片上分别写有字母 C，C，I，I，R，T，现在将 6 张卡片随意排成一列，求恰好排成英文单词 CRITIC（评论家）的概率 p.

解 6 张卡片的全排列有 $N = 6! = 720$ 种，其中恰好排成英文单词 CRITIC 的排法总共有 $M = 2 \times 2 = 4$ 种：两个字母 C 交换位置计 2 种，两个字母 I 交换位置计 2 种. 因此，

$$p = \frac{4}{720} = \frac{1}{180}.$$

【例 7】 从一批共 1 000 台机床中抽取 10 台作质量检验，已知 1 000 台中有 990 台是正品，其余 10 台是次品，试求：

(1) 现从 1 000 台中任取 10 台，共有多少种取法；

(2) 10 台都是正品的取法有多少种；

(3) 10 台中有 1 台次品的取法有多少种；

(4) 抽得的 10 台机床都是正品的概率；

(5) 抽得 9 台正品 1 台次品的概率.

解 设 $A = \{$抽得的 10 台机床都是正品$\}$，$B = \{$抽得 9 台正品 1 台次品$\}$.

(1) 从 1 000 台机床中抽取 10 台共有 $C_{1\,000}^{10}$ 种方法.

(2) 10 台机床都为正品的情况数为 C_{990}^{10}.

(3) 抽得 10 台中 9 台正品 1 台次品的取法为 $C_{990}^9 C_{10}^1$ 种.

(4) 由公式可得 $P(A) = \dfrac{C_{990}^{10}}{C_{1\,000}^{10}} = 0.904$；$P(B) = \dfrac{C_{990}^9 C_{10}^1}{C_{1\,000}^{10}} = 0.092\,1$.

【例 8】 将 n 个球任意放到 N 个箱子中（$N \geqslant n$），其中每个球都等可能地放入任意一个箱子，求下列各事件的概率：

(1) 指定的 n 个箱子各放一球；   (2) 每个箱子最多放入一球；

(3) 某指定的箱子不空；   (4) 某指定的箱子恰好放入 $k(k \leqslant n)$ 个球.

解 将 n 球任意放到 N 个箱子中，共有 N^n 种放法，即基本事件总数是 N^n，它们是等可能的. 记 (1)，(2)，(3)，(4) 的事件分别为 A，B，C，D，根据古典概率公式，可得 (1) $P(A) = \dfrac{n!}{N^n}$；(2) $P(B) = \dfrac{P_N^n}{N^n}$；(3) $P(C) = 1 - P(\bar{C}) = 1 - \dfrac{(N-1)^n}{N^n}$；

(4) $P(D) = \dfrac{C_n^k (N-1)^{n-k}}{N^n}$.

习题 1—2

1. 已知 $P(A \cup B) = 0.8$，$P(A) = 0.5$，$P(B) = 0.6$，则 (1) $P(AB)$ _____，(2) $P(\overline{AB}) =$ _____，(3) $P(\bar{A} \cup \bar{B}) =$ _____.

2. 已知 $P(A) = 0.7$，$P(AB) = 0.3$，则 $P(A\bar{B}) =$ _____.

3. 设 A，B 是两个事件，已知 $P(A) = 0.25$，$P(B) = 0.5$，$P(AB) = 0.125$，求 $P(A \cup B)$，$P(\bar{A}B)$，$P(\overline{AB})$.

4. 在 $100, 101, \cdots, 999$ 这 900 个 3 位数中，任取一个 3 位数，求不包含数字 1 的概率.

5. 在仅由数字 0，1，2，3，4，5 组成且每个数字至多出现一次的全体三位数中，任取一个三位数. 求：(1) 该数是奇数的概率；(2) 该数大于 330 的概率.

6. 袋中有 5 只白球，4 只红球，3 只黑球，在其中任取 4 只，求下列事件的概率.

(1) 4 只中恰有 2 只白球，1 个红球，1 只黑球.

(2) 4 只中至少有 2 只红球.

(3) 4 只中没有白球.

7. 将 3 个球（1～3 号）随机地放入 3 个盒子（1～3 号）中，一个盒子装一个球. 若一个球装入与球同号的盒子，称为一个配对.

(1) 求 3 个球至少有 1 个配对的概率.

(2) 求没有配对的概率.

8. 某班有 30 名同学，其中 8 名女同学，随机地选 10 个，求：(1) 正好有 2 名女同学的概率；(2) 最多有 2 名女同学的概率；(3) 至少有 2 名女同学的概率.

9. 将 3 个不同的球随机地投放到 4 个盒子中，求有三个盒子各一球的概率.

§1.3　条件概率

一、事件的条件概率

概率都是相对某一"试验"而言的．一般的，如果试验的条件改变了，则事件的概率也要随之改变．现在在已知"试验中某事件 A 出现"的条件下，考虑事件 B 的概率．

1. 条件概率的引入

【例1】　某厂有职工 500 人，男女各半．男女职工中非熟练工人分别有 40 人和 10 人．现从该厂中任选一名职工，试问：

(1) 该职工为女职工的概率是多少？

(2) 该职工为非熟练工人的概率是多少？

(3) 该职工为非熟练女职工的概率是多少？

(4) 若已知该职工是女职工，她是非熟练工人的概率是多少？

解　令 $A=\{$该职工是女职工$\}$，$B=\{$该职工是非熟练工人$\}$．

(1) $P(A)=\dfrac{C_{250}^1}{C_{500}^1}=\dfrac{1}{2}$．

(2) $P(B)=\dfrac{C_{50}^1}{C_{500}^1}=\dfrac{1}{10}$．

(3) $P(AB)=\dfrac{C_{10}^1}{C_{500}^1}=\dfrac{1}{50}$．

(4) $P(B|A)=\dfrac{C_{10}^1}{C_{250}^1}=\dfrac{1}{25}$．

在实际问题中除了讨论事件 B 发生的概率 $P(B)$ 以外，有时还要讨论在事件 A 已经发生的条件下事件 B 发生的概率 $P(B|A)$．由于增加了新的条件$\{$事件 A 已经发生了$\}$，所以一般来说 $P(B|A)\neq P(B)$．为了区别这两种概率，称 $P(B|A)$ 为"条件概率"，称 $P(B)$ 为"无条件概率"．

2. 条件概率的定义及计算

定义1　设 A、B 是给定的两个事件，$P(A)>0$，则称

$$P(B|A)=\frac{P(AB)}{P(A)} \tag{1.2}$$

为在事件 A 发生的条件下，事件 B 发生的**条件概率**．

注　式(1.2)告诉我们如何利用无条件概率来计算条件概率．在这里概率为 0 的事件不能作为条件概率的条件．

下面通过例题说明条件概率的计算方法．

【例2】　袋中有 5 个同样的球，2 个红球，3 个白球．先后从中随意(不放回地)抽出两个球，求"在先抽到的是红球的情况下，后抽到的也是红球"的概率．

解 $A_1 = \{$先抽到的是红球$\}$，$A_2 = \{$后抽到的是红球$\}$.

该题就是求"在事件 A_1 发生的条件下，事件 A_2 的条件概率" $P(A_2 \mid A_1)$.

方法一：袋中共有 5 个球，先抽走红球之后袋中还剩 4 个球，1 个红球，3 个白球，在这种情况下再抽到红球的概率为 $P(A_2 \mid A_1) = \dfrac{1}{4}$.

方法二：利用条件概率定义，$P(A_1) = \dfrac{8}{20} = \dfrac{2}{5}$，$P(A_1 A_2) = \dfrac{2}{20} = \dfrac{1}{10}$，$P(A_2 \mid A_1) = \dfrac{P(A_1 A_2)}{P(A_1)} = \dfrac{1}{10} \Big/ \dfrac{2}{5} = \dfrac{1}{4}$.

注 由例 2 可知,计算条件概率有两种方法,一种方法是利用缩减的样本空间的方法直接计算条件概率;另一种方法是利用条件概率的定义进行计算.显然例 2 用缩减样本空间的方法比较简单,但有的题目用缩减样本空间的方法很难求解,所以就需要用条件概率的公式求解了.条件概率具有概率的一切性质.

【例 3】 一个袋中装有 10 个球,其中 3 个黑球,7 个白球,先后从袋中各取一球(不放回).已知第二次取出的是黑球,求第一次取出的也是黑球的概率.

解 令 $A_i = \{$第 i 次取出的是黑球$\}$,$i = 1, 2$.

该题的结构不像例 2 那么直观,所以用缩减样本空间的方法比较困难,我们按条件概率的定义直接计算. $P(A_1 A_2) = P_3^2 / P_{10}^2 = \dfrac{1}{15}$，$P(A_2) = P_3^1 / P_{10}^1 = \dfrac{3}{10}$，$P(A_1 \mid A_2) = \dfrac{P(A_1 A_2)}{P(A_2)} = \dfrac{1/15}{3/10} = \dfrac{2}{9}$.

二、条件概率的三个基本公式

1. 乘法公式

由式(1.2)可知,当 $P(A) > 0$ 时,有

$$P(AB) = P(A)P(B \mid A),\qquad(1.3)$$

式(1.3) 称为概率的**乘法公式**. 它是利用条件概率来计算无条件概率.

推广到一般：若 $P(A_1 A_2 \cdots A_{n-1}) > 0$，则

$$P(A_1 A_2 \cdots A_n) = P(A_1)P(A_2 \mid A_1)P(A_3 \mid A_1 A_2) \cdots P(A_n \mid A_1 A_2 \cdots A_{n-1}).\qquad(1.4)$$

当 $P(A) > 0, P(B) > 0$ 时，$P(AB) = P(A)P(B \mid A) = P(B)P(A \mid B)$.

【例 4】 10 个考签中有 4 个难签,甲、乙、丙按顺序先后抽签(不放回). 求 （1） 甲抽到难签的概率；（2）甲乙都抽到难签的概率；（3）甲没抽到难签而乙抽到难签的概率；（4）甲乙丙都抽到难签的概率.

解 令 $A = \{$甲抽到难签$\}$，$B = \{$乙抽到难签$\}$，$C = \{$丙抽到难签$\}$，则

（1） $P(A) = \dfrac{4}{10} = 0.4$.

（2） $P(AB) = P(A)P(B \mid A) = \dfrac{4}{10} \cdot \dfrac{3}{9} = \dfrac{2}{15} \approx 0.13$.

(3) $P(\bar{A}B) = P(\bar{A})P(B|\bar{A}) = \frac{6}{10} \cdot \frac{4}{9} = \frac{4}{15} \approx 0.26.$

(4) $P(ABC) = P(A)P(B|A)P(C|AB) = \frac{4}{10} \cdot \frac{3}{9} \cdot \frac{2}{8} = \frac{1}{30} \approx 0.03.$

2. 全概率公式

设 H_1，H_2，$\cdots$，H_i，$\cdots$是一完备事件组，且其中每个事件的概率都不等于 0，则对于任意事件 A，有

$$P(A) = \sum_i P(AH_i) = \sum_i P(H_i)P(A|H_i). \tag{1.5}$$

该式称为**全概率公式**. 利用全概率公式，可以把求复杂事件 A 的概率问题，首先化为若干互不相容的较简单情形 $AH_1, AH_2, \cdots, AH_i, \cdots$；然后对于每种情形，利用乘法公式分别求概率；最后利用全概率公式求和，即可得到复杂事件 A 的概率(见图 1—3—1).

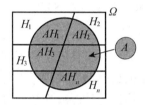

图 1—3—1 完全事件组示意图

【例5】 一百货超市出售的某种商品由甲、乙、丙三个厂家生产,三个厂家的产品各占总量的 $1/4, 1/2, 1/4$. 已知甲、乙、丙三个厂家产品的一等品率分别为 $90\%, 80\%$ 和 70%. 求在该百货超市购买的一件商品恰好是一等品的概率.

解 以 A 表示事件"在该百货超市购买的一件商品是一等品",以 $H_i(i=1,2,3)$ 表示这件商品是第 $i(i=1,2,3)$ 厂家的产品,其中 1，2，3 分别表示厂家甲、乙和丙. 由条件知：

$$P(H_1) = \frac{1}{4}, P(H_2) = \frac{1}{2}, P(H_3) = \frac{1}{4};$$

$$P(A/H_1) = 0.90, P(A|H_2) = 0.80, P(A|H_3) = 0.70.$$

由全概率公式，有

$$P(A) = \sum_{i=1}^{3} P(H_i)P(A|H_i)$$
$$= \frac{1}{4}(0.90 + 2 \times 0.80 + 0.70) = 0.80.$$

【例6】 设某五金部有两箱同一种管道配件:第一箱内装 50 件,其中 10 件一等品;第二箱内装 30 件,其中 18 件一等品. 现在随意打开一箱,然后从箱中先后随意取出两件.

(1) 求先取出的是一等品的概率;

(2) 在先取出的是一等品的条件下,求后取出的也是一等品的条件概率.

解 设 $H_i = \{$打开的是第 i 箱$\}(i=1,2)$，$A_j = \{$第 j 次取出的零件是一等品$\}(j=1,$

2). 由条件知 $P(H_1)=P(H_2)=0.5$；

$$P(A_1 \mid H_1)=\frac{10}{50}=\frac{1}{5}, \; P(A_1 \mid H_2)=\frac{18}{30}=\frac{3}{5}.$$

（1）由全概率公式，得

$$P(A_1)=P(H_1)P(A_1 \mid H_1)+P(H_2)P(A_1 \mid H_2)=\frac{1}{2}\times\frac{1}{5}+\frac{1}{2}\times\frac{3}{5}=\frac{2}{5}.$$

（2）由条件概率的定义和全概率公式，有

$$P(A_2 \mid A_1)=\frac{P(A_1 A_2)}{P(A_1)}=\frac{1}{P(A_1)}\left[P(H_1)P(A_1 A_2 \mid H_1)+P(H_2)P(A_1 A_2 \mid H_2)\right]$$

$$=\frac{5}{2}\left(\frac{1}{2}\times\frac{10\times9}{50\times49}+\frac{1}{2}\times\frac{18\times17}{30\times29}\right)=\frac{1}{4}\left(\frac{9}{49}+\frac{51}{29}\right)\approx0.485\,6.$$

3. 贝叶斯(Bayes)公式

利用全概率公式，可通过综合分析一事件发生的不同原因、情况或途径及其可能性来求得该事件发生的概率. 下面给出的贝叶斯公式则考虑与之完全相反的问题，即一事件已经发生，要考察该事件发生的各种原因、情况或途径的可能性.

设 $H_1, H_2, \cdots, H_n, \cdots$ 构成一个完备事件组，则对任一事件 A，若 $P(A)>0$，则

$$P(H_i \mid A)=\frac{P(H_i A)}{P(A)}=\frac{P(H_i)P(A \mid H_i)}{\sum_i P(H_i)P(A \mid H_i)}, \; i=1,2,\cdots, \tag{1.6}$$

式(1.6)称为贝叶斯公式.

公式中，$P(H_i)$ 和 $P(H_i \mid A)$ 分别称为原因的前验概率和后验概率. $P(H_i)(i=1,2,\cdots)$ 是在不知道事件 A 是否发生的情况下诸事件发生的概率. 当得知 A 发生时，人们对诸事件发生的概率 $P(H_i \mid A)$ 有了新的估计. 贝叶斯公式从数量上刻画了这种变化.

【例7】 设某批产品中甲、乙、丙三厂生产的产品分别占 45％、35％、20％，各厂的次品率分别为 4％、2％、5％. 现从中任取一件：

（1）求取到的是次品的概率；

（2）经检验发现取到的是次品，求该产品是甲厂生产的概率.

解 令 $A=\{$取到的产品是次品$\}$，$H_1=\{$取到的产品是甲厂生产的$\}$，$H_2=\{$取到的产品是乙厂生产的$\}$，$H_3=\{$取到的产品是丙厂生产的$\}$，则

$$H_1 \bigcup H_2 \bigcup H_3 = \Omega, H_i \bigcap H_j = \varnothing (i \neq j),$$

且 $P(H_1)=45\%$，$P(A \mid H_1)=4\%$，$P(H_2)=35\%$，$P(A \mid H_2)=2\%$，$P(H_3)=20\%$，$P(A \mid H_3)=5\%$.

（1）由全概率公式

$$P(A)=P(H_1)P(A \mid H_1)+P(H_2)P(A \mid H_2)+P(H_3)P(A \mid H_3)$$

$$=45\%\times4\%+35\%\times2\%+20\%\times5\%=3.5\%=0.035.$$

（2）由贝叶斯公式

$$P(H_1 \mid A) = \frac{P(H_1)P(A \mid H_1)}{P(A)} = \frac{45\% \times 4\%}{3.5\%} = 51.4\% = 0.514.$$

【例 8】　用血清甲胎蛋白法诊断肝癌，实验反应有阴性和阳性两种结果．当被诊断者患肝癌时，反应为阳性的概率为 0.95；当被诊断者未患肝癌时，其反应为阴性的概率为 0.9．根据记录，某地人群中肝癌的患病率为 0.000 4．现有一人的试验反应为阳性，求此人确实患肝癌的概率．

解　令 $A = \{$被诊断者的试验反应为阳性$\}$，$H_1 = \{$被诊断者确实患肝癌$\}$，$H_2 = \{$被诊断者未患肝癌$\}$，则 $P(H_1) = 0.000\,4$，$P(A \mid H_1) = 0.95$，$P(H_2) = 0.999\,6$，$P(A \mid H_2) = 0.1$，

$$P(H_1 \mid A) = \frac{P(H_1)P(A \mid H_1)}{P(A)} = \frac{0.000\,4 \times 0.95}{0.000\,4 \times 0.95 + 0.999\,6 \times 0.1} \approx 0.003\,8.$$

习题 1—3

1. 掷甲、乙两颗均匀的骰子，已知点数之和为 7，则其中一颗为 1 的概率是 _____ .

2. 已知 $P(A) = 1/4$，$P(B \mid A) = 1/3$，$P(A \mid B) = 1/2$，则 $P(A \cup B) =$ _____ .

3. 设 $P(A) = 0.5$，$P(B) = 0.3$，$P(AB) = 0.1$，求 $P(A \mid B)$，$P(B \mid A)$．

4. 一只盒子装有 2 只白球，2 只红球，在盒中取球两次，每次任取一只，做不放回抽样，已知得到的两只球中至少有一只是红球，求另一只也是红球的概率．

5. 一医生根据以往的资料得到下面的信息：他的病人中有 5% 的人以为自己患癌症，且确实患癌症；有 45% 的人以为自己患癌症，但实际上未患癌症；有 10% 的人以为自己未患癌症，但确实患了癌症；最后 40% 的人以为自己未患癌症，且确实未患癌症．以 A 表示事件"一病人以为自己患癌症"，以 B 表示事件"病人确实患了癌症"，求下列概率：

（1）$P(A)$，$P(B)$；（2）$P(B \mid A)$；（3）$P(B \mid \bar{A})$；（4）$P(A \mid \bar{B})$；（5）$P(A \mid B)$．

6. 据统计，对于某一种疾病的两种症状：症状 A、症状 B，有 20% 的人只有症状 A，有 30% 的人只有症状 B，有 10% 的人两种症状都有，其他的人两种症状都没有．在患这种病的人群中随机地选一人，求：

（1）该人两种症状都没有的概率；

（2）该人至少有一种症状的概率；

（3）已知该人有症状 B，求该人有两种症状的概率．

7. 有 10 个签，其中 2 个"中"，第一人随机地抽一个签，不放回，第二人再随机地抽一个签，说明两人抽"中"的概率相同．

8. 第一盒中有 4 个红球 6 个白球，第二盒中有 5 个红球 5 个白球，随机地取一盒，从中随机地取一个球，求取到红球的概率．

9. 一种用来检验 50 岁以上的人是否患有关节炎的检验法，对于确实患关节炎的病人有 85% 的给出了正确的结果；而对于已知未患关节炎的人有 4% 会认为他患关节炎．已知

人群中有 10% 的人患有关节炎，求一名被检验者经检验认为他没有关节炎，而他却有关节炎的概率.

10. 计算机中心有三台打字机 A，B，C，程序交与各打字机打字的概率依次为 0.6，0.3，0.1，打字机发生故障的概率依次为 0.01，0.05，0.04. 已知一程序因打字机发生故障而被破坏了，求该程序是在 A，B，C 上打字的概率分别为多少？

11. 在通信网络中装有密码钥匙，设全部收到的信息中有 95% 是可信的. 又设全部不可信的信息中只有 0.1% 是使用密码钥匙传送的，而全部可信信息是使用密码钥匙传送的. 求由密码钥匙传送的一信息是可信信息的概率.

12. 某厂产品有 70% 不需要调试即可出厂，另 30% 需经过调试，调试后有 80% 能出厂. 求：(1) 该厂产品能出厂的概率；(2) 任取一出厂产品，求未经调试的概率.

13. 将两信息分别编码为 A 和 B 传递出去，接收站收到时，A 被误收作 B 的概率为 0.02，B 被误收作 A 的概率为 0.01，信息 A 与信息 B 传递的频繁程度为 3∶2，若接收站收到的信息是 A，问原发信息是 A 的概率是多少？

§1.4 事件的独立性

一、两个事件的独立性

本节首先介绍两个事件的独立性，然后介绍多个事件的独立性，最后引入独立试验的概念，并介绍重要的伯努利试验.

直观上，两个事件独立是指一个事件发生与否不影响另一个事件的发生.

设 A 和 B 是任意两事件. 假设 $P(A)>0$，$P(B)>0$，$P(B|A)$ 是 B 关于 A 的条件概率，而 $P(B)$ 是 B 的（无条件）概率. 逻辑上有两种可能：$P(B|A)=P(B)$ 和 $P(B|A)\neq P(B)$，其中 $P(B|A)=P(B)$ 说明事件 A 的发生与否不影响事件 B 发生的概率；而 $P(B|A)\neq P(B)$ 说明事件 A 的发生改变了事件 B 发生的概率. 前者称事件 B 关于 A 独立，而后者称事件 B 关于 A 不独立. 同样，若 $P(A|B)=P(A)$，则称事件 A 关于 B 独立，否则称事件 A 关于 B 不独立. 由此引出两事件相互独立的定义.

定义 1 称两事件 A 和 B **相互独立**，如果

$$P(AB)=P(A)P(B), \tag{1.7}$$

否则称两事件 A 和 B **不独立**.

受乘法公式的启发，我们给出了事件独立性的定义. 注意，两个事件的独立性是在概率意义下的独立性：其中任何一个事件的发生与否不影响另一个事件的概率.

直观上容易理解，并且不难证明以下结论：

(1) 必然事件和不可能事件（以及零概率事件）与任何事件都独立；

(2) 除两事件中有一个是不可能事件的情形外，任何两个独立事件都一定相容.

需要强调指出，不能把"两事件独立"与"两事件不相容"混淆. 这是因为，事件

"不相容"的概念与概率的观念根本无关，而事件的独立性是通过它们的概率定义的.

定理 1 设 A，B 是相互独立的两个事件，且 $P(B)>0$，则 $P(A|B)=P(A)$.

证明 由条件概率定义和独立性定义可证.

定理 2 若事件 A 与 B 相互独立，则 A 与 $\bar{B}$，$\bar{A}$ 与 $\bar{B}$ 均相互独立.

证明 (1) $P(A\bar{B})=P(A-B)=P(A)-P(AB)=P(A)-P(A)P(B)=P(A)[1-P(B)]=P(A)P(\bar{B})$，所以 A 与 $\bar{B}$ 独立.

(2) $P(\bar{A}\bar{B})=P(\overline{A\cup B})=1-P(A\cup B)=1-P(A)-P(B)+P(AB)$
$$=[1-P(A)]-P(B)[1-P(A)]=[1-P(A)][1-P(B)]$$
$$=P(\bar{A})P(\bar{B}),$$

即 $\bar{A}$ 与 $\bar{B}$ 独立.

【例 1】 甲、乙两人同时独立地向某一目标射击，射中目标的概率分别为 0.8，0.7，求：

(1) 两人都射中目标的概率；

(2) 恰有一人射中目标的概率；

(3) 至少有一人射中目标的概率.

解 令 $A=\{$甲射中目标$\}$，$B=\{$乙射中目标$\}$，则

(1) $P(AB)=P(A)P(B)=0.8\times0.7=0.56$.

(2) $P(A\bar{B}\cup\bar{A}B)=P(A\bar{B})+P(\bar{A}B)=P(A)P(\bar{B})+P(\bar{A})P(B)$
$$=0.8\times(1-0.7)+(1-0.8)\times0.7=0.38.$$

(3) $P(A\cup B)=P(A)+P(B)-P(AB)=P(A)+P(B)-P(A)P(B)$
$$=0.8+0.7-0.8\times0.7=0.94.$$

二、多个事件的独立性

定义 2 设 $A_1,A_2,\cdots,A_n,\cdots$ 是任意事件序列，如果对于任意 $m(m\geqslant2)$ 个事件 $A_1,A_2,\cdots,A_m$ 均相互独立，则称 $A_1,A_2,\cdots,A_n,\cdots$ **相互独立**；如果其中任意两个事件独立，则称事件列 $A_1,A_2,\cdots,A_n,\cdots$ **两两独立**.

例如，称 3 个事件 A_1,A_2,A_3 相互独立，如果

$$P(A_iA_j)=P(A_i)P(A_j),i,j=1,2,3(i\neq j)\,,$$
$$P(A_1A_2A_3)=P(A_1)P(A_2)P(A_3). \tag{1.8}$$

这样，3 个事件 A_1,A_2,A_3 相互独立由 4 个等式决定. 而 n 个事件 $A_1,A_2,\cdots,A_n$ 的独立性可由公式

$$C_n^2+C_n^3+\cdots+C_n^n=(1+1)^n-C_n^0-C_n^1=2^n-n-1,$$

即 2^n-n-1 个等式决定.

直观上容易理解独立事件的下列性质.

(1) 若事件 $A_1,A_2,\cdots,A_n,\cdots$ 相互独立，则它们之中任意 $m(2\leqslant m\leqslant n)$ 个事件也相互独立.

(2) 若 n 个事件 $A_1, A_2, \cdots, A_n$ 或事件列 $A_1, A_2, \cdots, A_n, \cdots$ 相互独立，则必两两独立，但反之未必.

(3) 若事件 $A_1, A_2, \cdots, A_n$ 独立，则将它们之中任意 $m(1 \leqslant m \leqslant n)$ 个事件相应地换成对立事件后，所得 n 个事件仍然相互独立.

【例 2】 假设有四张同样的卡片，其中三张上分别印有 $1, 2, 3$，而另一张上同时印有 $1, 2, 3$. 现在随意取出一张卡片，以 $A_k(k = 1, 2, 3)$ 表示事件"卡片上印有 k". 证明事件 A_1, A_2, A_3 两两独立但不相互独立.

证明 $P(A_k) = 1/2$，$P(A_k A_j) = 1/4 (k, j = 1, 2, 3; k \neq j)$，$P(A_1 A_2 A_3) = 1/4$. 对任意 $k, j = 1, 2, 3 (k \neq j)$ 有

$$P(A_k A_j) = \frac{1}{4} = \frac{1}{2} \times \frac{1}{2} = P(A_k) P(A_j),$$

故事件 A_1, A_2, A_3 两两独立. 但是，由于

$$P(A_1 A_2 A_3) = \frac{1}{4} \neq \frac{1}{2} \times \frac{1}{2} \times \frac{1}{2} = P(A_1) P(A_2) P(A_3),$$

可见事件 A_1, A_2, A_3 不相互独立.

三、独立试验、伯努利试验和伯努利公式

定义 3 设在相同的条件下，重复 n 次进行某试验，如果每次试验中诸事件发生的概率都不依赖于它各次试验的结果，则称这 n 次试验为 **n 次重复独立试验**.

定义 4 在 n 次独立重复试验中，若每次试验只有两个结果：A 与 $\bar{A}$，且在每次试验中 $P(A) = p (0 < p < 1)$，则称这 n 次重复独立试验为 n **重伯努利试验**，相应的数学模型称为**伯努利概型**.

例如，(1) 射击 n 次，每次只考察命中与否；(2) 掷 n 次硬币，每次只考察是否出现正面；(3) 有放回地抽取 n 件产品，每件只考察是否抽到正品.

n 重伯努利概型是一种非常重要的概率模型，它在理论和实践两方面都具有重要意义. 从理论上来讲，频率的稳定性是在大量重复试验中才能表现出来的，概率作为一种客观的度量才有了现实基础. 关于理论研究的一些更深入的结果及其意义，将在后面的章节中介绍.

在实践方面，n 重伯努利试验的重要意义在于其广泛的代表性，亦即在客观实践中存在大量可以用 n 重伯努利试验来表示的概率问题.

定理 3 (伯努利定理)

设 E 是 n 重伯努利试验，在每一次试验中事件 A 发生的概率 $P(A) = p (0 < p < 1)$，则在这个 n 重伯努利试验中事件 A 恰好发生 k 次的概率为

$$b(k; n, p) = C_n^k p^k (1-p)^{n-k} = C_n^k p^k q^{n-k}, \quad k = 0, 1, 2, \cdots, n, p + q = 1,$$

上式称为**伯努利公式**.

证明 由伯努利试验的定义知，A 在任何指定的 m 次发生而在其余的 $n-m$ 次不发生的概率都是 $p^m (1-p)^{n-m}$，而这样的指定方式共有 C_n^m 种. 故事件 A 在 n 重伯努利试验中

发生 m 次的概率为

$$b(k;n,p)=C_n^k p^k(1-p)^{n-k}=C_n^k p^k q^{n-k}, \quad k=0,1,2,\cdots,n, \quad p+q=1.$$

注 若 n 次试验不是重复的,但它们是相互独立的,且每次试验只有两个结果:A 与 $\bar{A}$,而且在每次试验中 $P(A)=p$,则伯努利公式仍然适用.

【例3】 已知一批产品的次品率为 0.03,从中有放回地任取 100 件. 求恰有 5 件次品的概率.

解 由伯努利公式直接可得 $b(5;100,0.03)=C_{100}^5 0.03^5 0.97^{95}\approx0.101\,3.$

【例4】 一条自动生产线上的正品率为 0.96,现检查了 10 件,求:

(1) 至少有两件正品的概率.

(2) 无放回地一次取一件,求当取到第二件次品时,之前已取到 8 件正品的概率.

解 (1) 令 $A=\{$检查的 10 件产品中至少有两件正品$\}$,则

$$P(A)=\sum_{k=2}^{10}b(k;10,0.96)=1-b(0;10,0.96)-b(1;10,0.96)$$
$$=1-0.04^{10}-C_{10}^1 \cdot 0.96 \cdot 0.04^9 \approx 0.999\,9.$$

(2) 令 $B=\{$前 9 次抽取抽到 8 件正品,1 件次品$\}$,$C=\{$第 10 次抽到次品$\}$,则

$$P(BC)=P(B)P(C)=C_9^1 \cdot 0.04 \cdot 0.96^8 \cdot 0.04 = 0.010\,4.$$

习题 1—4

1. 若 A 与 B 相互独立,则下面不相互独立的事件是( ).

(A) A 与 $\bar{A}$; (B) A 与 $\bar{B}$; (C) $\bar{A}$ 与 B; (D) $\bar{A}$ 与 $\bar{B}$.

2. 设两个独立事件 A 和 B 都不发生的概率为 $\dfrac{1}{9}$,A 发生 B 不发生的概率与 B 发生 A 不发生的概率相同,则事件 A 发生的概率 $P(A)$ 是( ).

(A) $\dfrac{2}{3}$; (B) $\dfrac{1}{3}$; (C) $\dfrac{1}{9}$; (D) $\dfrac{1}{18}$.

3. 甲、乙、丙射击命中目标的概率分别为 $\dfrac{1}{2}$、$\dfrac{1}{4}$、$\dfrac{1}{12}$,现在三人射击一个目标各一次,目标被击中的概率是( ).

(A) $\dfrac{1}{96}$; (B) $\dfrac{47}{96}$; (C) $\dfrac{21}{32}$; (D) $\dfrac{5}{6}$.

4. 某商场经理根据以往经验知道,有 40% 的客户在结账时会使用信用卡,则连续三位顾客都使用信用卡的概率为_____.

5. 三个同学同时作一电学实验,成功的概率分别为 P_1,P_2,P_3,则此实验在三人中恰有两个人成功的概率是_____.

6. 甲、乙射击运动员分别对一目标射击一次,甲射中的概率为 0.8,乙射中的概率为 0.9,则 2 人中至少有一人射中的概率是_____.

7. 每门高射炮射击飞机的命中率为 0.6,至少要_____门高射炮独立地对飞机同

时进行一次射击就可以使击中的概率超过 0.98.

8. 甲、乙两人同时应聘一个工作岗位，若甲、乙被应聘的概率分别为 0.5 和 0.6，两人被聘用是相互独立的，则甲、乙两人中最多有一人被聘用的概率为_____.

9. 甲袋中有 8 个白球，4 个红球；乙袋中有 6 个白球，6 个红球，从每袋中任取一个球，问取得的球是同色的概率是_____.

10. 甲、乙、丙三位同学完成六道数学自测题，他们及格的概率依次为 $\frac{4}{5}$、$\frac{3}{5}$、$\frac{7}{10}$，求：（1）三人中有且只有两人及格的概率；

（2）三人中至少有一人不及格的概率.

11. 甲，乙，丙三人向同一目标各射击一次，命中率分别为 0.4，0.5 和 0.6，是否命中相互独立，求下列概率：

（1）恰好命中一次；

（2）至少命中一次.

12. 设 A，B，C 三个运动员自离球门 25 米处踢进球的概率依次为 0.5，0.7，0.6，设 A，B，C 各在离球门 25 米处踢一球，设各人进球与否相互独立，求：

（1）恰有一人进球的概率；

（2）恰有二人进球的概率；

（3）至少有一人进球的概率.

13. 一厂房有 5 个同类型的机器设备，调查表明在任一时刻每个机器被使用的概率均为 0.1，问在同一时刻，

（1）恰有 2 个机器设备被使用的概率是多少？

（2）至少有 3 个机器设备被使用的概率是多少？

（3）至多有 3 个机器设备被使用的概率是多少？

第二章

随机变量及其分布

关于随机变量(及向量)的研究是概率论的中心内容. 这是因为, 对于一个随机试验, 我们所关心的往往是与所研究的特定问题有关的某个或某些量, 而这些量就是随机变量. 也可以说, 随机事件是从静态的观点来研究随机现象, 而随机变量则是一种动态的观点, 一如数学分析中的常量与变量的区分那样. 变量概念是高等数学有别于初等数学的基础概念. 同样, 概率论能从计算一些孤立事件的概念发展为一个更高的理论体系, 其基础概念是随机变量.

§2.1 随机变量及其分布函数

一、随机变量

1. 随机变量的引例

在随机试验中, 要揭示随机现象的规律性, 需将随机试验的结果进行数量化, 把随机试验结果与实数对应起来, 这样可以大大简化随机事件的表达, 下面举例说明.

【例1】 E_1：掷一颗骰子, $\Omega = \{\omega_i\}$, $i = 1, 2, \cdots, 6$, 其中 $\omega_i = \{$出现 i 点$\}$.

X 表示掷一颗骰子出现的点数, 如果用 ω 表示试验的结果, 则当 $\omega = \omega_i$ 时, $X = i$, 这样就可将结果与实数对应, 从而简化概率表达：

$$P(\text{掷一颗骰子出现 } i \text{ 点}) = P(X = i) = \frac{1}{6}, \ i = 1, 2, \cdots, 6.$$

【例2】 E_2：二重伯努利试验, A 与 $\overline{A}$ 分别表示一次试验的不同结果. $\Omega = \{(A, A), (A, \overline{A}), (\overline{A}, A), (\overline{A}, \overline{A})\}$, X 表示在二重伯努利试验中事件 A 出现的次数.

如果用 ω 表示二重伯努利试验的结果, 则 $X = \begin{cases} 0, \omega = (\overline{A}, \overline{A}) \\ 1, \omega = (A, \overline{A}), (\overline{A}, A) \\ 2, \omega = (A, A) \end{cases}$, 这样又把试验结果与实数相对应, 即可以形成函数 $X = X(\omega) = k, k = 0, 1, 2, \omega \in \Omega$.

从上面的例子中可以看到无论是基本事件还是复合事件,都可以用随机变量来表示.因为事件是定义在样本空间上的,当然随机变量也应该是定义在 Ω 上的函数.

2. 随机变量的数学定义

定义 1 定义在样本空间 Ω 上,取值为实数的函数:

$$X=X(\omega),\omega\in\Omega$$

称为 Ω 上的一个**随机变量**,用字母 $X,Y,Z,\cdots$ 或 $\xi,\eta,\cdots$ 来表示.

注 从引例可看出即使试验结果本身不是数值也可以用随机变量来表示.

【例 3】 对靶射击,$\Omega=\{\omega_1,\omega_2\}$,$\omega_1=\{$命中$\}$,$\omega_2=\{$未命中$\}$,令

$$X=\begin{cases}1,\omega=\omega_1,\\0,\omega=\omega_2,\end{cases}$$

则 $X=X(\omega)$,$\omega\in\Omega$,因此 X 是一个随机变量.

由 X 的定义可知 $P($命中$)=P(X=1)$,$P($未命中$)=P(X=0)$.

以后对随机事件的研究可以转化为对随机变量的研究,形式的简化可以使得研究进一步深入.

3. 随机变量的分类

随机变量因取值方式不同,通常分为两种类型:**离散型和连续型**,后面章节我们主要讨论这两种类型的随机变量.

同时按照描述实际问题所需随机变量的个数,随机变量又分为一维随机变量和多维随机变量.一般多维随机变量的相关内容是以一维随机变量的内容为基础的.

二、随机变量的分布函数

分布函数是表示随机变量取值的统计规律性的一般形式,它可以描绘任何随机变量的统计规律性,其中包括离散型随机变量和连续型随机变量. 不过,分布函数很少有比较简单的函数式,故不便用于处理具体的随机变量,多用于一般性研究或编制数值表.

定义 2 设 X 是任一随机变量,称函数

$$F(x)=P\{X\leqslant x\}\ (-\infty<x<\infty) \tag{2.1}$$

为随机变量 X 的**分布函数**(见图 2—1—1).

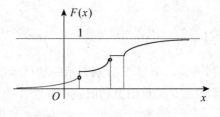

图 2—1—1 分布函数示意

由定义,分布函数 $F(x)$ 在点 x 的取值是事件 $\{X\leqslant x\}$ 的概率,即 X 在 $(-\infty,x]$ 上取值的概率.

分布函数的基本性质:

(1) $0 \leqslant F(x) \leqslant 1$,是单调不减函数;

(2) $F(x)$ 右连续: $F(x) = \lim\limits_{t \to x^+} F(t) = F(x+0)$.

(3) $F(-\infty) = \lim\limits_{x \to -\infty} F(x) = 0, F(+\infty) = \lim\limits_{x \to +\infty} F(x) = 1$.

用分布函数可以计算随机变量取任意实数值或其落入半开半闭区间 $(a,b]$ 的概率,有如下结论:

(1) $\forall x \in (-\infty, +\infty), P\{X = x\} = F(x) - F(x-0)$;

(2) $P\{a < X \leqslant b\} = F(b) - F(a)$.

根据此结论就可以计算随机变量落入其他各区间的概率,例如,$P\{a \leqslant X \leqslant b\} = F(b) - F(a-0)$,$P\{a < X < b\} = F(b-0) - F(a)$,$P\{a \leqslant X < b\} = F(b-0) - F(a-0)$ 等.

【例4】 设随机变量 X 的分布函数为

$$F(x) = \begin{cases} 0, & \text{若 } x < 0 \\ Ax^2, & \text{若 } 0 \leqslant x \leqslant 1, \\ 1, & \text{若 } x > 1 \end{cases}$$

求:(1) 常数 A;(2) 概率 $P\{0.2 \leqslant X \leqslant 0.6\}$.

解 (1) 由 $F(x)$ 的右连续知,$1 = F(1+0) = F(1) = A$,故 $A = 1$.

(2) 由于 $F(x)$ 在 $X = 0.2$ 连续,知 $F(0.2-0) = F(0.2)$,故 $P\{0.2 \leqslant X \leqslant 0.6\} = F(0.6) - F(0.2-0) = F(0.6) - F(0.2) = 0.36 - 0.04 = 0.32$.

【例5】 已知随机变量 X 的分布函数为

$$F(x) = \begin{cases} 0, & \text{若 } x < -1 \\ 0.3, & \text{若 } -1 \leqslant x < 1 \\ 0.7, & \text{若 } 1 \leqslant x < 3 \\ 1, & \text{若 } x \geqslant 3 \end{cases}.$$

求概率 $P\{X \leqslant 1\}$ 和 $P\{-1 \leqslant X \leqslant 4\}$.

解 由分布函数的定义,可见

$$P\{X \leqslant 1\} = F(1) = 0.7,$$
$$P\{-1 \leqslant X \leqslant 4\} = F(4) - F(-1-0)$$
$$= 1 - F(-1) = 1 - 0.3 = 0.7.$$

【例6】 设随机变量 X 的分布函数为

$$F(x) = \begin{cases} 0, & \text{若 } x < -1 \\ 1/6, & \text{若 } x = -1 \\ ax+b, & \text{若 } -1 < x < 1, \\ 1, & \text{若 } x \geqslant 1 \end{cases}$$

且 $P\{X = 1\} = 1/3$,求常数 a 和 b.

解 易见

$$\frac{1}{3} = P\{X=1\} = P\{X \leqslant 1\} - P\{X < 1\}$$
$$= F(1) - F(1-0) = 1 - (a+b);$$

由此并注意到分布函数在点 $x=-1$ 右连续，有

$$\lim_{x \to -1+0} F(x) = b - a = F(-1) = \frac{1}{6};$$

故 $b-a = \frac{1}{6}, 1-(a+b) = \frac{1}{3}.$

于是 $a=1/4$, $b=5/12$.

习题 2—1

1. 设随机变量 X 的分布函数是：$F(x) \begin{cases} 0, & x < -1 \\ 0.5, & -1 \leqslant x < 1. \\ 1, & x \geqslant 1 \end{cases}$

求：$P(X \leqslant 0)$；$P(0 < X \leqslant 1)$；$P(X \geqslant 1)$.

2. 设随机变量 X 的分布函数是：$F(x) = \begin{cases} \dfrac{Ax}{1+x}, & x > 0 \\ 0, & x \leqslant 0 \end{cases}.$

求：(1)常数 A，(2) $P(1 < X \leqslant 2)$.

3. 设随机变量 X 的分布函数为

$$F(x) = A + B \arctan x, -\infty < x + \infty.$$

求：(1) 系数 A 与 B；(2) $P(-1 < X \leqslant 1)$；(3) X 的概率密度.

4. 设随机变量 X 的分布函数是：$F(x) = \begin{cases} 0, & x < 0 \\ Ax, & 0 \leqslant x \leqslant 1. \\ 1, & x > 1 \end{cases}$

求(1) 常数 A，(2) $P(0.3 \leqslant X \leqslant 0.7)$.

5. 设随机变量 X 的分布函数是：$F(x) = \begin{cases} 0, & x < -1 \\ a + b \arcsin x, & -1 \leqslant x < 1, \\ 1, & x \geqslant 1 \end{cases}$

(1) 当 a，b 取何值时，$F(x)$ 为连续函数？(2) 当 $F(x)$ 连续时，求 $P\left(|X| < \dfrac{1}{2}\right)$.

§2.2 离散型随机变量

这一节介绍离散型随机变量的定义及其概率分布、离散型随机变量概率分布的表达方式、基本性质、常用离散型随机变量的概率分布.

一、离散型随机变量及其概率分布

定义 1 只取有限个或可列个值的随机变量 X，称为**离散型随机变量**.

例如，（1）掷一颗骰子出现的点数；（2）从一批次品率为 p 的产品中任取 n 件，其中的次品件数；（3）在 $[0,t]$ 时间内电话交换台接到的呼唤次数等都为离散型随机变量.

定义 2 设 X 是离散型随机变量，它可能的取值为 $x_1,x_2,\cdots,x_i,\cdots$（也可以为有限个取值），且

$$P(X=x_i)=p_i,\ i=1,2,\cdots, \tag{2.2}$$

则称式(2.2)为 X 的**概率分布**或**分布律**，也称为**概率函数**.

通常，为了直观，常把式(2.2)写成下面的表格形式：

X	x_1	x_2	$\cdots$	x_n	$\cdots$
p_i	p_1	p_2	$\cdots$	p_n	$\cdots$

分布律具有如下性质：

(1) $p_i \geqslant 0$, $i=1$, 2, $\cdots$; (2) $\sum\limits_{i=1}^{\infty} p_i = 1$.

由概率分布还可以计算 X 所生成的任何事件的概率，有如下概率计算式：

$$P\{a \leqslant X \leqslant b\} = P\Big\{\bigcup_{a \leqslant x_i \leqslant b}\{X=x_i\}\Big\} = \sum_{a \leqslant x_i \leqslant b} P\{X=x_i\} = \sum_{a \leqslant x_i \leqslant b} p_i,$$

$$P\{X \leqslant b\} = P\Big\{\bigcup_{x_i \leqslant b}\{X=x_i\}\Big\} = \sum_{x_i \leqslant b} P\{X=x_i\} = \sum_{x_i \leqslant b} p_i,$$

其他区间计算有类似的形式.

【**例 1**】 设袋中有 5 个球，其中 3 个黑球，2 个白球. 从中任取 3 个球，求抽到白球数 X 的分布律.

解 X 的可能值为 $0,1,2$.

$$P(X=0)=\frac{C_3^3}{C_5^3}=0.1,\ P(X=1)=\frac{C_3^2 C_2^1}{C_5^3}=0.6,\ P(X=2)=\frac{C_3^1 C_2^2}{C_5^3}=0.3.$$

于是 X 的分布律为

X	0	1	2
p_i	0.1	0.6	0.3

【**例 2**】 已知随机变量 X 的概率分布为

$$P\{X=k\}=\frac{ak}{n(n+1)}(k=1,2,\cdots,n),$$

求未知参数 a.

解 对于离散型概率分布，随机变量取各个可能值的概率之和等于 1. 由于

$$\sum_{k=1}^{n} P\{X=k\} = \frac{a}{n(n+1)} \sum_{k=1}^{n} k = \frac{a}{n(n+1)} \frac{n(n+1)}{2} = \frac{a}{2} = 1.$$

可见 $a=2$.

二、离散型随机变量的分布函数

由分布函数定义 $F(x)=P\{X\leqslant x\}$, 离散型随机变量 X 的分布函数可以通过其概率分布表示为

$$F(x) = \sum_{x_i \leqslant x} P\{X \leqslant x_i\} \quad (-\infty < x < \infty). \tag{2.3}$$

离散型随机变量的分布函数 $F(x)$ 是阶梯函数: 每一个可能值 x_i 都是 $F(x)$ 的跳跃点, 其跨度即为随机变量在跳跃点处取值的概率 $p_i=P\{X=x_i\}$.

由此可以看出, 对于离散型随机变量, 若给定它的概率分布就可以唯一确定它的分布函数 $F(x)$, 而给定分布函数 $F(x)$ 也可唯一确定其概率分布, 因此概率分布或分布函数都能描述离散型随机变量的统计规律性.

【例3】 一批产品共计 6 件, 其中 4 件合格, 2 件不合格. 从中随机抽取产品直到出现合格品为止, 求总共抽出产品件数 X 的分布律及其分布函数, 并作出分布函数的图形.

解 (1) 易见, X 有 3 个可能值 1, 2, 3, 且

$$P\{X=1\} = \frac{4}{6} = \frac{2}{3}; \quad P\{X=2\} = \frac{2 \times 4}{6 \times 5} = \frac{4}{15};$$

$$P\{X=3\} = 1 - \frac{2}{3} - \frac{4}{15} = \frac{1}{15}.$$

(2) X 的分布函数 (见图 2—2—1) 为

$$F(x) = P\{X \leqslant x\} = \begin{cases} 0, & \text{若 } x < 1 \\ \dfrac{2}{3}, & \text{若 } 1 \leqslant x < 2 \\ \dfrac{14}{15}, & \text{若 } 2 \leqslant x < 3 \\ 1, & \text{若 } x \geqslant 3 \end{cases}.$$

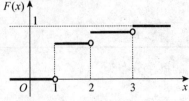

图 2—2—1 离散型分布函数

【例4】 设随机变量 X 的分布函数为

$$F(X)=\begin{cases}0, & \text{若 } x<0 \\ 1/3, & \text{若 } 0\leqslant x<1 \\ 2/3, & \text{若 } 1\leqslant x<3 \\ 1, & \text{若 } x\geqslant3\end{cases}.$$

求概率 $P\{X<1.5\}$，$P\{X=3\}$，$P\{X>0.5\}$，$P\{1<X<3\}$.

解 由分布函数定义容易计算：

$$P\{X<1.5\}=F(1.5-0)=\frac{2}{3};$$

$$P\{X=3\}=F(3)-F(3-0)=1-\frac{2}{3}=\frac{1}{3};$$

$$P\{X>0.5\}=1-P\{X\leqslant0.5\}=1-F(0.5)=1-\frac{1}{3}=\frac{2}{3};$$

$$P\{1<X<3\}=F(3-0)-F(1)=\frac{2}{3}-\frac{2}{3}=0.$$

三、常用的离散型概率分布

1. 两点分布

若 X 的分布律为

X	x_1	x_2
p_i	q	p

则称 X 服从参数为 p 的**两点分布**，其中 $0<p<1$ 且 $q=1-p$. 特别地，当 $x_1=0$，$x_2=1$ 时，两点分布又称为 **0—1 分布**，其概率函数可以表示为 $P\{X=k\}=p^kq^{1-k}=p^k(1-p)^{1-k}(k=0,1)$.

例如，在一次试验中事件 A 发生的次数 X 服从 0—1 分布.

$$X=\begin{cases}1, & A\text{ 发生} \\ 0, & A\text{ 不发生}\end{cases},$$

其分布为 $P\{X=1\}=P(A\text{ 发生})=p$，$P\{X=0\}=P(A\text{ 不发生})=1-p=q$. 还有类似的试验，如射击一次命中的次数 X；抛一次硬币，出现正面的次数 X；抽一件产品，抽到正品的件数 X 等都可归为 0—1 分布.

2. 二项分布

定义 3 如果随机变量 X 的概率分布为

$$P\{X=k\}=C_n^k p^k q^{n-k}(k=0,1,\cdots,n),$$

则称随机变量 X 服从参数为 n,p 的**二项分布**，记作 $X\sim B(n,p)$ 或 $X\sim b(n,p)$，其中 $q=1-p,0<p<1$.

二项分布的概率 $P\{X=k\}$ 恰好是二项式 $(p+q)^n$ 展开的各个项，于是易见如下性质：

(1) $P\{X=k\}\geqslant0$；

(2) $\sum\limits_{k=0}^{n}P\{X=k\}=1$.

由分布图形 2—2—2 的特点可见，随着 k 的增大，概率 $P\{X=k\}$ 的值先增后减. 可以证明二项分布有如下性质：

(1) 若 $k=(n+1)p$ 为整数，概率 $P\{X=k-1\}=P\{X=k\}$ 是最大值，则 $(n+1)p-1$ 和 $(n+1)p$ 是最可能的数；

(2) 若 $(n+1)p$ 不是整数，取其整数部分 $m=[(n+1)p]$，$P\{X=m\}$ 是最大值，从而 $m=[(n+1)p]$ 是最可能的数.

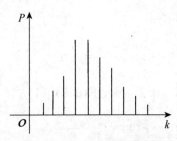

图 2—2—2 二项分布纵条图

n 重伯努利试验成功的次数 X 服从参数为 (n,p) 的二项分布，其中 p 是每次试验成功的概率，这也是二项分布产生的 "源泉".

【**例 5**】 设随机变量 X 服从二项分布 $B(2,p)$，随机变量 Y 服从二项分布 $B(4,p)$，若 $P\{X\geqslant1\}=\dfrac{3}{4}$，求 $P\{Y\geqslant1\}$.

解 因为 $P\{X\geqslant1\}=3/4$，因此 $P\{X=0\}=C_2^0 p^0(1-p)^2=1/4$，可得 $p=1/2$，于是

$$P\{Y\geqslant1\}=1-P\{Y<1\}=1-P\{Y=0\}$$
$$=1-C_4^0 p^0(1-p)^{4-0}=1-\left(\frac{1}{2}\right)^4=\frac{15}{16}.$$

3. 泊松分布(Poisson)

定义 4 若 X 的分布律为

$$P\{X=k\}=\frac{\lambda^k}{k!}e^{-\lambda},k=0,1,2,\cdots,\lambda>0,$$

则称 X 服从参数为 λ 的**泊松分布**，记为 $X\sim P(\lambda)$（或 $X\sim\pi(\lambda)$）.

易见，泊松分布的概率分布满足性质：

(1) $P\{X=k\}=\dfrac{\lambda^k}{k!}e^{-\lambda}\geqslant0$；

(2) $\displaystyle\sum_{k=0}^{\infty}P\{X=k\}=\sum_{k=0}^{\infty}\frac{\lambda^k}{k!}e^{-\lambda}=e^{-\lambda}\sum_{k=0}^{\infty}\frac{\lambda^k}{k!}=e^{-\lambda}e^{\lambda}=e^0=1.$

在实际问题中，服从泊松分布的随机变量有很多，例如以下情况都可视为或近似认为服从泊松分布：

(1) 交换台在一定时间内接到的呼唤次数 X；

(2) 某医院 24 小时内接受急诊的病人数 X；

(3) 放射性物质在一定时间内到达某一个区域内的质点个数 X；

(4) 一定长度的棉纱的结粒个数 X；

(5) 一定体积自来水中含有的大肠杆菌的个数 X.

概率函数中的 λ 是未知的, 以后可以证明, 若 $X \sim P(\lambda)$, 则 λ 等于随机变量 X 的平均值.

定理 1(泊松定理)

设有 n 重伯努利试验, 在每次试验中事件 A 发生的概率为 p_n, 它与试验次数 n 有关, 若 $\lim\limits_{n \to \infty} np_n = \lambda$, 则对任意固定的非负整数 k, 有

$$\lim\limits_{n \to \infty} b(k; n, p_n) = \lim\limits_{n \to \infty} C_n^k p_n^k (1 - p_n)^{n-k} = \frac{\lambda^k}{k!} e^{-\lambda}.$$

证明　略.

推论　设有 n 重伯努利试验, 在每次试验中事件 A 发生的概率为 p, 则当 n 很大时有

$$b(k; n, p) = C_n^k p^k (1 - p)^{n-k} \approx \frac{(np)^k}{k!} e^{-np}. \tag{2.4}$$

一般地, 当 $p \leqslant 0.1$, $n \geqslant 100$ 时, 用式 (2.4) 近似程度较好.

我们把在每次试验中出现概率很小的事件称为小概率事件, 也可称为稀有事件, 由泊松定理可知, n 重伯努利试验中稀有事件出现的次数近似服从泊松分布.

【例 6】 某公司生产一种产品 300 件, 根据历史记录知废品率为 0.01. 问现在这 300 件产品经检验废品数大于 5 的概率是多少?

解　设 300 台产品中的废品数为 X, 则 $X \sim B(300, 0.01)$.

$$P\{X = k\} = C_{300}^k 0.01^k \cdot 0.99^{300-k} \approx \frac{3^k}{k!} e^{-3},$$

$$P\{X > 5\} = 1 - \sum_{k=0}^{5} P\{X = k\} \approx 1 - \sum_{k=0}^{5} \frac{3^k}{k!} e^{-3} = 1 - 0.916\,082 = 0.083\,918.$$

习题 2—2

1. 设 $X \sim P(\lambda)$, 且 $P(X=1) = P(X=2)$, 求 λ.

2. 设随机变量的分布律为 $P\{X = k\} = \dfrac{k}{15}(k = 1,2,3,4,5)$, 求 (1) $P\left\{\dfrac{1}{2} < X < \dfrac{5}{2}\right\}$; (2) $P\{1 \leqslant X \leqslant 3\}$; (3) $P\{X > 3\}$.

3. 已知 X 只取 $-1, 0, 1, 2$ 四个值, 相应的概率为 $\dfrac{1}{2c}, \dfrac{3}{4c}, \dfrac{5}{8c}, \dfrac{7}{16c}$, 求常数 c, 并计算 $P\{X < 1 \mid X \neq 0\}$.

4. 一个袋中有 5 只球, 编号分别为 1, 2, 3, 4, 5, 在袋中同时取 5 只球, 以 X 表示取出的 3 只球中的最大号码, 求 X 的分布律.

5. 某加油站替出租公司代营出租汽车业务, 每出租一辆汽车, 可从出租公司得到 3 元. 因为代营出租汽车这项业务, 每天加油站需多付给职工服务费 60 元. 设加油站每天出租汽车数 X 是随机变量, 其分布律为

X	10	20	30	40
p_i	0.15	0.25	0.45	0.15

求出租汽车这项业务的收入大于额外支付给职工的服务费的概率(即这项服务盈利的概率).

6. 某运动员投篮的命中率为 0.6,求他一次投篮时,投篮命中次数的概率分布.

7. 某种产品共 10 件,其中 3 件次品,现从中任取 3 件,求取出的 3 件产品中次品数的概率分布.

8. 某射手有 5 发子弹,每次命中率是 0.4,一次接一次地射击,直到命中或子弹用尽为止,用 X 表示射击的次数,试写出 X 的分布律.

9. 设 $X \sim B(2,p)$,$Y \sim B(3,p)$,如果 $P\{X \geqslant 1\} = \dfrac{5}{9}$,求 $P\{Y \geqslant 1\}$.

10. 某程控交换机在一分钟内接到用户的呼叫次数 X 服从 $\lambda = 4$ 的泊松分布,求:
(1) 每分钟恰有 1 次呼叫的概率;
(2) 每分钟至少有 1 次呼叫的概率;
(3) 每分钟最多有 1 次呼叫的概率.

11. (1) 设一天内到达某港口城市的油船的只数 $X \sim \pi(10)$,求 $P\{X > 15\}$.
(2) 已知随机变量 $X \sim \pi(\lambda)$,且有 $P\{X > 0\} = 0.5$,求 $P\{X \geqslant 2\}$.

12. 一办公室内有 5 台计算机,调查表明在任一时刻每台计算机被使用的概率为 0.6,计算机是否被使用相互独立,问在同一时刻,
(1) 恰有 2 台计算机被使用的概率是多少?
(2) 至少有 3 台计算机被使用的概率是多少?
(3) 至多有 3 台计算机被使用的概率是多少?
(4) 至少有 1 台计算机被使用的概率是多少?

13. 设每次射击命中率为 0.2,问至少必须进行多少次独立射击,才能使至少击中一次的概率不小于 0.9?

14. 如果每次射击中靶的概率为 0.7,求射击 10 炮,
(1) 命中 3 炮的概率;
(2) 至少命中 3 炮的概率;
(3) 最有可能命中几炮.

15. 一台总机有 300 台分机,总机有 13 条外线,假设每台分机向总机要外线的概率为 0.03,求每台分机向总机要外线时,能及时得到满足的概率和同时向总机要外线的最可能的台数.

16. 已知离散型随机变量 X 的分布律为:$P(X=1) = 0.2$,$P(X=2) = 0.3$,$P(X=3) = 0.5$,试写出 X 的分布函数.

§2.3 连续型随机变量

一、连续型随机变量及其概率密度

1. 概率密度的定义与性质

定义 1 设 X 是在 $(-\infty, \infty)$ 上连续取值的随机变量.如果存在非负函数 $f(x) \geqslant 0$,使

得对于任意实数 a，$b(a \leqslant b)$，都有

$$P\{a \leqslant X \leqslant b\} = \int_a^b f(x) \mathrm{d}x, \tag{2.5}$$

则称 $f(x)$ 为 X 的**概率密度函数**，简称**概率密度**或**密度**.

如果随机变量 X 有密度，则称之为连续型随机变量. 概率密度的图形称为分布曲线（见图 2—3—1）.

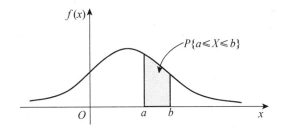

图 2—3—1 连续型分布曲线示意图

概率密度 $f(x)$ 有如下性质：

(1) $f(x) \geqslant 0$；

(2) $\int_{-\infty}^{+\infty} f(x) \mathrm{d}x = 1$.

概率密度完全决定连续型随机变量的概率分布. 对于直线上任一区间或由若干个区间构成的集合 A，事件 $\{X \in A\}$ 的概率即 X 在区域 A 中取值的概率为

$$P\{X \in A\} = \int_A f(x) \mathrm{d}x. \tag{2.6}$$

例如，假设 $A = \{c \leqslant x \leqslant d\}$，则事件 $\{X \in A\}$ 的概率为

$$P\{X \in A\} = \int_A f(x) \mathrm{d}x = \int_c^d f(x) \mathrm{d}x.$$

由概率密度的这一性质，不难理解连续型随机变量在任意点 $x \in (-\infty, +\infty)$ 处都有 $P\{X = x\} = 0$，于是连续型随机变量 X 有下面的结论：

$$P\{a \leqslant X \leqslant b\} = P\{a < X \leqslant b\} = P\{a < X < b\} = P\{a \leqslant X < b\}.$$

2. 连续型随机变量的分布函数

由分布函数定义 $F(x) = P\{X \leqslant x\}$，连续型随机变量 X 的分布函数可通过其概率密度 $f(x)$ 表示为

$$F(x) = \int_{-\infty}^x f(t) \mathrm{d}t \quad (-\infty < x < \infty). \tag{2.7}$$

显然，连续型随机变量的分布函数是连续函数，并且对于几乎所有 x，都有

$$\frac{\mathrm{d}F(x)}{\mathrm{d}x} = f(x). \tag{2.8}$$

【例1】 设 X 为连续型随机变量，其概率密度为

$$f(x) = \begin{cases} k\left(1 - \dfrac{|x|}{2}\right), & |x| \leqslant 2 \\ 0, & \text{其他} \end{cases}.$$

试求待定系数 k，并求概率 $P\{-0.5 < x \leqslant 0.5\}$.

解 $1 = \displaystyle\int_{-\infty}^{+\infty} f(x)\mathrm{d}x = k\int_{-2}^{2}\left(1 - \dfrac{|x|}{2}\right)\mathrm{d}x = 2k\int_{0}^{2}\left(1 - \dfrac{x}{2}\right)\mathrm{d}x = 2k$，所以 $k = \dfrac{1}{2}$.

$$P\{-0.5 < X \leqslant 0.5\} = \int_{-0.5}^{0.5} \frac{1}{2}\left(1 - \frac{|x|}{2}\right)\mathrm{d}x = \int_{-0.5}^{0.5}\left(1 - \frac{x}{2}\right)\mathrm{d}x = x - \frac{x^2}{4}\Big|_{0}^{0.5}$$
$$= 0.5 - 0.0625 = 0.4375.$$

【例2】 设 X 为连续型随机变量，其分布函数为

$$F(x) = \begin{cases} 0, & x \leqslant 0 \\ x^2, & 0 < x \leqslant 1 \\ 1, & x > 1 \end{cases}.$$

(1) 试求概率 $P\{-0.5 < X \leqslant 0.5\}$；

(2) 求密度函数.

解 (1) $P\{-0.5 < X \leqslant 0.5\} = F(0.5) - F(-0.5) = 0.25.$

(2) 由密度函数与分布函数的关系式可得，

$$f(x) = F'(x) = \begin{cases} 2x, & 0 < x < 1 \\ 0, & \text{其他} \end{cases}.$$

【例3】 设 $f(x) = \begin{cases} \dfrac{1}{b-a}, & a < x < b \\ 0, & \text{其他} \end{cases}$，求 X 的分布函数 $F(x)$.

解 $F(x) = P(X \leqslant x) = \displaystyle\int_{-\infty}^{x} f(t)\mathrm{d}t.$

当 $x < a$ 时 $\quad F(x) = \displaystyle\int_{-\infty}^{x} 0\mathrm{d}t = 0.$

当 $a \leqslant x < b$ 时 $\quad F(x) = \displaystyle\int_{-\infty}^{a} 0\mathrm{d}t + \int_{a}^{x}\frac{1}{b-a}\mathrm{d}t = \frac{x-a}{b-a}.$

当 $x \geqslant b$ 时 $\quad F(x) = \displaystyle\int_{-\infty}^{a} 0\mathrm{d}t + \int_{a}^{b}\frac{1}{b-a}\mathrm{d}t + \int_{b}^{x} 0\mathrm{d}t = 1.$

所以 $F(x) = \begin{cases} 0, & x < a \\ \dfrac{x-a}{b-a}, & a \leqslant x < b \\ 1, & x \geqslant b \end{cases}.$

二、常用连续型概率分布

1. 均匀分布

定义2 设 $-\infty < a < b < +\infty$，若 X 的密度函数为

$$f(x)=\begin{cases} \dfrac{1}{b-a}, & a<x<b, \\ 0, & \text{其他} \end{cases}$$

则称 X 在 (a,b) 上服从**均匀分布**,记为 $X\sim U(a,b)$.

不难看出服从均匀分布的随机变量在相同区间长度取值的概率相等.

服从均匀分布的随机变量基本类型:向 (a,b) 上等可能投点,点的坐标 $X\sim U(a,b)$. 凡可以看成此类问题的随机变量都服从或近似服从均匀分布. 例如,机床生产铁钉,在相同的条件下,生产的铁钉长度应该在 $5.1\text{cm}\sim5.13\text{cm}$ 之间变化,记 X 为铁钉的长度,则 $X\sim U(5.1,5.13)$.

由例 3 可知均匀分布的分布函数为

$$F(x)=\begin{cases} 0, & x<a \\ \dfrac{x-a}{b-a}, & a<x\leqslant b \\ 1, & x>b \end{cases}.$$

图 2—3—2 是均匀分布密度 $f(x)$ 和分布函数 $F(x)$ 的图形.

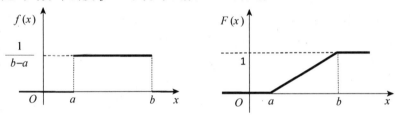

图 2—3—2 均匀分布密度和分布函数

2. 指数分布

定义 3 若随机变量 X 的密度函数为

$$f(x)=\begin{cases} \lambda e^{-\lambda x}, & x>0 \\ 0, & x\leqslant 0 \end{cases},\ \lambda>0\ \text{且为常数},$$

则称 X 服从参数为 λ 的**指数分布**,记为 $X\sim e(\lambda)$.

若 X 服从参数为 λ 的指数分布,则其分布函数为

$$F(x)=\begin{cases} 1-e^{-\lambda x}, & x\geqslant 0 \\ 0, & x<0 \end{cases}.$$

指数分布的密度函数图形如图 2—3—3 所示.

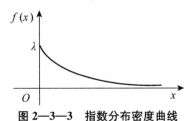

图 2—3—3 指数分布密度曲线

指数分布在实际生活中应用广泛,尤其在可靠性及排队论中体现得更为突出. 有许多种"寿命"分布,如无线电元件的寿命、动物的寿命、电话的通话时间、随机服务系统的服务时间、两架飞机降落之间的时间等都服从或近似服从指数分布.

【例 4】 设某元件的使用寿命(单位:h)$X \sim e(1/2\,000)$. 试求下列事件的概率:

(1) 任取其中的 1 只,正常使用达 1 000h 以上;

(2) 若任取的 1 只已经使用了 1 000h,以后继续使用 1 000h 以上.

解 (1) $P\{X > 1\,000\} = \int_{1\,000}^{+\infty} \frac{1}{2\,000} e^{-\frac{1}{2\,000}x} dx = -e^{-x/2\,000} \Big|_{1\,000}^{+\infty} = e^{-1/2} = 0.606\,5$.

(2) $P\{X > 2\,000 | X > 1\,000\} = \dfrac{P(\{X > 2\,000\} \bigcap \{X > 1\,000\})}{P\{X > 1\,000\}} = \dfrac{P\{X > 2\,000\}}{P\{X > 1\,000\}}$

$= \dfrac{e^{-1}}{e^{-1/2}} = e^{-1/2} \approx 0.606\,5.$

上述例题两问的概率相等说明了指数分布具有无记忆性的特征,即

$$P\{X > t\} = e^{-\lambda t}, P\{X > s + t | X > s\} = \frac{P\{X > s + t\}}{P\{X > s\}} = \frac{e^{-\lambda(s+t)}}{e^{-\lambda s}} = e^{-\lambda t},$$

因此 $P\{X > s + t | X > s\} = P\{X > t\}$.

假如把 X 解释为寿命,则上式表明,如果已知寿命长于 s 年,则再活 t 年的概率与年龄 s 无关,所以有时又风趣地称指数分布是"永远年轻的".

3. 正态分布

常用分布中正态分布是最常见、最重要的连续型随机变量的概率分布. 我们现实生活中许多随机现象产生的随机变量都服从或近似服从正态分布. 而正态分布又是构成其他许多分布的基础. 例如:统计推断中最常用的三个分布——χ^2 分布、t 分布和 F 分布,都是由正态随机变量函数构成的分布;大量随机变量之和在许多情况下近似服从正态分布. 因此正态分布显得尤为重要.

定义 4 如果随机变量 X 的概率密度为

$$f(x) = \frac{1}{\sqrt{2\pi}\sigma} e^{-\frac{(x-\mu)^2}{2\sigma^2}} \quad (-\infty < x < \infty), \tag{2.9}$$

则称随机变量 X 服从参数为 μ,σ^2 的**正态分布**,记作 $X \sim N(\mu, \sigma^2)$.

容易绘出正态分布密度函数 $f(x)$ 的图,即正态分布曲线(见图 2—3—4). 该曲线关于直线 $x = \mu$ 对称,参数 μ 决定曲线的位置,参数 σ^2 决定曲线的形状;曲线在 $x = \mu - \sigma$ 和 $x = \mu + \sigma$ 处各有一个拐点;当 $x < \mu$ 时函数 $f(x)$ 递增,当 $x > \mu$ 时函数 $f(x)$ 递减,在 $x = \mu$ 处达到最大值 $1/\sqrt{2\pi}\sigma$.

特别地,当 $\mu = 0$,$\sigma = 1$ 时,该正态分布称为标准正态分布,记作 $N(0,1)$. 标准正态分布的概率密度记为 $\varphi(x)$,分布函数记为 $\Phi(x)$,分别为

$$\varphi(x) = \frac{1}{\sqrt{2\pi}} e^{-\frac{x^2}{2}}, \Phi(x) = \frac{1}{\sqrt{2\pi}} \int_{-\infty}^{x} e^{-\frac{u^2}{2}} du. \tag{2.10}$$

两个函数的曲线图形如图 2—3—5 所示:

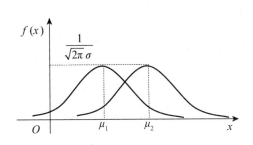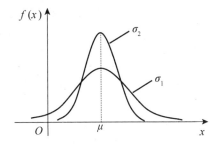

图 2—3—4 正态曲线

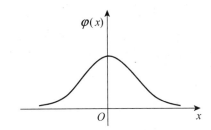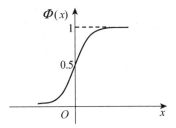

图 2—3—5 标准正态曲线

标准正态分布的分布函数值是可以通过查表得到的，而一般正态分布却不行．所以我们自然会想到将一般正态分布转化成标准正态分布以便于求值．

定理 1 若 $X \sim N(\mu,\sigma^2)$，则 $Y = (X-\mu)/\sigma \sim N(0,1)$；若 $Y \sim N(0,1)$，则 $X = \sigma Y + \mu \sim N(\mu, \sigma^2)$．

证明 留给读者．

此定理说明一般正态分布和标准正态分布可以相互转化．

我们可以通过以下结论使用标准正态分布表来计算一般正态分布的分布函数值．

（1）标准正态分布表中给出了 $x > 0$ 时 $\Phi(x)$ 的函数值，利用标准正态分布函数的对称性，$\Phi(x) = 1 - \Phi(-x)$，于是可以得到 $x < 0$ 时 $\Phi(x)$ 的函数值．

（2）服从正态分布的随机变量都为连续型，由前面所学性质可知，对于标准正态分布，有

$$P\{a \leqslant X \leqslant b\} = P\{a < X \leqslant b\} = P\{a \leqslant X < b\} = P\{a < X < b\} = \Phi(b) - \Phi(a).$$

（3）若 $X \sim N(\mu,\sigma^2)$，则有

$$F(x) = P\{X \leqslant x\} = P\left\{\frac{X-\mu}{\sigma} \leqslant \frac{x-\mu}{\sigma}\right\} = \Phi\left(\frac{x-\mu}{\sigma}\right),$$

于是

$$P\{a < X \leqslant b\} = P\left\{\frac{a-\mu}{\sigma} \leqslant \frac{X-\mu}{\sigma} \leqslant \frac{b-\mu}{\sigma}\right\} = \Phi\left(\frac{b-\mu}{\sigma}\right) - \Phi\left(\frac{a-\mu}{\sigma}\right).$$

基于一般正态分布与标准正态分布之间的关系，若 $X \sim N(\mu,\sigma^2)$，则 X 的分布函数 $F(x)$ 可以通过标准正态分布函数 $\Phi(x)$ 表示为

$$F(x) = P\{X \leqslant x\} = \Phi\left(\frac{x-\mu}{\sigma}\right) (-\infty < x < \infty).$$

从而，可以使用标准正态分布的各种数值表进行相应的运算. 例如，

$$P\{|X-\mu|<\sigma\}=P\left\{\left|\frac{X-\mu}{\sigma}\right|<1\right\}=\Phi(1)-\Phi(-1)=0.682\ 6;$$

$$P\{|X-\mu|<1.96\sigma\}<P\left\{\left|\frac{X-\mu}{\sigma}\right|<1.96\right\}=\Phi(1.96)-\Phi(-1.96)=0.95; \quad (2.11)$$

$$P\{|X-\mu|<3\sigma\}<P\left\{\left|\frac{X-\mu}{\sigma}\right|<3\right\}=\Phi(3)-\Phi(-3)=0.997\ 4.$$

注 尽管服从正态分布的随机变量的取值范围是$(-\infty,+\infty)$，但是它的值几乎全部集中在$(\mu-3\sigma,\mu+3\sigma)$内，这个在统计学上称为$3\sigma$准则.

【例5】 某地区 18 岁的女青年的血压(收缩压,以 mm$-$Hg 计)服从 $N(110,12^2)$，以 X 表示在该地区任选一 18 岁的女青年的血压. 求概率 $P\{X\leqslant105\}$，$P\{100<X\leqslant120\}$.

解 根据条件该地区女青年的血压 $X\sim N(110,12^2)$. 以 Y 表示标准正态分布的随机变量.

$$P\{X\leqslant105\}=P\left\{\frac{X-110}{12}\leqslant\frac{105-110}{12}\right\}\approx P\{Y\leqslant-0.42\}=1-\Phi(0.42)=0.337\ 2;$$

$$P\{100<X\leqslant120\}=P\left\{\frac{100-110}{12}<\frac{X-110}{12}\leqslant\frac{120-110}{12}\right\}$$

$$\approx P\{-0.83\leqslant Y\leqslant0.83\}=\Phi(0.83)-\Phi(-0.83)$$

$$=2\Phi(0.83)-1=0.593\ 4.$$

【例6】 设 $X\sim N(1,9)$,求 $F(4)$,$P\{0.7<X\leqslant1.9\}$,$P\{|X-1|\leqslant3\}$.

解 因为 $X\sim N(1,9)$,所以 $\mu=1,\sigma=3$,于是,

$$F(4)=P\{X\leqslant4\}=P\left\{\frac{X-1}{3}\leqslant1\right\}=\Phi(1)=0.841\ 3,$$

$$P(0.7<X\leqslant1.9)=P\left\{-0.1<\frac{X-1}{3}\leqslant0.3\right\}=\Phi(0.3)-\Phi(-0.1)$$

$$=\Phi(0.3)-[1-\Phi(0.1)]=0.617\ 9+0.539\ 8-1$$

$$=0.157\ 7,$$

$$P\{|X-1|\leqslant3\}=P\left\{\frac{|X-1|}{3}\leqslant1\right\}=\Phi(1)-\Phi(-1)=2\Phi(1)-1=0.682\ 6.$$

4. 正态分布随机变量的线性函数

定理 2 (1) 如果 $X\sim N(\mu_1,\sigma_1^2)$, $Y\sim N(\mu_2,\sigma_2^2)$，且 X 和 Y 相互独立，则

$$X\pm Y\sim N(\mu_1\pm\mu_2,\sigma_1^2+\sigma_2^2); \quad (2.12)$$

(2) 如果 $X_i\sim N(\mu_i,\sigma_i^2)(i=1,2,\cdots,n)$，且相互独立，常数 $\alpha_1,\alpha_2,\cdots,\alpha_n$ 不全为 0，则

$$\sum_{i=1}^{n}\alpha_iX_i\sim N\left(\sum_{i=1}^{n}\alpha_i\mu_i,\sum_{i=1}^{n}\alpha_i^2\sigma_i^2\right). \quad (2.13)$$

特别的，对于 n 个相互独立且都服从正态分布 $N(\mu,\sigma^2)$ 的随机变量 $X_i(i=1,2,\cdots,n)$，其算术平均值也服从正态分布：$\overline{X}=(X_1+X_2+\cdots+X_n)/n\sim N(\mu,\sigma^2/n)$.

实际生活中的很多现象都可以用正态分布来描述. 在后面几章我们将看到, 凡是涉及正态分布的统计推断问题, 一般都有比较完美的结果. 在一定条件下, 许多重要分布的极限分布均为正态分布. 学好正态分布可以为下一章中心极限定理的学习奠定基础.

习题 2—3

1. 设 $X \sim f(x) = \dfrac{1}{2\sqrt{\pi}}e^{-\frac{(x-3)^2}{4}}$, 则 $Y = \dfrac{X+3}{2} \sim$ _____.

2. 已知 $X \sim f(x) = \begin{cases} 2x, & 0 < x < 1 \\ 0, & \text{其他} \end{cases}$, 求 $P\{X \leqslant 0.5\}$; $P\{X = 0.5\}$; $F(x)$.

3. 设连续型随机变量 X 的密度函数为: $f(x) = \begin{cases} kx, & 0 < x < 1 \\ 0, & \text{其他} \end{cases}$.

(1) 求常数 k 的值;

(2) 求 X 的分布函数 $F(x)$.

(3) 用两种方法计算 $P\{-0.5 < X < 0.5\}$.

4. 设连续型随机变量 X 的分布函数为: $F(x) = \begin{cases} 0, & x < 1 \\ \ln x, & 1 \leqslant x < e. \\ 1, & x \geqslant e \end{cases}$

(1) 求 X 的密度函数 $f(x)$;

(2) 用两种方法计算 $P\{X > 0.5\}$.

5. 设 $X \sim F(x) = \begin{cases} A + Be^{-2x}, & x > 0 \\ 0, & x \leqslant 0 \end{cases}$. 求:

(1) A , B ;

(2) $P\{-1 < X < 1\}$;

(3) X 的概率密度.

6. 服从拉普拉斯分布的随机变量 X 的概率密度为 $f(x) = Ae^{-|x|}$, 求 A 及其分布函数.

7. 设 X 服从 $(1,5)$ 上的均匀分布, 如果(1) $x_1 < 1 < x_2 < 5$, (2) $1 < x_1 < 5 < x_2$, 求 $P\{x_1 < X < x_2\}$

8. 设 $X \sim N(3, 2^2)$,

(1) 求 $P\{2 < X \leqslant 5\}$, $P\{-4 < X \leqslant 10\}$, $P\{|X| > 2\}$, $P\{X > 3\}$;

(2) 确定 C 使得 $P\{X > C\} = P\{X \leqslant C\}$.

9. 计件超产奖, 需对生产定额做出规定. 假设每名工人每月装配的产品数 $X \sim N(4\,000, 3\,600)$. 假定希望 10% 的工人获得超产奖, 求工人每月需完成多少件产品才能获得超产奖.

10. 某人到火车站有两条路, 第一条路程短, 但交通拥挤, 所需时间服从 $N(40, 10^2)$; 第二条路程长, 但意外阻塞较少, 所需时间服从 $N(50, 4^2)$.

(1) 若离开车时间只有 60 分钟, 应选择哪条线路?

(2) 若离开车时间只有 45 分钟, 应选择哪条线路?

11. 设顾客在某银行的窗口等待服务的时间 X(以分计)服从指数分布, 其概率密度为

$$F_X(x) = \begin{cases} \dfrac{1}{5}e^{-\frac{x}{5}}, & x > 0 \\ 0, & \text{其他} \end{cases}.$$

某顾客在窗口等待服务，若超过 10 分钟他就离开. 他一个月要到银行 5 次. 以 Y 表示一个月内他未等到服务而离开窗口的次数，写出 Y 的分布律. 并求 $P\{Y \geq 1\}$.

12. 设 $X \sim N(\mu, 16)$，$Y \sim N(\mu, 25)$；记 $p_1 = P\{X \leq \mu - 4\}$，$p_2 = P\{Y \geq \mu + 5\}$，试证对任意 μ 总有 $p_1 = p_2$.

§2.4　随机变量函数的分布

前面介绍的随机变量的分布都是最基本、最常用的. 而根据实际问题建立的往往是随机变量的函数，因此就产生了根据自变量的分布求其函数的分布的问题. 这一节将介绍如何根据随机变量的概率分布求其函数的概率分布.

一、随机变量的函数

定义 1　若存在一个函数 $y = g(x)$，使得随机变量 X, Y 满足

$$Y = g(X),$$

则称随机变量 Y 是随机变量 X 的函数.

在概率论中，我们主要研究的是随机变量函数的随机性特征，即由自变量 X 的统计规律性出发研究因变量 Y 的统计规律性.

二、离散型随机变量函数的分布

如何由已知随机变量 X 的分布来求其函数 $Y = f(X)$ 的分布呢？我们看下面的例题.

【例 1】　设随机变量 X 的概率分布为

X	-2	$-\dfrac{1}{2}$	0	2	4
p_i	$\dfrac{1}{8}$	$\dfrac{1}{4}$	$\dfrac{1}{8}$	$\dfrac{1}{6}$	$\dfrac{1}{3}$

求下列随机变量函数的概率分布：(1) $X+2$；(2) X^2.

解　(1) $X+2$ 的概率分布为

$X+2$	0	$\dfrac{3}{2}$	2	4	6
p_i	$\dfrac{1}{8}$	$\dfrac{1}{4}$	$\dfrac{1}{8}$	$\dfrac{1}{6}$	$\dfrac{1}{3}$

(2) X^2 的概率分布为

X^2	0	$\dfrac{1}{4}$	4	16
p_i	$\dfrac{1}{8}$	$\dfrac{1}{4}$	$\dfrac{1}{8} + \dfrac{1}{6} = \dfrac{7}{24}$	$\dfrac{1}{3}$

三、连续型随机变量函数的分布

定理 1 设连续型随机变量 X 的概率密度为 $f_x(x)$. 函数 $y=g(x)$ 处处可导，且对任意的 x, $g'(x)>0$（或 $g'(x)<0$），则随机变量 X 的函数 $Y=g(X)$ 也是一个连续型随机变量，其概率密度为

$$f_Y(y)=\begin{cases}f[g^{-1}(y)]\,|\,[g^{-1}(y)]'|, & \alpha<y<\beta, \\ 0, & \text{其他}\end{cases} \tag{2.14}$$

其中 $g^{-1}(y)$ 是 $g(x)$ 的反函数. 而 $\alpha=\min\{g(-\infty),g(+\infty)\}$, $\beta=\max\{g(-\infty),g(+\infty)\}$.

【例 2】 已知随机变量 X 服从标准正态分布，其概率密度为

$$\varphi(x)=\frac{1}{\sqrt{2\pi}}e^{-\frac{x^2}{2}}\ (-\infty<x<\infty),$$

求 $Y=\sigma X+\mu$ 的概率密度，其中 $\sigma>0$, $-\infty<\mu<\infty$.

解 我们利用式（2.14）求解. 函数 $y=g(x)=\sigma x+\mu$ 单调且有唯一反函数 $x=g^{-1}(y)=(y-\mu)/\sigma$；$x'=1/\sigma$. 代入式（2.14），得 Y 的概率密度为

$$f_Y(y)=\frac{1}{\sigma}\varphi\left(\frac{y-\mu}{\sigma}\right)=\frac{1}{\sqrt{2\pi}\sigma}e^{-\frac{(y-\mu)^2}{2\sigma^2}}\ (-\infty<y<\infty).$$

【例 3】 设随机变量 X 在 $[1,2]$ 上服从均匀分布，求 $Y=e^{2X}$ 的概率密度.

解 我们利用式（2.14）求解. X 的概率密度为

$$f_X(x)=\begin{cases}1, & 1\leqslant x\leqslant 2 \\ 0, & \text{其他}\end{cases}.$$

函数 $y=g(x)=e^{2x}$, 其值域为 $[e^2,e^4]$, 单调且有唯一反函数 $x=g^{-1}(y)=\ln y/2$, $y\in[e^2,e^4]$；$x'=1/(2y)$. 代入式（2.14），得 Y 的概率密度为

$$p(y)=\begin{cases}\dfrac{1}{2y}, & e^2\leqslant y\leqslant e^4 \\ 0, & \text{其他}\end{cases}.$$

四、随机变量函数分布的一般求法

有时 $Y=g(X)$ 作为随机变量 X 的函数，既不是离散型的也不是连续型的，这时可以由 X 的分布函数求出 $Y=g(X)$ 的分布函数. 一般方法是设法将 Y 的分布函数通过 X 的概率分布表示：

$$F(y)=P\{Y\leqslant y\}=P\{g(X)\leqslant y\},$$

然后再利用 X 的分布函数来计算推导. 具体方法见下例.

【例 4】 设随机变量 $X\sim N(0,1)$, $Y=e^X$, 求 Y 的概率密度函数.

解 设 $F_Y(y)$, $f_Y(y)$ 分别为随机变量 Y 的分布函数和概率密度函数，则

当 $y\leqslant 0$ 时，$F_Y(y)=P\{Y\leqslant y\}=P\{e^X\leqslant y\}=P\{\varnothing\}=0$.

当 $y > 0$ 时，$F_Y(y) = P\{Y \leqslant y\} = P\{e^X \leqslant y\} = P\{X \leqslant \ln y\} = \dfrac{1}{\sqrt{2\pi}} \displaystyle\int_{-\infty}^{\ln y} e^{-\frac{x^2}{2}} \mathrm{d}x.$

再由 $f_Y(y) = F_Y'(y)$，得 $f_Y(y) = \begin{cases} \dfrac{1}{\sqrt{2\pi}\,y} e^{-\frac{(\ln y)^2}{2}}, & y > 0 \\ 0, & y \leqslant 0 \end{cases}.$

习题 2—4

1. 设随机变量 X 的分布律为

X	-2	-1	0	1	3
p_i	$\dfrac{1}{5}$	$\dfrac{1}{6}$	$\dfrac{1}{5}$	$\dfrac{1}{15}$	$\dfrac{11}{30}$

求 $Y = X^2$ 的分布律.

2. 设随机变量 Y 的分布律为

X	0	1	2
p_i	0.3	0.4	0.3

$Y = 2X - 1$，求随机变量 Y 的分布律.

3. 设 $X \sim U[a, b]$，求 $Y = cX + d\,(c > 0)$ 的密度函数.

4. $X \sim U[0, 1]$，求 $Y = e^X$ 的概率密度 $f_Y(y)$.

5. 设随机变量 X 的概率密度为

$$f_X(x) = \begin{cases} e^{-x}, & x \geqslant 0 \\ 0, & x < 0 \end{cases},$$

求 $Y = e^X$ 的概率密度 $f_Y(y)$.

6. 设随机变量 X 的密度函数为：$f(x) = \begin{cases} 2(1-x), & 0 < x < 1 \\ 0, & \text{其他} \end{cases}$，$Y = X^2$，求随机变量 Y 的密度函数.

7. 设 $X \sim N(0, 1)$，求：

(1) $Y = e^X$ 的概率密度；

(2) $Y = 2X^2 + 1$ 的概率密度；

(3) $Y = |X|$ 的概率密度.

§2.5　多维随机变量及其分布

在实际问题中，我们往往需要同时考虑多个随机变量．例如，对企业经济效益的测定要同时考虑劳动生产率、资金产值率、资金利润等多个指标；对各个国家经济发展水平的衡量，不仅需要人均国民收入这个指标，还必须比较它们的收入分配状况、人民健康水平、平均寿命、识字率等指标. 因此我们有必要引入多维随机变量的概念.

一、多维随机变量

定义 1 设 $X_1, X_2, \cdots, X_n$ 是 n 个一维随机变量，则由此形成的全体 $(X_1, X_2, \cdots, X_n)$ 称为 n 维随机变量或称维数是 n 的随机向量，其中 $X_i (i=1,2,\cdots,n)$ 是它的第 i 个分量. 当维数 $n \geqslant 2$ 时，统称为**多维随机变量**.

由于多维随机变量的讨论远比一维复杂，因此以二维随机变量为例展开讨论，多元的情况可依此类推.

二、二维离散型随机变量的概率分布

定义 2 若二维随机变量 (X,Y) 只取有限个或可数个值，则称 (X,Y) 为**二维离散型随机变量**.

定义 3 设离散型随机变量 X 和 Y 的一切可能值分别为 $\{x_i\}$ 和 $\{y_j\}$，则 X 和 Y 的联合概率分布通常表示为

$$P\{X=x_i, Y=y_j\}=p_{ij}(i=0,1,\cdots;j=0,1,\cdots),\qquad(2.15)$$

或

$$P\{(X,Y)=(x_i, y_j)\}=p_{ij}(i=0,1,\cdots;j=0,1,\cdots),\qquad(2.16)$$

相应地称为 X 和 Y 的**联合概率分布**，或随机向量 (X,Y) 的**概率分布**.

联合概率分布常用列联表表示（见表 2—5—1）：

表 2—5—1   联合概率分布表

X \ Y	y_1	y_2	$\cdots$	y_t	$\cdots$	$p_{i*} = \sum_j p_{ij}$
x_1	p_{11}	p_{12}	$\cdots$	p_{1t}	$\cdots$	$p_{1\cdot}$
x_2	p_{21}	p_{22}	$\cdots$	p_{2t}	$\cdots$	$p_{2\cdot}$
$\vdots$	$\vdots$	$\vdots$	$\cdots$	$\vdots$	$\vdots$	$\vdots$
x_s	p_{s1}	p_{s2}	$\cdots$	p_{st}	$\cdots$	$p_{s\cdot}$
$\vdots$	$\vdots$	$\vdots$	$\cdots$	$\vdots$	$\vdots$	
$p_{\cdot j} = \sum_i p_{ij}$	$p_{\cdot 1}$	$p_{\cdot 2}$	$\cdots$	$p_{\cdot t}$	$\cdots$	1

联合概率分布显然具有以下性质：

(1) $p_{ij} \geqslant 0, i,j=1,2,\cdots$；

(2) $\sum_j \sum_i p_{ij} = 1$.   (2.17)

对离散型随机变量而言，联合概率分布能够确定 (X,Y) 取值于任何区域 D 上的概率，即

$$P\{(X,Y) \in D\} = \sum_{(x_i,y_j) \in D} p_{ij}.$$

由 X 和 Y 的联合分布得到的 X 和 Y 的概率分布，称为联合分布的**边缘概率分布**. 设 (X,Y) 的概率分布为 $P\{X = x_i, Y = y_j\} = p_{ij}$，两个边缘概率分布为

$$P\{X = x_i\} = \sum_j P\{X = x_i, Y = y_j\} = \sum_j p_{ij} = p_{i\cdot},$$

$$P\{Y = y_j\} = \sum_i P\{X = x_i, Y = y_j\} = \sum_i p_{ij} = p_{\cdot j}. \qquad (2.18)$$

表 2—5—1 的左右两列恰好是 X 的概率分布；上下两行恰好是 Y 的概率分布. 因此 X 的分布和 Y 的分布就是 X 和 Y 的联合分布的边缘分布.

【例 1】 将一枚均匀对称的硬币重复掷三次，以 X 表示正面出现的次数，以 Y 表示正、反面出现次数之差的绝对值，求：

(1) X 和 Y 的联合概率分布及 X 和 Y 的边缘分布；

(2) $P\{0 \leqslant X \leqslant 2, 1 \leqslant Y < 3\}$.

解 (1) 易见 (X,Y) 的可能值为：$(0,3),(1,1),(2,1),(3,3)$. 显然 X 服从参数为 $(3,1/2)$ 的二项分布，可见

$$P\{X=0, Y=3\} = P\{X=0\} = \frac{1}{2^3} = \frac{1}{8},$$

$$P\{X=1, Y=1\} = P\{X=1\} = C_3^1 \times \frac{1}{2} \times \frac{1}{2^2} = \frac{3}{8},$$

$$P\{X=2, Y=1\} = P\{X=2\} = C_3^2 \times \frac{1}{2^2} \times \frac{1}{2} = \frac{3}{8},$$

$$P\{X=3, Y=3\} = P\{X=3\} = \frac{1}{2^3} = \frac{1}{8}.$$

因此 (X,Y) 的概率分布为

X 和 Y 的联合分布

X \ Y	1	3	$p_{i\cdot} = \sum_j p_{ij}$
0	0	1/8	1/8
1	3/8	0	3/8
2	3/8	0	3/8
3	0	1/8	1/8
$p_{\cdot j} = \sum_i p_{ij}$	3/4	1/4	1

(2) 由联合分布可得

$$P\{0 \leqslant X \leqslant 2, 1 \leqslant Y < 3\} = P\{0 \leqslant X \leqslant 2, Y=1\} = 0 + 3/8 + 3/8 = 3/4.$$

三、二维连续型随机变量的概率密度

1. 联合概率密度

定义 4 设 (X,Y) 为二维随机变量，(X,Y) 看作平面上一点，对于平面上的任意区域

D，点 (X,Y) 属于 D 的概率能用一非负二元函数 $f(x,y)$ 的积分来表示：

$$P\{(X,Y)\in D\}=\iint\limits_{D}f(x,y)\mathrm{d}x\mathrm{d}y \tag{2.19}$$

函数 $f(x,y)$ 称作 (X,Y) 的**概率密度**，或 X 和 Y 的联合概率密度.

联合概率密度函数具有如下性质：

$$(1)\ f(x,y)\geqslant 0\ ；\ (2)\int_{-\infty}^{+\infty}\int_{-\infty}^{+\infty}f(x,y)\mathrm{d}x\mathrm{d}y. \tag{2.20}$$

【例 2】 设 (X,Y) 的概率密度为

$$f(x,y)=\begin{cases}\mathrm{e}^{-(x+y)}, & x\geqslant 0,y\geqslant 0\\ 0, & \text{其他}\end{cases}.$$

求概率 $P\{0\leqslant X<1,0\leqslant Y<1\}$.

解 由概率密度定义可得

$$P\{0\leqslant X<1,0\leqslant Y<1\}=\int_{0}^{1}\mathrm{e}^{-x}\mathrm{d}x\int_{0}^{1}\mathrm{e}^{-y}\mathrm{d}y=(1-\mathrm{e}^{-1})^{2}.$$

【例 3】 设 (X,Y) 的联合密度函数为

$$f(x,y)=\begin{cases}\dfrac{1}{8}(6-x-y), & 0<x<2,\,2<y<4\\ 0, & \text{其他}\end{cases},$$

求概率 $P\{X+Y<4\}$.

解
$$\begin{aligned}P\{X+Y<4\}&=\iint\limits_{x+y<4}f(x,y)\mathrm{d}x\mathrm{d}y\\ &=\frac{1}{8}\int_{2}^{4}\mathrm{d}y\int_{0}^{4-y}(6-x-y)\mathrm{d}x\\ &=\frac{1}{8}\int_{2}^{4}\Big[6(4-y)-\frac{(4-y)^{2}}{2}-(4-y)y\Big]\mathrm{d}y=\frac{2}{3}.\end{aligned}$$

2. 边缘密度函数

定义 5 设 (X,Y) 的联合密度为 $f(x,y)$，则称 X 与 Y 的密度 $f_X(x)$，$f_Y(y)$ 为联合密度 $f(x,y)$ 的**边缘密度函数**，且

$$f_X(x)=\int_{-\infty}^{+\infty}f(x,y)\mathrm{d}y\ ,\ f_Y(y)=\int_{-\infty}^{+\infty}f(x,y)\mathrm{d}x.$$

【例 4】 设随机变量 (X,Y) 具有密度函数（见图 2—5—1）

$$f(x,y)=\begin{cases}\dfrac{2\mathrm{e}^{-y+1}}{x^{3}}, & x>1,y>1\\ 0, & \text{其他}\end{cases}.$$

求边缘密度函数.

解 因为 $f_X(x)=\displaystyle\int_{-\infty}^{+\infty}f(x,y)\mathrm{d}y.$

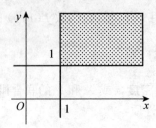

图 2—5—1

当 $x>1$ 时, $f_X(x)=\int_1^{+\infty}\dfrac{2\mathrm{e}^{-y+1}}{x^3}\mathrm{d}y=\dfrac{2}{x^3}\mathrm{e}\int_1^{+\infty}\mathrm{e}^{-y}\mathrm{d}y$

$\qquad\qquad\qquad =\dfrac{2}{x^3}\mathrm{e}(-\mathrm{e}^{-y})\Big|_1^{+\infty}=\dfrac{2}{x^3}\mathrm{e}\cdot\mathrm{e}^{-1}=\dfrac{2}{x^3}.$

当 $x\leqslant 1$ 时, $f_X(x)=0$.

所以 $f_X(x)=\begin{cases}\dfrac{2}{x^3}, & x>1 \\[2mm] 0, & x\leqslant 1\end{cases}.$

因为 $f_Y(y)=\int_{-\infty}^{+\infty}f(x,y)\mathrm{d}x.$

当 $y>1$ 时, $f_Y(y)=\int_1^{+\infty}\dfrac{2\mathrm{e}^{-y+1}}{x^3}\mathrm{d}x=2\mathrm{e}^{-y+1}\cdot\left(-\dfrac{1}{2x^2}\right)\Big|_1^\infty=\mathrm{e}^{-y+1}.$

当 $y\leqslant 1$ 时, $f_Y(y)=0.$

所以 $f_Y(y)=\begin{cases}\mathrm{e}^{-y+1}, & y>1 \\ 0, & y\leqslant 1\end{cases}.$

【例 5】 设随机变量 (X,Y) 具有密度函数(见图 2—5—2):

$$f(x,y)=\begin{cases}\dfrac{24}{5}y(2-x), & 0\leqslant x\leqslant 1,0\leqslant y\leqslant x \\[2mm] 0, & 其他\end{cases}.$$

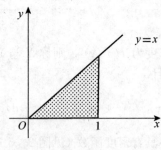

图 2—5—2

求边缘概率密度.

解 $f_X(x)=\int_0^x\dfrac{24}{5}y(2-x)\mathrm{d}y=\dfrac{12}{5}x^2(2-x)\quad(0\leqslant x\leqslant 1),$

$\qquad f_Y(y)=\int_y^1\dfrac{24}{5}y(2-x)\mathrm{d}x=\dfrac{24}{5}y\left(\dfrac{3}{2}-2y+\dfrac{y^2}{2}\right)(0\leqslant y\leqslant 1),$

于是有

$$f_X(x)=\begin{cases}\dfrac{12}{5}x^2(2-x), & 0\leqslant x\leqslant 1,\\[2mm] 0, & \text{其他}\end{cases}$$

$$f_Y(y)=\begin{cases}\dfrac{24}{5}y\left(\dfrac{3}{2}-2y+\dfrac{y^2}{2}\right), & 0\leqslant y\leqslant 1.\\[2mm] 0, & \text{其他}\end{cases}$$

3. 二维正态分布

二维正态分布与一维正态分布一样,在理论和实际中都有重要意义.

(1) 二维正态分布的密度函数.

若二维随机变量 (X,Y) 的概率密度为

$$f(x,y)=\frac{1}{2\pi\sigma_1\sigma_2\sqrt{1-\rho^2}}e^{-\frac{1}{2(1-\rho^2)}\left\{\left(\frac{x-\mu_1}{\sigma_1}\right)^2-2\rho\left(\frac{x-\mu_1}{\sigma_1}\right)\left(\frac{x-\mu_2}{\sigma_2}\right)+\left(\frac{x-\mu_2}{\sigma_2}\right)^2\right\}}, \tag{2.21}$$

其中 $\mu_1,\mu_2,\sigma_1,\sigma_2,\rho$ 为常数,$\sigma_1>0,\sigma_2>0,|\rho|<1$,则称 (X,Y) 服从**二维正态分布**,记作 $(X,Y)\sim N_2(\mu_1,\mu_2,\sigma_1^2,\sigma_2^2,\rho)$.

二维正态分布的概率密度的图像如图 2—5—3 所示.

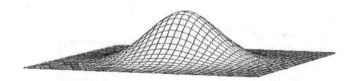

图 2—5—3 二维正态密度示意图

(2) 二维正态分布的边缘概率密度.

设二维随机变量 $(X,Y)\sim N_2(\mu_1,\mu_2,\sigma_1^2,\sigma_2^2,\rho)$,则 X 和 Y 都是正态随机变量,即 $X\sim N(\mu_1,\sigma_1^2)$,$Y\sim N(\mu_2,\sigma_2^2)$,其概率密度分别为

$$f_X(x)=\frac{1}{\sqrt{2\pi}\sigma_1}e^{-\frac{(x-\mu_1)^2}{2\sigma_1^2}},\ f_Y(y)=\frac{1}{\sqrt{2\pi}\sigma_2}e^{-\frac{(y-\mu_2)^2}{2\sigma_2^2}}; \tag{2.22}$$

虽然二维正态分布的两个边缘分布式(2.22)都是正态分布,但是联合分布未必是二维正态分布. 若要使得联合分布是二维正态分布需满足一定条件,后面的内容将加以说明.

四、二维随机变量的分布函数

联合分布函数可以完全决定各类随机变量的联合分布,但自身表达式一般都比较复杂. 基于一般性研究,这里简单介绍一下联合分布函数和边缘分布函数的概念.

1. 二维联合分布函数

定义 6 设 (X,Y) 是二维随机变量,称函数

$$F(x,y)=P\{X\leqslant x,Y\leqslant y\},\ -\infty<x,y<+\infty \tag{2.23}$$

为随机变量 (X,Y) 的分布函数，或 X 和 Y 的联合分布函数，简称二维分布函数. 离散型随机变量 X 和 Y 的联合分布函数 $F(x,y)$，可由联合概率函数式(2.23)表示为

$$F(x,y) = P\{X \leqslant x, Y \leqslant y\} = \sum_{\substack{x_i \leqslant x \\ y_j \leqslant y}} P\{X = x_i, Y = y_j\} = \sum_{\substack{x_i \leqslant x \\ y_j \leqslant y}} p_{ij}.$$

连续型随机变量 X 和 Y 的联合分布函数 $F(x,y)$ 可由联合密度函数表示为

$$F(x,y) = \int_{-\infty}^{x} \int_{-\infty}^{y} f(u,v) \mathrm{d}u\mathrm{d}v \ (-\infty < x, y < +\infty).$$

2. 联合分布函数的性质

联合分布函数 $F(x,y)$ 有如下性质.

(1) $0 \leqslant F(x,y) \leqslant 1$，且对于每一自变量单调不减.

(2) 对于每一自变量，$F(x,y)$ 右连续.

(3) $F(x, -\infty) = F(-\infty, y) = 0, F(+\infty, +\infty) = 1$.

(4) 对于任意实数 $a < b, c < d$，有(见图 2—5—4)

$$P\{a < X \leqslant b, c < Y \leqslant d\} = F(b,d) - F(a,d) - F(b,c) + F(a,c). \tag{2.24}$$

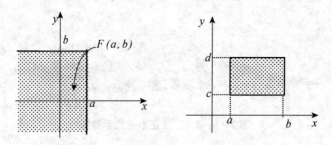

图 2—5—4 二维分布函数示意图

3. 边缘分布函数

联合分布函数 $F(x,y)$ 完全决定 X 和 Y 的分布函数 $F_X(x)$ 和 $F_Y(y)$：

$$\begin{aligned} F_X(x) = P\{X \leqslant x\} = P\{X \leqslant x, Y \leqslant +\infty\} = F\{x, +\infty\}, \\ F_Y(y) = P\{Y \leqslant y\} = P\{X \leqslant +\infty, Y \leqslant y\} = F\{+\infty, y\}, \end{aligned} \tag{2.25}$$

称 $F_X(x)$ 和 $F_Y(y)$ 分别为 $F(x,y)$ 关于 X 和 Y 的**边缘分布函数**.

反之，边缘分布函数不一定能够完全决定联合分布函数.

【**例 6**】 设随机变量 X 和 Y 的联合概率分布为

X＼Y	-1	1
-1	0.2	0.15
1	0.3	0.35

求 X 和 Y 的联合分布函数 $F(x,y)$.

解　若 $x<-1$ 或 $y<-1$，则 $F(x,y)=0$；对于 $-1\leqslant x<1$，$-1\leqslant y<1$，

$$F(x,y)=P\{X\leqslant x,Y\leqslant y\}=P\{X=-1,Y=-1\}=0.2；$$

对于 $-1\leqslant x<1$，$y\geqslant 1$，

$$\begin{aligned}F(x,y)&=P\{X\leqslant x,Y\leqslant y\}\\&=P\{X=-1,Y=-1\}+P\{X=-1,Y=1\}=0.35；\end{aligned}$$

对于 $x\geqslant 1$，$-1\leqslant y<1$，

$$\begin{aligned}F(x,y)&=P\{X\leqslant x,Y\leqslant y\}\\&=P\{X=-1,Y=-1\}+P\{X=1,Y=-1\}=0.5；\end{aligned}$$

对于 $x\geqslant 1$，$y\geqslant 1$，显然 $F(x,y)=1$．于是，X 和 Y 的联合分布函数为

$$F(x,y)=\begin{cases}0, & x<-1 \text{ 或 } y<-1\\0.2, & -1\leqslant x<1,-1\leqslant y<1\\0.35, & -1\leqslant x<1,y\geqslant 1\\0.5, & x\geqslant 1,-1\leqslant y<1\\1, & x\geqslant 1,y\geqslant 1\end{cases}.$$

五、二维随机变量的独立性

随机变量的独立性是概率论中的一个重要概念．

定义 7　设随机变量 (X,Y) 的联合分布函数为 $F(x,y)$，边缘分布函数为 $F_X(x)$，$F_Y(y)$，若对任意实数 x，y，有 $P\{X\leqslant x,Y\leqslant y\}=P\{X\leqslant x\}P\{Y\leqslant y\}$，即 $F(x,y)=F_X(x)F_Y(y)$，则称随机变量 X 和 Y **相互独立**．

由定义 7 可以看到，如果随机变量 X 和 Y 相互独立，则联合分布可以由边缘分布唯一确定．

利用随机变量独立性的定义还可以证明以下结论：

定理 1　随机变量 X 与 Y 相互独立的充要条件是 X 所生成的任何事件与 Y 生成的任何事件均独立，即对任意实数集 A、B 有

$$P\{X\in A,Y\in B\}=P\{X\in A\}P\{Y\in B\}.$$

定理 2　如果随机变量 X 与 Y 相互独立，则对任意函数 $g_1(X)$，$g_2(Y)$ 均有 $g_1(X)$，$g_2(Y)$ 相互独立．

以上两个结论在后面的学习中将会用到．随机变量独立性的定义及上面的结论都可以推广到有限个随机变量的情形．

离散型和连续型随机变量的独立性又可以根据具体分布定义，定义如下：

定义 8　若对于 (X,Y) 的所有可能取值 (x_i,y_j)，有 $P\{X=x_i,Y=y_j\}=P\{X=x_i\}P\{Y=y_j\}$，即 $p_{ij}=p_i.p_{.j},i,j=1,2,\cdots$，则称 X 和 Y 相互独立．

【例 7】　设 X 与 Y 的联合分布为

X \ Y	0	1	2
1	0.1	0.2	0
2	0.3	0.05	0.1
3	0.15	0	0.1

判断 X 与 Y 是否相互独立.

解 因为 $P\{X=1\}=0.1+0.2=0.3$，$P\{Y=0\}=0.1+0.3+0.15=0.55$，而 $P\{X=1,Y=0\}=0.1$，于是有 $P\{X=1,Y=0\}\neq P\{X=1\}P\{Y=0\}$，所以由定义可知 X 与 Y 不独立.

【例8】 设随机变量 X 和 Y 的联合概率分布为

X \ Y	1	2	3
1	1/6	1/9	1/18
2	1/3	a	b

问 a,b 各取何值时，X 和 Y 相互独立?

解 由独立性定义有 $P\{X=1,Y=2\}=P\{X=1\}P\{Y=2\}$，$P\{X=1,Y=3\}=P\{X=1\}P\{Y=3\}$，可得方程组

$$\frac{1}{9}=\frac{1}{3}\times\left(\frac{1}{9}+a\right),\frac{1}{18}=\frac{1}{3}\times\left(\frac{1}{18}+b\right),$$

解得 $a=2/9$，$b=1/9$.

定义9 若对任意的 x，y，有

$$f(x,y)=f_X(x)f_Y(y)$$

几乎处处成立，则称 X，Y **相互独立**.

这里"几乎处处成立"的含义是在平面上除去面积为 0 的集合外处处成立.

【例9】 设 (ξ,η) 的联合密度为

$$f(x,y)=\begin{cases}cxy, & 0\leqslant x\leqslant 1,0\leqslant y\leqslant 1\\0, & \text{其他}\end{cases}.$$

求常数 c，并证明 ξ 与 η 独立.

解 （1）由联合密度规范性，$\displaystyle\int_{-\infty}^{+\infty}\int_{-\infty}^{+\infty}f(x,y)\mathrm{d}x\mathrm{d}y=\int_0^1\int_0^1cxy\mathrm{d}x\mathrm{d}y=c\int_0^1 x\mathrm{d}x\int_0^1 y\mathrm{d}y=\frac{c}{4}=1$，可得 $c=4$.

（2）边缘密度函数 $\displaystyle f_\xi(x)=\int_{-\infty}^{+\infty}f(x,y)\mathrm{d}y$，当 $x<0$ 或 $x>1$ 时，$f_\xi(x)=0$；当 $0\leqslant x\leqslant 1$ 时，$\displaystyle f_\xi(x)=\int_0^1 4xy\mathrm{d}y=2x$，所以 $f_\xi(x)=\begin{cases}2x, & 0\leqslant x\leqslant 1\\0, & \text{其他}\end{cases}$；由对称性可得 $f_\eta(x)=\begin{cases}2y, & 0\leqslant y\leqslant 1\\0, & \text{其他}\end{cases}$.

所以对任意实数 x，y，都有 $f(x,y)=f_\xi(x)f_\eta(y)$，所以 ξ 与 η 独立.

*六、二维随机变量的条件分布

1. 离散型随机变量的条件分布

前面我们已经知道，如果 (ξ,η) 是二维离散型随机变量，ξ 的可能值为 $x_i(i=1,2,\cdots)$，η 的可能值为 $y_j(j=1,2,\cdots)$，则在 $\{\eta=y_j\}$ 发生的条件下 $\{\xi=x_i\}$ 的条件分布律为

$$p_{i|j}=P\{\xi=x_i\,|\,\eta=y_j\}=\frac{P\{\xi=x_i,\ \eta=y_j\}}{P\{\eta=y_j\}},\ i=1,\ 2,\ \cdots.$$

下面我们进一步引入条件分布的概念.

定义 10　设 (ξ,η) 是二维离散型随机变量，ξ 的可能值为 $x_i(i=1,2,\cdots)$，η 的可能值为 $y_j(j=1,2,\cdots)$，我们称

$$F_{\xi|\eta}(x|y_j)=P\{\xi\leqslant x\,|\,\eta=y_j\}$$

为在 $\{\eta=y_j\}$ 发生的条件下 ξ 的**条件分布函数**或**条件分布**.

由上述定义不难推得

$$F_{\xi|\eta}(x|y_j)=P\{\xi\leqslant x\,|\,\eta=y_j\}=\sum_{x_i\leqslant x}\frac{P\{\xi=x_i,\eta=y_j\}}{P\{\eta=y_j\}}.$$

2. 连续型随机变量的条件分布

仿照离散型随机变量条件分布的定义 $F_{\xi|\eta}(x|y_j)=P\{\xi\leqslant x\,|\,\eta=y_j\}$，对连续型随机变量，我们自然定义 $F_{\xi|\eta}(x|y)=P\{\xi\leqslant x\,|\,\eta=y\}$. 但这里出现了一个困难，因为 (ξ,η) 是连续型随机变量，所以 η 也是连续型随机变量，故 $P\{\eta=y\}=0$，因而 $P\{\xi\leqslant x\,|\,\eta=y\}$ 无定义. 由此可知，仿照离散型随机变量来定义 $F_{\xi|\eta}(x|y)$ 是不可行的. 下面推广这一定义，使它适用于连续型随机变量.

定义 11　设 (ξ,η) 是二维随机变量，如果 $\lim\limits_{\Delta y\to 0}P\{\xi\leqslant x\,|\,y<\eta\leqslant y+\Delta y\}$ 存在，则称此极限值为在 $\{\eta=y\}$ 发生条件下 ξ 的**条件分布函数**，记为 $F_{\xi|\eta}(x|y)=P\{\xi\leqslant x\,|\,\eta=y\}$.

定义 12　设 (ξ,η) 的密度函数 $f(x)$ 是一个连续函数，且 $f_\eta(y)$ 也是一个连续函数. 若在点 y，$f_\eta(y)>0$，则

$$F_{\xi|\eta}(x|y)=\int_{-\infty}^{x}\frac{f(u,y)}{f_\eta(y)}\mathrm{d}u.$$

因此在 $\{\eta=y\}$ 发生的条件下，ξ 的**条件密度**为

$$f_{\xi|\eta}(x|y)=\frac{f(x,y)}{f_\eta(y)}.$$

同样可以得到，若 $f(x,y)$、$f_\xi(x)$ 连续，且在点 x 处 $f_\xi(x)>0$，则在 $\{\xi=x\}$ 发生条件下 η 的**条件密度**为

$$f_{\eta|\xi}(y|x)=\frac{f(x,y)}{f_\xi(x)}.$$

定理3 若 $(X,Y) \sim N(\mu_1,\mu_2,\sigma_1^2,\sigma_2^2,\rho)$，则 X 与 Y 相互独立等价于 $\rho=0$.

证明 略.

此定理说明，当 X 与 Y 相互独立时，正态的边缘分布可以唯一确定正态的联合分布.

【例10】 设 (ξ,η) 的密度函数（见图 2—5—5）为

$$f(x,y)=\begin{cases}3x, & 0<x<1, 0<y<x \\ 0, & \text{其他}\end{cases}.$$

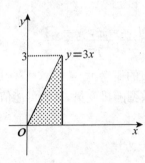

图 2—5—5

求条件密度.

解 计算可得边缘密度

$$f_\xi(x)=\begin{cases}3x^2, & 0<x<1 \\ 0, & \text{其他}\end{cases}, f_\eta(y)=\begin{cases}\dfrac{3}{2}(1-y^2), & 0<y<1 \\ 0, & \text{其他}\end{cases}.$$

当 $0<y<1$ 时，$f_{\xi|\eta}(x|y)=\begin{cases}\dfrac{2x}{1-y^2}, & y<x<1 \\ 0, & \text{其他}\end{cases}.$

当 $0<x<1$ 时，$f_{\eta|\xi}(y|x)=\begin{cases}\dfrac{1}{x}, & 0<y<x \\ 0, & \text{其他}\end{cases}.$

*七、二维随机变量的函数分布

1. $\zeta=\max(\xi,\eta)$ 与 $\zeta=\min(\xi,\eta)$ 的分布

设 ξ,η 独立，$\zeta=\max(\xi,\eta)$，ξ,η 的分布函数分别为 $F_\xi(x),F_\eta(y)$，则 ζ 的分布为

$$F_\zeta=P(\zeta\leqslant z)=P(\max(\xi,\eta)\leqslant z)=P(\xi\leqslant z,\eta\leqslant z)$$

$$\xrightarrow{\xi,\eta\text{ 独立}}P(\xi\leqslant z)P(\eta\leqslant z)=F_\xi(z)F_\eta(z).$$

特别地，若 ξ,η 独立同分布，分布函数为 $F(x)$，则 $F_\zeta(z)=F^2(z)$.

若 $\zeta=\min(\xi,\eta)$，ξ,η 独立，则有

$$F_\zeta(z)=P(\zeta\leqslant z)=P(\min(\zeta,\eta)\leqslant z)=1-P(\min(\xi,\eta)>z)=1-P(\xi>z,\eta>z)$$

$$\xrightarrow{\xi,\eta\text{ 独立}}1-P(\xi>z)P(\eta>z)=1-[1-P(\xi\leqslant z)][1-P(\eta\geqslant z)]$$

$$=1-[1-F_\xi(z)][1-F_\eta(z)].$$

特别地，若 ξ,η 独立同分布，分布函数为 $F(x)$，则 $F_\zeta(z)=1-[1-F(z)]^2$.

2. $\zeta=\xi+\eta$ 的分布

（1）ξ 与 η 均为相互独立的离散型随机变量，且取值均为非负整数.

$$P(\zeta=k)=P(\xi+\eta=k)=\sum_{i=0}^{k}P(\xi=i,\eta=k-i)\xlongequal{\xi,\eta独立}\sum_{i=0}^{k}P(\xi=i)P(\eta=k-i).$$

【例 11】 若 $X\sim P(\lambda_1),Y\sim P(\lambda_2)$ 且相互独立，则 $X+Y\sim P(\lambda_1+\lambda_2)$.

证明 $X+Y$ 的可能值为 $0,1,2,\cdots$.

因为 $X\sim P(\lambda_1),Y\sim P(\lambda_2)$，

$$P(X=k)=\frac{\lambda_1^k}{k!}\mathrm{e}^{-\lambda_1},k=0,1,2,\cdots,$$

$$P(Y=l)=\frac{\lambda_2^l}{l!}\mathrm{e}^{-\lambda_2},l=0,1,2,\cdots,$$

$$P(X+Y=k)=\sum_{i=0}^{k}P(X=i,Y=k-i)=\sum_{i=0}^{k}P(X=i)P(Y=k-i)$$

$$=\sum_{i=0}^{k}\frac{\lambda_1^i}{i!}\mathrm{e}^{-\lambda_1}\frac{\lambda_2^{k-i}}{(k-i)!}\mathrm{e}^{-\lambda_2}=\frac{1}{k!}\mathrm{e}^{-(\lambda_1+\lambda_2)}\sum_{i=0}^{k}\frac{k!}{i!(k-i)!}\lambda_1^i\lambda_2^{k-i}$$

$$=\frac{1}{k!}\mathrm{e}^{-(\lambda_1+\lambda_2)}\sum_{i=0}^{k}C_k^i\lambda_1^i\lambda_2^{k-i}=\frac{(\lambda_1+\lambda_2)^k}{k!}\mathrm{e}^{-(\lambda_1+\lambda_2)},k=0,1,2,\cdots,$$

即 $X+Y\sim P(\lambda_1+\lambda_2)$.

类似可以证明以下两个结论：

① 若 $\xi\sim B(m,p),\eta\sim B(n,p)$，且 ξ 与 η 相互独立，则 $\xi+\eta\sim B(m+n,p)$；

② 若 $\xi\sim N(\mu_1,\sigma_1^2),\eta\sim N(\mu_2,\sigma_2^2)$，且 ξ 与 η 相互独立，则 $\xi+\eta\sim N(\mu_1+\mu_2,\sigma_1^2+\sigma_2^2)$.

（2）连续型随机变量 ξ,η 的和、商的密度公式.

设连续型随机变量 ξ,η 的边际密度及联合密度分别为 $p_\xi(x),p_\eta(y),p(x,y)$，则

① $p_{\xi+\eta}(z)=\displaystyle\int_{-\infty}^{+\infty}p(x,z-x)\mathrm{d}x\xlongequal{\xi,\eta独立}\int_{-\infty}^{+\infty}p_\xi(x)p_\eta(z-x)\mathrm{d}x.$

当 ξ,η 独立时，称①式为卷积公式，记为 $f_\zeta=f_\xi*f_\eta$.

② $p_{\frac{\xi}{\eta}}(z)=\displaystyle\int_{-\infty}^{+\infty}p(zy,y)|y|\mathrm{d}y\xlongequal{\xi,\eta独立}\int_{-\infty}^{+\infty}p_\xi(zy)p_\eta(y)|y|\mathrm{d}y.$

【例 12】 已知某种商品一周的需求量为随机变量，其密度为

$$f(x)=\begin{cases}x\mathrm{e}^{-x},&x>0\\0,&x\leqslant0\end{cases}.$$

如果各周的需求量相互独立，求两周需求量的密度.

解 设第一周的需求量为 ξ，第二周的需求量为 η，则 ξ 与 η 独立同分布，密度函数为 $f(x)$，故两周的需求量 $\xi+\eta$ 的密度为

$$f_{\xi+\eta}(z) = \int_{-\infty}^{+\infty} f_\xi(y) f_\eta(z-y) \mathrm{d}y.$$

被积函数只在区域 $G = \{(x,y): y > 0, z-y > 0\}$ 上非零.

当 $z \leqslant 0$ 时，$f_{\xi+\eta}(z) = \int_{-\infty}^{+\infty} 0 \mathrm{d}y = 0.$

当 $z > 0$ 时，

$$f_{\xi+\eta}(z) = \int_0^z y\mathrm{e}^{-y} \cdot (z-y)\mathrm{e}^{-(z-y)} \mathrm{d}y = \mathrm{e}^{-z} \int_0^z (zy - y^2) \mathrm{d}y$$

$$= \mathrm{e}^{-z} \left(\frac{zy^2}{2} - \frac{y^3}{3} \right) \Big|_0^z = \frac{z^3}{6} \mathrm{e}^{-z}.$$

所以 $f_{\xi+\eta}(z) = \begin{cases} \dfrac{z^3}{6}\mathrm{e}^{-z}, & z > 0 \\ 0, & z \leqslant 0 \end{cases}.$

习题 2—5

1. 设盒子中有 2 个红球，2 个白球，1 个黑球，从中随机地取 3 个，用 X 表示取到的红球个数，用 Y 表示取到的白球个数，写出 (X, Y) 的联合分布律及边缘分布律.

2. 设二维随机变量 (X, Y) 的联合分布律为

X \ Y	0	1	2
0	0.1	0.2	a
1	0.1	b	0.2

试根据下列条件分别求 a 或 b 的值.

(1) $P\{X = 1\} = 0.6$；

(2) $P\{X = 1 | Y = 2\} = 0.5$；

(3) 设 $F(x)$ 是 Y 的分布函数，$F(1.5) = 0.5$.

3. (X, Y) 的联合密度函数为：$f(x,y) = \begin{cases} k(x+y), & 0 < x < 1, 0 < y < 1 \\ 0, & \text{其他} \end{cases}$.

求：(1) 常数 k；

(2) $P\{X < 1/2, Y < 1/2\}$；

(3) $P\{X + Y < 1\}$；

(4) $P\{X < 1/2\}$.

4. (X, Y) 的联合密度函数为：$f(x,y) = \begin{cases} kxy, & 0 < x < 1, 0 < y < 1 \\ 0, & \text{其他} \end{cases}$.

求：(1) 常数 k；

(2) $P\{X+Y<1\}$；

(3) $P\{X<1/2\}$.

5. (X,Y) 的联合分布律如下.

X \ Y	1	2	3
1	1/6	1/9	1/18
2	a	b	1/9

试根据下列条件分别求 a 和 b 的值.

(1) $P\{Y=1\}=1/3$；

(2) $P\{X>1|Y=2\}=0.5$；

(3) 已知 X 与 Y 相互独立.

6. (X,Y) 的联合密度函数如下，求常数 c，并讨论 X 与 Y 是否相互独立.

$$f(x,y)=\begin{cases} cxy^2, & 0<x<1,0<y<1 \\ 0, & 其他 \end{cases}.$$

7. 设随机变量 X 和 Y 的联合分布律为

X \ Y	0	1	2
0	1/12	1/6	1/24
1	1/4	1/4	1/40
2	1/8	1/20	0
3	1/120	0	0

求 $W=X+Y$ 的分布律.

第三章

随机变量的数字特征

在前两章中，我们看到随机变量的概率分布能够完整地描述随机变量的统计规律性.但在实际问题中，求概率分布并不容易，而且有时并不需要知道随机变量的概率分布，只需知道它的某些数字特征就够了.本章将介绍随机变量的数字特征：数学期望、方差、协方差、相关系数和矩.

数学期望是反映随机变量平均值的数字特征；方差是反映随机变量取值分散程度的数字特征；协方差和相关系数是反映随机变量之间相互关联程度的数字特征.矩是较广泛使用的一类数字特征.

§3.1 随机变量的数学期望

一、数学期望的概念

1. 离散型随机变量的数学期望

平均值是我们在日常生活中使用最多的一个数字特征，像"平均身高"、"平均收入"、"平均利润"，等等.它简洁地指出了所研究对象的位置特征，对于一些问题的研究都有比较重要的作用.

例如，某商场准备在 10 月 1 日搞促销活动.统计资料表明：如果在商场内搞促销，可获得经济效益 2 万元；如果在商场外搞促销，不遇到雨天可获经济效益 10 万元，遇到雨天则造成经济损失 5 万元. 9 月 30 日的天气预报称 10 月 1 日有雨的概率为 0.4，那么商场应该选择哪种促销方式呢？

显然，在商场外搞促销活动的经济效益是一个随机变量 X，其概率分布为：

$$P\{X=10\}=0.6, P\{X=-5\}=0.4 ,$$

要做出决策就要将商场外搞促销活动的平均效益与 2 万元做比较.

求 X 的平均值，除了考虑 X 的不同取值外，还要考虑 X 取每一个值的概率，即：

$$10 \times P\{X=10\} + (-5) \times P\{X=-5\}$$

$$=10\times0.6+(-5)\times0.4=4(万元).$$

由于场外促销的平均收益 4 万元大于场内收益 2 万元，所以商场应选择场外促销．这个平均值就是随机变量 X 的数学期望．

定义 1　设离散型随机变量 X 的分布律为 $P(X=x_i)=p_i, i=1,2,\cdots$，若级数 $\sum\limits_{i=1}^{\infty}x_ip_i$ 绝对收敛，则称级数 $\sum\limits_{i=1}^{\infty}x_ip_i$ 的和为随机变量 X 的**数学期望**，记为 EX. 即 $EX=\sum\limits_{i=1}^{\infty}x_ip_i$.

数学期望简称**期望**，又称**均值**.

注　定义中"绝对收敛"这一条件，是为了保证 EX 的值不因求和次序的改变而改变．期望公式实际上是随机变量的取值以概率为权的加权平均.

【例 1】　一批产品中有一等品、二等品、三等品、四等品和废品五种，其产值分别为每件 6 元，5.4 元，5 元，4 元和 0 元，相应的概率分别为 0.7，0.1，0.1，0.07，0.03．求该批产品的平均产值.

解　设 X 表示该批产品中一件产品的产值，则随机变量 X 的分布律为

X	0	4	5	5.4	6
p_i	0.03	0.07	0.1	0.1	0.7

因此，平均产值为

$$EX=0\times0.03+4\times0.07+5\times0.1+5.4\times0.1+6\times0.7=5.52.$$

【例 2】　设随机变量 X 服从参数为 n，p 的二项分布，求 EX.

解　因为 $X\sim B(n,p)$，可知 $P\{X=k\}=C_n^kp^k(1-p)^{n-k}, k=0,1,2,\cdots,n$，所以

$$EX=\sum_{k=0}^{n}kC_n^kp^k(1-p)^{n-k}=np\sum_{k=1}^{n}C_{n-1}^{k-1}p^{k-1}(1-p)^{n-k}$$

$$=np\sum_{k=1}^{n}C_{n-1}^{k-1}p^{k-1}(1-p)^{(n-1)-(k-1)}=np[p+(1-p)]^{n-1}$$

$$=np.$$

注　当 $n=1$ 时，即为 $0-1$ 分布，$EX=p$.

【例 3】　设随机变量 X 服从参数为 λ 的泊松分布，求 EX.

解　因为 $X\sim\pi(\lambda)$，可知 $P\{X=k\}=\dfrac{\lambda^k}{k!}e^{-\lambda}, k=0,1,2,\cdots$，所以

$$EX=\sum_{k=0}^{\infty}k\cdot\frac{\lambda^k}{k!}e^{-\lambda}=\sum_{k=1}^{\infty}\frac{\lambda^k}{(k-1)!}e^{-\lambda}=\lambda e^{-\lambda}\sum_{k=1}^{\infty}\frac{\lambda^{k-1}}{(k-1)!}=\lambda e^{-\lambda}\sum_{k=0}^{\infty}\frac{\lambda^k}{k!}=\lambda e^{-\lambda}e^{\lambda}=\lambda.$$

2. 连续型随机变量的数学期望

定义 2　设连续型随机变量 X 的密度函数为 $f(x)$，若积分 $\displaystyle\int_{-\infty}^{+\infty}xf(x)\mathrm{d}x$ 绝对收敛，则称积分 $\displaystyle\int_{-\infty}^{+\infty}xf(x)\mathrm{d}x$ 的值为连续型随机变量 X 的**数学期望**，记为 $EX=\displaystyle\int_{-\infty}^{+\infty}xf(x)\mathrm{d}x$.

【例4】 设 $X \sim U(a,b)$，求 EX.

解 随机变量 X 的概率密度为

$$f(x) = \begin{cases} \dfrac{1}{b-a}, & a < x < b, \\ 0, & \text{其他} \end{cases}$$

其数学期望为

$$EX = \int_{-\infty}^{+\infty} xf(x)\mathrm{d}x = \int_a^b \frac{x}{b-a}\mathrm{d}x = \frac{1}{b-a}\frac{x^2}{2}\Big|_a^b = \frac{b+a}{2}.$$

【例5】 设随机变量 X 服从参数为 λ 的指数分布，其概率密度为

$$f(x) = \begin{cases} \lambda \mathrm{e}^{-\lambda x}, & x > 0 \\ 0, & \text{其他} \end{cases},$$

其中 $\lambda > 0$，求 EX.

解 $EX = \int_{-\infty}^{+\infty} xf(x)\mathrm{d}x = \int_0^{+\infty} x\lambda \mathrm{e}^{-\lambda x}\mathrm{d}x = -\int_0^{+\infty} x\mathrm{d}\mathrm{e}^{-\lambda x}$

$\qquad = -(x\mathrm{e}^{-\lambda x})\Big|_0^{+\infty} + \int_0^{+\infty} \mathrm{e}^{-\lambda x}\mathrm{d}x = 0 - \frac{1}{\lambda}\mathrm{e}^{-\lambda x}\Big|_0^{+\infty} = \frac{1}{\lambda}.$

【例6】 设 $X \sim N(\mu, \sigma^2)$，求 EX.

解 随机变量 X 的概率密度为

$$f(x) = \frac{1}{\sqrt{2\pi}\sigma}\mathrm{e}^{-\frac{(x-\mu)^2}{2\sigma^2}}, \quad -\infty < x < +\infty,$$

$$EX = \int_{-\infty}^{+\infty} xf(x)\mathrm{d}x = \int_{-\infty}^{+\infty} x \cdot \frac{1}{\sqrt{2\pi}\sigma}\mathrm{e}^{-\frac{(x-\mu)^2}{2\sigma^2}}\mathrm{d}x,$$

令 $t = \dfrac{x-\mu}{\sigma}$，则 $EX = \dfrac{1}{\sqrt{2\pi}}\int_{-\infty}^{+\infty}(\sigma t + \mu)\mathrm{e}^{-\frac{t^2}{2}}\mathrm{d}t = \dfrac{\mu}{\sqrt{2\pi}}\int_{-\infty}^{+\infty}\mathrm{e}^{-\frac{t^2}{2}}\mathrm{d}t = \mu.$

二、随机变量函数的数学期望

定理1 设离散型随机变量 X 的分布律为 $P\{X = x_i\} = p_i, i = 1,2,\cdots$，若 $y = g(x)$ 是连续函数，且级数 $\sum_{i=1}^{\infty} g(x_i)p_i$ 绝对收敛，则随机变量 $Y = g(X)$ 的数学期望为

$$EY = Eg(X) = \sum_{i=1}^{\infty} g(x_i)p_i. \tag{3.1}$$

证明 略.

【例7】 设随机变量 X 的分布律为

X	-1	0	1	2
p_i	1/8	1/2	1/8	1/4

求 $Y = X^2$ 的数学期望.

解 （方法一）先求出 Y 的分布律：

Y	0	1	4
p_i	1/2	1/4	1/4

故　$EY = 4 \times \dfrac{1}{4} + 1 \times \dfrac{1}{4} + 0 \times \dfrac{1}{2} = \dfrac{5}{4}.$

（方法二）　由式(3.1)得

$$EY = EX^2 = (-1)^2 \times \frac{1}{8} + 0^2 \times \frac{1}{2} + 1^2 \times \frac{1}{8} + 2^2 \times \frac{1}{4} = \frac{5}{4}.$$

定理 2　设连续型随机变量 X 的概率密度为 $f(x)$，若 $y = g(x)$ 是连续函数，则随机变量 $Y = g(X)$ 的数学期望为

$$EY = Eg(X) = \int_{-\infty}^{+\infty} g(x) f(x) \mathrm{d}x. \tag{3.2}$$

证明　略.

【**例 8**】　设 $X \sim U\left(-\dfrac{\pi}{2}, \dfrac{\pi}{2}\right)$，求 $Y = \cos X$ 的数学期望.

解　由题意，X 的概率密度为

$$f(x) = \begin{cases} \dfrac{1}{\pi}, & -\dfrac{\pi}{2} < x < \dfrac{\pi}{2}, \\ 0, & \text{其他} \end{cases}$$

由式(3.2)可得

$$EY = \int_{-\infty}^{+\infty} \cos x \cdot f(x) \mathrm{d}x = \int_{-\frac{\pi}{2}}^{\frac{\pi}{2}} \cos x \cdot \frac{1}{\pi} \mathrm{d}x = \frac{2}{\pi}.$$

关于二维随机变量函数的数学期望，有下面的定理.

定理 3　设二维离散型随机变量 (X, Y) 的联合分布律为 $P(X = x_i, Y = y_j) = p_{ij}$，$i, j = 1, 2, \cdots$，$g(x, y)$ 是实值连续函数，且级数 $\displaystyle\sum_{i=1}^{\infty} \sum_{j=1}^{\infty} g(x_i, y_j) p_{ij}$ 收敛，则随机变量函数 $Z = g(X, Y)$ 的数学期望为

$$E[g(X, Y)] = \sum_{i=1}^{\infty} \sum_{j=1}^{\infty} g(x_i, y_j) p_{ij}. \tag{3.3}$$

定理 4　设二维连续型随机变量 (X, Y) 的联合概率密度为 $f(x, y)$，$g(x, y)$ 是实值连续函数，且广义积分 $\displaystyle\int_{-\infty}^{+\infty} \int_{-\infty}^{+\infty} g(x, y) f(x, y) \mathrm{d}x \mathrm{d}y$ 收敛，则随机变量函数 $Z = g(X, Y)$ 的数学期望为

$$E[g(X, Y)] = \int_{-\infty}^{+\infty} \int_{-\infty}^{+\infty} g(x, y) f(x, y) \mathrm{d}x \mathrm{d}y. \tag{3.4}$$

【**例9**】 设随机变量 X 与 Y 相互独立,概率密度分别是

$$f_X(x) = \begin{cases} e^{-x} & x>0 \\ 0, & x \leqslant 0 \end{cases}, \quad f_Y(y) = \begin{cases} e^{-y}, & y>0 \\ 0, & y \leqslant 0 \end{cases},$$

求随机变量函数 $Z = X + Y$ 的数学期望.

解 因为随机变量 X 与 Y 是相互独立的,所以二维随机变量 (X,Y) 的联合概率密度为

$$f(x,y) = f_X(x)f_Y(y) = \begin{cases} e^{-x-y}, & x>0, y>0 \\ 0, & \text{其他} \end{cases},$$

由式(3.4)得

$$EZ = E(X+Y) = \int_{-\infty}^{+\infty} \int_{-\infty}^{+\infty} (x+y)f(x,y)\mathrm{d}x\mathrm{d}y = \int_0^{+\infty} \int_0^{+\infty} (x+y)e^{-x-y}\mathrm{d}x\mathrm{d}y$$

$$= \int_0^{+\infty} xe^{-x}\mathrm{d}x \int_0^{+\infty} e^{-y}\mathrm{d}y + \int_0^{+\infty} e^{-x}\mathrm{d}x \int_0^{+\infty} ye^{-y}\mathrm{d}y = 1+1 = 2.$$

三、数学期望的基本性质

性质1 设 C 是常数,则有 $EC = C$.

性质2 设 C 是常数,X 是随机变量,则有 $E(CX) = C(EX)$.

性质3 设 X, Y 是随机变量,则有 $E(X \pm Y) = EX \pm EY$.

性质4 设 X, Y 是相互独立的随机变量,则有 $EXY = (EX)(EY)$.

性质3和性质4都可以推广到任意有限个随机变量的情况.

证明 性质1和性质2由读者自己证明,这里只证性质3、性质4,并且只对连续型随机变量进行证明.

设二维随机变量 (X,Y) 的概率密度为 $f(x,y)$,其边际概率密度分别为 $f_X(x)$, $f_Y(y)$. 由式(3.4)可得

$$E(X \pm Y) = \int_{-\infty}^{+\infty} \int_{-\infty}^{+\infty} (x \pm y)f(x,y)\mathrm{d}x\mathrm{d}y$$

$$= \int_{-\infty}^{+\infty} \int_{-\infty}^{+\infty} xf(x,y)\mathrm{d}x\mathrm{d}y \pm \int_{-\infty}^{+\infty} \int_{-\infty}^{+\infty} yf(x,y)\mathrm{d}x\mathrm{d}y$$

$$= \int_{-\infty}^{+\infty} xf_X(x)\mathrm{d}x + \int_{-\infty}^{+\infty} yf_Y(y)\mathrm{d}y = EX \pm EY.$$

于是性质3得证.

又若 X 与 Y 相互独立,

$$E(XY) = \int_{-\infty}^{+\infty} \int_{-\infty}^{+\infty} xyf(x,y)\mathrm{d}x\mathrm{d}y$$

$$= \int_{-\infty}^{+\infty} \int_{-\infty}^{+\infty} xyf_X(x)f_Y(y)\mathrm{d}x\mathrm{d}y$$

$$= \left[\int_{-\infty}^{+\infty} xf_X(x)\mathrm{d}x \right] \left[\int_{-\infty}^{+\infty} yf_Y(y)\mathrm{d}y \right]$$

$$= (EX)(EY).$$

于是性质 4 得证.

【例 10】　设一电路中电流 I 和电阻 R 是两个相互独立的随机变量, 其概率密度分别为

$$I(x) = \begin{cases} 2x, & 0 \leqslant x \leqslant 1 \\ 0, & \text{其他} \end{cases}, \quad R(y) = \begin{cases} \dfrac{y^2}{9}, & 0 \leqslant y \leqslant 3 \\ 0, & \text{其他} \end{cases},$$

试求电压 $V = I \cdot R$ 的数学期望.

解　$EV = E(I \cdot R) = EI \cdot ER = \left[\displaystyle\int_{-\infty}^{+\infty} x I(x) \mathrm{d}x\right]\left[\displaystyle\int_{-\infty}^{+\infty} y R(y) \mathrm{d}y\right]$

$$= \left[\int_0^1 2x^2 \mathrm{d}x\right]\left[\int_0^3 \frac{y^3}{9} \mathrm{d}y\right] = \frac{3}{2}.$$

【例 11】　某工厂生产的某种电器的寿命 X(一年计)服从指数分布, 概率密度为

$$f(x) = \begin{cases} \dfrac{1}{4}\mathrm{e}^{-\frac{x}{4}}, & x > 0 \\ 0, & x \leqslant 0 \end{cases}.$$

工厂规定, 出售设备若在售出一年之内损坏可予以调换. 工厂售出一台设备盈利 100 元, 调换一台设备需花费 300 元. 试求工厂出售一台设备净盈利的数学期望.

解　一台设备在一年内调换的概率为

$$p = P\{X < 1\} = \int_0^1 \frac{1}{4}\mathrm{e}^{-\frac{x}{4}} \mathrm{d}x = -\mathrm{e}^{-\frac{x}{4}} \Big|_0^1 = 1 - \mathrm{e}^{-\frac{1}{4}}.$$

设 Y 为工厂售出一台设备的净赢利值, 则 Y 具有分布律:

Y	100	$100 - 300$
p_i	$\mathrm{e}^{-\frac{1}{4}}$	$1 - \mathrm{e}^{-\frac{1}{4}}$

故有

$$EY = 100 \times \mathrm{e}^{-\frac{1}{4}} - 200 \times (1 - \mathrm{e}^{-\frac{1}{4}})$$

$$= 300\mathrm{e}^{-\frac{1}{4}} - 200 = 33.64(\text{元}).$$

习题 3—1

1. 设随机变量 X 的分布律为 $P\{X = k\} = \dfrac{1}{10}, k = 2, 4, \cdots, 20$, 试求 EX.

2. 设随机变量 X 的概率密度为 $f(x) = \begin{cases} kx^\alpha, & 0 < x < 1 \\ 0, & \text{其他} \end{cases}$, 已知 $EX = 0.75$, 求 k 与 α 的值.

3. 设 5 个产品中有 3 个合格品，求任取 3 个产品中合格品数的数学期望.

4. 设随机变量 X 服从参数为 2 的泊松分布，求 $E(3X-2)$.

5. 设随机变量 X 的概率密度为 $f(x) = \begin{cases} \dfrac{1}{2}, & 0 < x < 2 \\ 0, & \text{其他} \end{cases}$，试求 EX.

6. 设随机变量 X 表示 10 次独立重复射击命中目标的次数，每次命中目标的概率为 0.4，求 $E(X^2)$.

7. 设随机变量相互独立，其密度分别为 $f_X(x) = \begin{cases} 2x, & 0 < x < 1 \\ 0, & \text{其他} \end{cases}$，$f_Y(y) = \begin{cases} e^{-y+5}, & y > 5 \\ 0, & \text{其他} \end{cases}$，试求 $Z = XY$ 的数学期望.

8. 设随机变量 X 服从 $[1, 3]$ 上的均匀分布，则 $\dfrac{1}{X}$ 的期望是（　　）.

(A) $\dfrac{1}{2}$；　　　　(B) 2；　　　　(C) $\dfrac{1}{2}\ln 3$；　　　　(D) $\ln 3$.

§3.2　随机变量的方差

数学期望体现了随机变量取值的平均水平，它是随机变量重要的数字特征. 但有时候仅知道均值是不够的，还需要知道随机变量取值的波动程度，即随机变量取值与它的平均值的偏离程度. 例如，检查一批日光灯的寿命，如果波动大，说明生产不稳定；生物的某种特征(血压、白细胞数)波动大，表示生物处于病态，所以研究随机变量与其平均值的偏离程度也是非常重要的，由于 $E(X-EX)=0$，无法刻画随机变量的偏离程度，所以用 $(X-EX)^2$ 的数学期望来描述 X 与 EX 的偏离程度.

一、方差的概念

定义 1　设 X 为随机变量，如果 $E(X-EX)^2$ 存在，则称 $E(X-EX)^2$ 为 X 的**方差**，记为 DX，即 $DX = E(X-EX)^2$. 称 $\sqrt{DX}$ 为**均方差**或者**标准差**.

随机变量 X 的方差反映了 X 取值的分散程度，若 X 取值比较集中，则 DX 较小；反之，若 X 取值比较分散，则 DX 较大.

方差实际上就是随机变量 X 的函数 $g(X)=(X-EX)^2$ 的数学期望，于是对于离散型随机变量，若 $P\{X=x_i\}=p_i(i=1,2,\cdots)$，则

$$DX = \sum_{i=1}^{\infty}(x_i - EX)^2 p_i. \tag{3.5}$$

对于连续型随机变量，若 X 的概率密度为 $f(x)$，则

$$DX = \int_{-\infty}^{+\infty}(x-EX)^2 f(x)\mathrm{d}x. \tag{3.6}$$

在计算方差时，常用如下重要公式：

$$DX = E(X^2) - (EX)^2; \tag{3.7}$$

这是因为

$$
\begin{aligned}
DX &= E(X - EX)^2 = E[X^2 - 2X \cdot EX + (EX)^2] \\
&= E(X^2) - 2EX \cdot EX + (EX)^2 \\
&= E(X^2) - (EX)^2.
\end{aligned}
$$

【例1】 随机变量 X 服从 $0-1$ 分布，求 DX.

解 由上一节例 2 知 $EX = p$，

$$E(X^2) = 0^2 \times q + 1^2 \times p = p;$$

则由式(3.7)得

$$DX = p - p^2 = p(1-p).$$

【例2】 设随机变量 $X \sim B(n, p)$，求 DX.

解 由上一节例 2 知 $EX = np$，而

$$
\begin{aligned}
E(X^2) &= \sum_{k=0}^{n} k^2 C_n^k p^k (1-p)^{n-k} = \sum_{k=0}^{n} \frac{k^2 n!}{k!(n-k)!} p^k (1-p)^{n-k} \\
&= \sum_{k=0}^{n} k(k-1) \frac{n!}{k!(n-k)!} p^k (1-p)^{n-k} + \sum_{k=0}^{n} k \frac{n!}{k!(n-k)!} p^k (1-p)^{n-k} \\
&= n(n-1) p^2 \sum_{k=2}^{n} \frac{(n-2)!}{(k-2)![(n-2)-(k-2)]!} p^{k-2} (1-p)^{(n-2)-(k-2)} + np \\
&= n(n-1) p^2 [p + (1-p)]^{n-2} + np = n(n-1) p^2 + np \\
&= n^2 p^2 + np(1-p),
\end{aligned}
$$

则由式(3.7)得

$$DX = E(X^2) - (EX)^2 = n^2 p^2 + np(1-p) - n^2 p^2 = np(1-p).$$

【例3】 设随机变量 $X \sim \pi(\lambda)$，求 DX.

解 由上一节例 3 知 $EX = \lambda$，而

$$
\begin{aligned}
E(X^2) &= E[X(X-1) + X] = E[X(X-1)] + EX \\
&= \sum_{k=2}^{\infty} k(k-1) e^{-\lambda} \frac{\lambda^k}{k!} + \lambda = \lambda^2 e^{-\lambda} \sum_{k=2}^{\infty} \frac{\lambda^{k-2}}{(k-2)!} + \lambda \\
&= \lambda^2 e^{-\lambda} \sum_{k=2}^{\infty} \frac{\lambda^{k-2}}{(k-2)!} + \lambda \\
&= \lambda^2 + \lambda.
\end{aligned}
$$

则由式(3.7)得

$$DX = (\lambda^2 + \lambda) - \lambda^2 = \lambda.$$

【例4】 设随机变量 $X \sim U[a,b]$，求 DX.

解 由上一节例 4 知 $EX = \dfrac{1}{2}(a+b)$，而

$$E(X^2) = \int_a^b \frac{x^2}{b-a}\mathrm{d}x = \frac{1}{b-a}\left.\frac{x^3}{3}\right|_a^b = \frac{b^2+ab+a^2}{3};$$

则由式(3.7)得

$$DX = \frac{b^2+ab+a^2}{3} - \frac{(b+a)^2}{4} = \frac{(b-a)^2}{12}.$$

【例5】 设随机变量 X 服从参数为 λ 的指数分布，求 DX.

解 由上一节例 5 知 $EX = \dfrac{1}{\lambda}$，而

$$E(X^2) = \int_0^{+\infty} x^2 \lambda \mathrm{e}^{-\lambda x}\mathrm{d}x = -\int_0^{+\infty} x^2 \mathrm{d}\mathrm{e}^{-\lambda x} = -\left.(x^2\mathrm{e}^{-\lambda x})\right|_0^{+\infty} + 2\int_0^{+\infty} x\mathrm{e}^{-\lambda x}\mathrm{d}x$$

$$= 0 - \frac{2}{\lambda}\int_0^{+\infty} x\mathrm{d}\mathrm{e}^{-\lambda x} = -\frac{2}{\lambda}\left(\left.x\mathrm{e}^{-\lambda x}\right|_0^{+\infty} - \int_0^{+\infty} \mathrm{e}^{-\lambda x}\mathrm{d}x\right)$$

$$= -\frac{2}{\lambda^2}\left.\mathrm{e}^{-\lambda x}\right|_0^{+\infty} = \frac{2}{\lambda^2}.$$

故

$$DX = \frac{2}{\lambda^2} - \frac{1}{\lambda^2} = \frac{1}{\lambda^2}.$$

【例6】 设随机变量 $X \sim N(\mu,\sigma^2)$，求 DX.

解 由上一节例 6 知 $EX = \mu$，则由定义

$$DX = \int_{-\infty}^{+\infty} (x-\mu)^2 \frac{1}{\sqrt{2\pi}\sigma}\mathrm{e}^{-\frac{(x-\mu)^2}{2\sigma^2}}\mathrm{d}x,$$

令 $\dfrac{x-\mu}{\sigma} = t$，则

$$DX = \frac{\sigma^2}{\sqrt{2\pi}}\int_{-\infty}^{+\infty} t^2 \mathrm{e}^{-\frac{t^2}{2}}\mathrm{d}t = \frac{\sigma^2}{\sqrt{2\pi}}\left[\left.(-t\mathrm{e}^{-\frac{t^2}{2}})\right|_{-\infty}^{+\infty} + \int_{-\infty}^{+\infty} \mathrm{e}^{-\frac{t^2}{2}}\mathrm{d}t\right] = \sigma^2.$$

可见，正态变量的概率密度中两个参数分别是该随机变量的数学期望和方差，因而正态随机变量的分布完全可由它的数学期望和方差确定.

二、方差的基本性质

方差具有如下性质：

性质1 设 C 是常数，则 $DC = 0$.

性质2 设 X 是随机变量，C 是常数，则 $D(CX) = C^2(DX)$.

性质3 设 X，Y 是两个随机变量，则

$$D(X \pm Y) = DX + DY \pm 2E[(X-EX)(Y-EY)]. \tag{3.8}$$

特别地，当 X 与 Y 相互独立时，则有

$$D(X \pm Y) = DX + DY; \qquad (3.9)$$

该性质可以推广到多个相互独立的随机变量之和的情况.

性质4 $DX = 0$ 的充要条件是 X 以概率 1 取常数 C，即

$$P\{X = C\} = 1.$$

证明 性质 4 证略，下证性质 1、性质 2、性质 3.

(1) $DC = E[C - EC]^2 = 0.$

(2) $D(CX) = E[CX - E(CX)]^2 = C^2 E[X - EX]^2 = C^2 DX.$

(2) $D(X \pm Y) = E[(X \pm Y) - E(X \pm Y)]^2 = E[(X - EX) \pm (Y - EY)]^2$
$\qquad\qquad = E(X - EX)^2 \pm 2E[(X - EX)(Y - EY)] + E(Y - EY)^2$
$\qquad\qquad = DX + DY \pm 2E[(X - EX)(Y - EY)].$

若 X, Y 相互独立，上式右端第三项

$$E[(X - EX)(Y - EY)] = E(X - EX)E(Y - EY) = (EX - EX)(EY - EY) = 0.$$

于是

$$D(X \pm Y) = DX + DY.$$

三、常用概率分布的数学期望和方差

为便于计算时查询使用，我们将一些常用的概率分布及其数学期望和方差列表如下：

1. 常用离散型概率分布及其期望与方差（$q = 1 - p$）

分布名称	$P\{X=k\}$	可 能 值 k	参数	数学期望	方差
0—1 分布	p 和 q	1 和 0	p	p	pq
二项分布	$C_n^k p^k q^{n-k}$	0, 1, $\cdots$, n	n, p	np	npq
泊松分布	$\dfrac{\lambda^k}{k!} e^{-\lambda}$	自然数	$\lambda > 0$	λ	λ

2. 常用连续型概率分布及其期望与方差

分布名称	概率密度	值域	参数	数学期望	方差
均匀分布	$\dfrac{1}{b-a}$	$[a, b]$	a, b	$\dfrac{a+b}{2}$	$\dfrac{(b-a)^2}{12}$
正态分布	$\dfrac{1}{\sqrt{2\pi}\sigma} e^{-\frac{(x-\mu)^2}{2\sigma^2}}$	$(-\infty, +\infty)$	μ, σ^2	μ	σ^2
指数分布	$\lambda e^{-\lambda x}$	$(0, +\infty)$	λ	$1/\lambda$	$1/\lambda^2$

习题 3—2

1. 设 X 为随机变量，x_0 为任意实数，EX 是 X 的数学期望，则（　　　）.

(A) $E(X-x_0)^2 = E(X-EX)^2$;　　　　(B) $E(X-x_0)^2 \geqslant E(X-EX)^2$;

(C) $E(X-x_0)^2 < E(X-EX)^2$;　　　　(D) $E(X-x_0)^2 = 0$.

2. 设随机变量 X 与 Y 相互独立，且 $X \sim \pi(\lambda_1)$ ，$Y \sim \pi(\lambda_2)$ ，$\lambda_1 > 0$ ，$\lambda_2 > 0$ ，$EX = 2$ ，$EY = 3$ ，则 $E(X+Y)^2 = ($　　$)$.

(A) 51；　　　　(B) 10；　　　　(C) 25；　　　　(D) 30.

3. 已知 $X \sim N(\mu, \sigma^2)$ ，Y 服从参数为 λ 的指数分布，则下列各式不正确的是(　　).

(A) $E(X+Y) = \mu + \dfrac{1}{\lambda}$;　　　　(B) $D(X+Y) = \sigma^2 + \dfrac{1}{\lambda^2}$;

(C) $E(X^2+Y^2) = \sigma^2 + \mu^2 + \dfrac{2}{\lambda^2}$;　　　　(D) $EX^2 = \sigma^2 + \mu^2, EY^2 = \dfrac{2}{\lambda^2}$.

4. 设 5 个产品中有 3 个合格品，求任取 3 个产品中合格品数的方差.

5. 设随机变量 X 与 Y 相互独立，且 $X \sim N(1,2), Y \sim N(0,1)$ ，试求随机变量 $Z = 2X - Y + 3$ 的数学期望、方差以及概率密度.

6. 设二维随机变量 (X,Y) 在区域 $G = \{(x,y): 0 < x < 1, |y| < x\}$ 内服从均匀分布，求随机变量 $Z = 2X + 1$ 的方差 DZ .

7. 设随机变量 X 的数学期望 EX 和方差 DX 都存在，且 $DX \neq 0$ ，$X^* = \dfrac{X - EX}{\sqrt{DX}}$ ，求 EX^* ，DX^* .

§3.3　协方差与相关系数

对于二维随机变量 (X,Y) ，我们除了讨论 X ，Y 的数学期望和方差外，还需讨论 X 与 Y 相互关系的数字特征. 本节将给予介绍.

在上一节方差性质 3 的证明中，我们已经看到，如果两个随机变量是相互独立的，则 $E[(X-EX)(Y-EY)] = 0$. 这意味着当 $E[(E-EX)(Y-EY)] \neq 0$ 时，X 与 Y 就不相互独立，而是存在一定关系.

一、协方差的概念和性质

定义 1　$E[(X-EX)(Y-EY)]$ 称为随机变量 X 与 Y 的**协方差**，记为 $\text{cov}(X,Y)$ ，即

$$\text{cov}(X,Y) = E[(X-EX)(Y-EY)]. \tag{3.10}$$

由定义 1 可知，若任意两个随机变量 X 和 Y 的方差存在，则有下式成立：

$$D(X \pm Y) = DX + DY \pm 2\text{cov}(X,Y). \tag{3.11}$$

又由式(3.10)可得

$$\text{cov}(X,Y) = EXY - EX \cdot EY \tag{3.12}$$

由协方差的定义，可得下面的性质.

性质 1　$\text{cov}(X,Y) = \text{cov}(Y,X)$.

性质2 $\mathrm{cov}(aX,bY)=ab\,\mathrm{cov}(X,Y)$.

性质3 $\mathrm{cov}(X_1\pm X_2,Y)=\mathrm{cov}(X_1,Y)\pm\mathrm{cov}(X_2,Y)$.

请读者自己证明.

【例1】 设随机变量 X 与 Y 的联合分布律为

X \ Y	0	1	2
0	0.08	0.25	0.15
1	0.06	0.26	0.20

试求 X,Y 的协方差.

解 由联合分布律容易得到边缘分布律：

X	0	1
p_i	0.48	0.52

Y	0	1	2
p_i	0.14	0.51	0.35

因而有

$$EX=0\times0.48+1\times0.52=0.52,$$
$$EY=0\times0.14+1\times0.51+2\times0.35=1.21;$$

又由联合分布律可得 X 与 Y 乘积的分布律如下：

XY	0	1	2
p_i	0.54	0.26	0.20

因而有

$$E(XY)=0\times0.54+1\times0.26+2\times0.20=0.66;$$

故 X 与 Y 的协方差为

$$\mathrm{cov}(X,Y)=E(XY)-(EX)(EY)=0.66-0.52\times1.21=0.0308.$$

【例2】 设随机变量 (X,Y) 具有概率密度

$$f(x,y)=\begin{cases}\dfrac{1}{4}, & 0\leqslant x\leqslant2,0\leqslant y\leqslant2,\\0, & 其他\end{cases},$$

试求 $\mathrm{cov}(X,Y)$.

解 （方法一）边缘密度函数

$$f_X(x) = \begin{cases} \int_0^2 \frac{1}{4}\mathrm{d}y = \frac{1}{2}, & 0 \leqslant x \leqslant 2, \\ 0, & \text{其他} \end{cases}$$

$$f_Y(y) = \begin{cases} \int_0^2 \frac{1}{4}\mathrm{d}x = \frac{1}{2}, & 0 \leqslant y \leqslant 2. \\ 0, & \text{其他} \end{cases}$$

$$EX = \int_0^2 x \cdot \frac{1}{2}\mathrm{d}x = \frac{1}{2} \cdot \frac{x^2}{2}\Big|_0^2 = 1,$$

$$EY = \int_0^2 y \cdot \frac{1}{2}\mathrm{d}y = \frac{1}{2} \cdot \frac{y^2}{2}\Big|_0^2 = 1.$$

由于协方差 $\mathrm{cov}(X,Y) = E[(X-EX)(Y-EY)]$ 是 X 与 Y 函数的数学期望，由式 (3.10)，有

$$\begin{aligned} \mathrm{cov}(X,Y) &= E[(X-EX)(Y-EY)] \\ &= \int_{-\infty}^{+\infty}\int_{-\infty}^{+\infty}(x-EX)(y-EY)f(x,y)\mathrm{d}x\mathrm{d}y \\ &= \int_0^2\int_0^2 (x-1)(y-1)\frac{1}{4}\mathrm{d}x\mathrm{d}y \\ &= \frac{1}{4}\int_0^2(x-1)\mathrm{d}x\int_0^2(y-1)\mathrm{d}y = 0. \end{aligned}$$

（方法二） 由方法一可知，$f(x,y) = f_X(x)f_Y(y)$，故 X 与 Y 相互独立，所以 $\mathrm{cov}(X,Y) = 0$.

协方差虽然在一定程度上反映了两个随机变量 X 与 Y 之间的相互联系，但它有以下两个缺点：（1）从性质 2 可见，它的大小依赖于计量单位；（2）从式(3.10)可见，它的数值不仅与 X、Y 本身的取值有关，而且还与各随机变量关于它们的数学期望的偏差有关. 如果随机变量 X 与 Y 中的任何一个与其数学期望的偏差很小，那么无论 X、Y 之间的联系如何密切，它们的协方差也会很小. 为了克服以上两个缺点，引入相关系数的概念.

二、相关系数的概念和性质

定义 2 设 (X,Y) 为二维随机变量，若 X 与 Y 的协方差 $\mathrm{cov}(X,Y)$ 存在，且 $DX > 0$，$DY > 0$，则称 $\dfrac{\mathrm{cov}(X,Y)}{\sqrt{DX}\,\sqrt{DY}}$ 为 X 与 Y 的**相关系数**，记为 ρ_{XY}，即

$$\rho_{XY} = \frac{\mathrm{cov}(X,Y)}{\sqrt{DX}\,\sqrt{DY}}. \tag{3.13}$$

下面研究相关系数 ρ_{XY} 到底表示 X 与 Y 之间的什么联系. 为此，介绍下面的定理.

定理 1 设 ρ_{XY} 为 X 与 Y 的相关系数，则

(1) $|\rho_{XY}| \leqslant 1$；

(2) $|\rho_{XY}| = 1$ 的充要条件是 $P\{Y = aX+b\} = 1$，其中 a，b 为常数.

证明 （1）为证 $|\rho_{XY}| \leqslant 1$，只需证

$$[2\text{cov}(X,Y)]^2 \leqslant 4DX \cdot DY. \tag{3.14}$$

因为 $DX > 0$，所以我们只需说明以 $DX, 2\text{cov}(X,Y), DY$ 为系数的二次多项式非负即可. 事实上，对任意的实数 t，

$$DX \cdot t^2 - 2\text{cov}(X,Y) \cdot t + DY = D(Y - tX) \geqslant 0, \tag{3.15}$$

可见，上式左端的二次多项式函数与 x 轴最多有一个交点，故判别式非正. 即

$$[2\text{cov}(X,Y)]^2 \leqslant 4DX \cdot DY$$

成立，结论（1）得证.

（2）$|\rho_{XY}| = 1$，即式(3.13)等于 1 成立的充要条件是式(3.15)左端二次三项式有重根 $t = a$，使得

$$D(Y - aX) = 0.$$

由方差的性质知上式成立的充要条件是

$$P\{Y - aX = b\} = P\{Y = aX + b\} = 1.$$

由定理 1 可知，当 $|\rho_{XY}| = 1$ 时，X 与 Y 存在着线性关系，这个事件的概率为 1，且 ρ_{XY} 的绝对值越接近于 1，X 与 Y 的线性关系越密切.

定义 3 若 $\rho_{XY} = 0$，则称 X 与 Y **不相关**.

注意，X 和 Y 不相关与 X 和 Y 相互独立是两个不同的概念. X 与 Y 不相关是指 X 与 Y 之间不存在线性关系，不是说它们之间不存在其他关系. 即由 X 与 Y 不相关推不出 X 与 Y 相互独立. 但是反过来，若 X 与 Y 相互独立，则 X 与 Y 一定不相关. 因为由式 (3.12)可以看出，若 X 与 Y 相互独立，则 $\text{cov}(X,Y) = 0$ 必然成立.

【例 3】 求例 1 中的随机变量 X 与 Y 的相关系数.

解 已有 $EX = 0.52, EY = 1.21, \text{cov}(X,Y) = 0.030\,8$，易得

$$EX^2 = 0.52, \quad EY^2 = 1.91,$$

故

$$DX = EX^2 - (EX)^2 = 0.52 - (0.52)^2 = 0.249\,6,$$
$$DY = EY^2 - (EY)^2 = 1.91 - (1.21)^2 = 0.445\,9,$$
$$\rho_{xy} = \frac{\text{cov}(X,Y)}{\sqrt{DX}\sqrt{DY}} = \frac{0.030\,8}{\sqrt{0.249\,6}\sqrt{0.445\,9}} = 0.092\,3.$$

【例 4】 设二维随机变量 (X,Y) 服从正态分布，其概率密度为 $f(x,y) = \frac{1}{2\pi\sigma_1\sigma_2\sqrt{1-\rho^2}}\exp\left\{\frac{-1}{2(1-\rho^2)}\left[\frac{(x-\mu_1)^2}{\sigma_1^2} - 2\rho\frac{(x-\mu_1)(y-\mu_2)}{\sigma_1\sigma_2} + \frac{(y-\mu_2)^2}{\sigma_2^2}\right]\right\}$，试求 ρ_{xy}.

解 已知 $EX = \mu_1, EY = \mu_2, DX = \sigma_1^2, DY = \sigma_2^2$.

由式(3.10)，得

$$\text{cov}(X,Y) = \frac{1}{2\pi\sigma_1\sigma_2\sqrt{1-\rho^2}}\int_{-\infty}^{+\infty}\int_{-\infty}^{+\infty}(x-\mu_1)(y-\mu_2)\times$$

$$\exp\left\{\frac{-1}{2(1-\rho^2)}\left[\frac{(x-\mu_1)^2}{\sigma_1^2}-2\rho\frac{(x-\mu_1)(y-\mu_2)}{\sigma_1\sigma_2}+\frac{(y-\mu_2)^2}{\sigma_2^2}\right]\right\}\mathrm{d}x\mathrm{d}y.$$

令 $t=\dfrac{1}{\sqrt{1-\rho^2}}\left(\dfrac{y-\mu_2}{\sigma_2}-\rho\dfrac{x-\mu_1}{\sigma_1}\right)$，$u=\dfrac{x-\mu_1}{\sigma_1}$，则有

$$\begin{aligned}\mathrm{cov}(X,Y)&=\frac{1}{2\pi}\int_{-\infty}^{+\infty}\int_{-\infty}^{+\infty}(\sigma_1\sigma_2\sqrt{1-\rho^2}tu+\rho\sigma_1\sigma_2u^2)\mathrm{e}^{-(u^2+t^2)/2}\mathrm{d}t\mathrm{d}u\\&=\frac{\rho\sigma_1\sigma_2}{2\pi}\left(\int_{-\infty}^{+\infty}u^2\mathrm{e}^{-u^2/2}\mathrm{d}u\right)\left(\int_{-\infty}^{+\infty}\mathrm{e}^{-t^2/2}\mathrm{d}t\right)\\&\quad+\frac{\sigma_1\sigma_2\sqrt{1-\rho^2}}{2\pi}\left(\int_{-\infty}^{+\infty}u\cdot\mathrm{e}^{-u^2/2}\mathrm{d}u\right)\left(\int_{-\infty}^{+\infty}t\mathrm{e}^{-t^2/2}\mathrm{d}t\right)\\&=\frac{\rho\sigma_1\sigma_2}{2\pi}\cdot\sqrt{2\pi}\cdot\sqrt{2\pi}=\rho\sigma_1\sigma_2,\end{aligned}$$

故 $\quad\rho_{xy}=\dfrac{\mathrm{cov}(X,Y)}{\sqrt{DX}\sqrt{DY}}=\rho.$

可见，二维正态随机变量 (X,Y) 的概率密度中的参数 ρ 就是 X、Y 的相关系数，因而二维正态分布完全由 X、Y 的数学期望和方差以及它们的相关系数所确定.

我们已知若 $(X,Y)\sim N(\mu_1,\mu_2,\sigma_1^2,\sigma_2^2,\rho)$，则 (X,Y) 相互独立等价于 $\rho=0$，而此处 $\rho=\rho_{XY}$，所以对二维正态随机变量 (X,Y) 来说，X 与 Y 不相关与相互独立是等价的.

假定期望、方差、协方差、相关系数均存在，从 X、Y 的期望、方差、协方差、相关系数的定义可知，下述四个命题是相互等价的：

(1) $\mathrm{cov}(X,Y)=0$；

(2) $\rho_{XY}=0$；

(3) $E(XY)=EX\cdot EY$；

(4) $D(X+Y)=D(X)+D(Y)$.

三、随机变量的矩

数学期望、方差、协方差是随机变量最常用的数字特征，它们都是某种矩. 矩是最广泛使用的数字特征，在概率论和数理统计中占有重要地位. 最常用的矩有两种：原点矩和中心矩.

定义 4 设随机变量 X 的 k 次幂的数学期望存在（k 为正整数），则称 EX^k 为 X 的 k 阶原点矩，记作 μ_k，即

$$\mu_k=EX^k. \tag{3.16}$$

显然，一阶原点矩就是数学期望，即

$$\mu_1=EX. \tag{3.17}$$

定义 5 设随机变量的函数 $(X-EX)^k$ 的数学期望存在（k 为正整数），则称 $E(X-EX)^k$ 为 X 的 k 阶中心矩，记作 v_k，即

$$v_k = E(X - EX)^k. \tag{3.18}$$

易知，一阶中心矩恒等于零，即

$$v_1 \equiv 0. \tag{3.19}$$

二阶中心矩就是方差，即

$$v_2 = DX. \tag{3.20}$$

不难证明，原点矩与中心矩之间有如下关系式：

$$v_2 = \mu_2 - \mu_1^2; \tag{3.21}$$
$$v_3 = \mu_3 - 3\mu_2\mu_1 + 2\mu_1^3; \tag{3.22}$$
$$v_4 = \mu_4 - 4\mu_3\mu_1 + 6\mu_2\mu_1^2 - 3\mu_1^4; \tag{3.23}$$

等等.

此外，还可以定义 $k+l$ 阶混合原点矩 EX^kY^l，$k+l$ 阶混合中心矩 $E(X-EX)^k(Y-EY)^l$. 由于它们较少使用，这里不再介绍.

习题 3—3

1. 设随机变量 X 与 Y 的方差分别为 25 和 16，相关系数为 0.4，求 $D(2X+Y)$ 与 $D(X-2Y)$.

2. 设二维随机变量 (X,Y) 的概率密度为 $f(x,y) = \begin{cases} x+y, & 0 \leqslant x \leqslant 1, \ 0 \leqslant y \leqslant 1 \\ 0, & \text{其他} \end{cases}$. 求：$EX, EY, DX, DY, E(XY), \text{cov}(X,Y), \rho_{XY}$.

3. 已知随机变量 X 与 Y 分别服从正态分布 $N(1,3^2)$ 和 $N(0,4^4)$，且 X 与 Y 的相关系数为 $\rho_{XY} = \dfrac{1}{2}$，设 $Z = \dfrac{X}{3} + \dfrac{Y}{2}$，求：

(1) Z 的数学期望 EZ 和方差 DZ；

(2) X 与 Z 的相关系数 ρ_{XZ}；

(3) 问 X 与 Z 是否相互独立？为什么？

4. 设随机变量 X 和 Y 都服从正态分布，且它们不相关，则（   ）.

(A) X 与 Y 一定独立；　　　　(B) (X,Y) 服从二维正态分布；

(C) X 与 Y 未必独立；　　　　(D) $X+Y$ 服从一维正态分布.

§3.4　大数定理与中心极限定理

概率论与数理统计是研究随机现象统计规律性的学科. 而前面我们已经学过，当试验次数增多时，事件发生的频率会趋于事件发生的概率，大数定理从理论上进行了论证，所以大数定理是随机现象出现的规律性呈现某种稳定性的理论说明. 而中心极限定理讨论的是大量独立随机变量之和可以构成正态分布的一类基本定理.

一、切比雪夫不等式

定理 1（切比雪夫不等式） 设随机变量 X 的期望为 $EX = \mu$，方差为 $DX = \sigma^2$，则对于任意给定的正数 ε，有

$$P(|X - \mu| \geqslant \varepsilon) \leqslant \frac{\sigma^2}{\varepsilon^2}.$$

证明

$$
\begin{aligned}
P(|X - \mu| \geqslant \varepsilon) &= \int_{|x-\mu| \geqslant \varepsilon} f(x)\mathrm{d}x \leqslant \int_{|x-\mu| \geqslant \varepsilon} \frac{|x-\mu|^2}{\varepsilon^2} f(x)\mathrm{d}x \\
&\leqslant \frac{1}{\varepsilon^2} \int_{-\infty}^{+\infty} (x-\mu)^2 f(x)\mathrm{d}x \\
&= \frac{DX}{\varepsilon^2} = \frac{\sigma^2}{\varepsilon^2}.
\end{aligned}
$$

切比雪夫不等式也可以写成 $P(|X - \mu| < \varepsilon) \geqslant 1 - \dfrac{\sigma^2}{\varepsilon^2}$. 由切比雪夫不等式可以看出 σ^2 越小，事件 $\{|X - E(X)| < \varepsilon\}$ 的概率越大，即随机变量 X 集中在期望附近的可能性越大. 由此可见方差刻画了随机变量取值的离散程度.

【例 1】 某城市步行街上共有 1 000 盏电灯，假设夜间每盏灯打开的概率为 0.7，各盏灯打开与否彼此独立，估计开灯在 650～750 盏之间的概率.

解 因为各盏灯打开与否相互独立，所以观察 1 000 盏灯的状态，可视为 1 000 次的独立重复试验. 设开灯数为随机变量 X，则 X 服从二项分布：$X \sim B(1\,000, 0.7)$，因此，

$$EX = mp = 1\,000 \times 0.7 = 700,$$
$$DX = np(1-p) = 1\,000 \times 0.7 \times 0.3 = 210;$$

于是 $P\{650 < X < 750\} = P\{|X - 700| < 50\} \geqslant 1 - \dfrac{210}{50^2} = 0.916.$

二、大数定理

定理 2（辛钦大数定律） 设随机变量 $X_1, X_2, \cdots, X_n, \cdots$ 独立同分布，且 $EX_i = \mu$，记 $Y_n = \dfrac{1}{n} \sum_{i=1}^{n} X_i$，则对任意 $\varepsilon > 0$，有

$$\lim_{n \to \infty} P(|Y_n - \mu| < \varepsilon) = \lim_{n \to \infty} P\left(\left|\frac{1}{n}\sum_{i=1}^{n} X_i - \mu\right| < \varepsilon\right) = 1. \tag{3.24}$$

注 （1）式（3.24）所表示的收敛称为随机变量序列 $\{Y_n\}$ 依概率收敛于 μ，记为 $Y_n \xrightarrow{P} \mu$ 或 $P - \lim\limits_{n \to \infty} Y_n = \mu$；

（2）定理表明随机变量 $X_1, X_2, \cdots, X_n$ 的算术平均值序列 $\{Y_n\}$ 依概率收敛于数学期望 μ.

定理 3(伯努利大数定律) 设 μ_n 是 n 重伯努利试验中事件 A 发生的次数，p 是事件 A 在每次试验中发生的概率，则对任意 $\varepsilon > 0$，

$$\lim_{n \to \infty}\left(P\left|\frac{\mu_n}{n} - p\right| < \varepsilon\right) = 1.$$

定理告诉我们当试验次数 n 充分大时，事件 A 发生的频率 $\frac{\mu_n}{n}$ 依概率收敛于事件 A 发生的概率．定理以严格的数学形式表达了频率的稳定性．在实际应用中，当试验次数很大时，可以用事件发生的频率来近似代替事件的概率．

三、中心极限定理

在实际问题中，许多随机现象是由大量相互独立的随机因素的综合影响所形成的，其中每一个因素在总的影响中所起的作用是微小的．这类随机变量一般都服从或近似服从正态分布．中心极限定理在很一般的条件下证明了，无论随机变量 $X_i(i = 1, 2, \cdots)$ 服从什么分布，n 个随机变量的和 $\sum_{i=1}^{n} X_i$ 当 $n \to \infty$ 时的极限分布是正态分布．利用这些结论，数理统计中许多复杂的随机变量的分布可以用正态分布近似，而正态分布有许多完美的结论，从而可以获得既实用又简单的统计分析．

定理 4(林德伯格-勒维中心极限定理)

设随机变量 $X_1, X_2, \cdots, X_n, \cdots$ 独立同分布，且 $EX_i = \mu$，$DX_i = \sigma^2 (i = 1, 2, \cdots)$，则对任意实数 x 一致地有

$$\lim_{n \to \infty} P\left(\frac{1}{\sigma\sqrt{n}}\sum_{i=1}^{n}(X_i - \mu) \leqslant x\right) = \int_{-\infty}^{x} \frac{1}{\sqrt{2\pi}} e^{-\frac{t^2}{2}} dt = \Phi(x).$$

定理 4 实际告诉我们，在定理的条件下 $\dfrac{\sum\limits_{i=1}^{n} X_i - n\mu}{\sigma\sqrt{n}} \overset{\text{近似}}{\sim} N(0, 1)$，因而，

$$\sum_{i=1}^{n} X_i \overset{\text{近似}}{\sim} N(n\mu, n\sigma^2),\ \overline{X} = \frac{1}{n}\sum_{i=1}^{n} X_i \overset{\text{近似}}{\sim} N\left(\mu, \frac{\sigma^2}{n}\right).$$

定理 5(棣莫弗-拉普拉斯中心极限定理)

设 μ_n 是 n 重伯努利试验中事件 A 发生的次数，p 是事件 A 在每次试验中发生的概率，则对任意实数 x 一致地有

$$\lim_{n \to \infty} P\left(\frac{\mu_n - np}{\sqrt{np(1-p)}} \leqslant x\right) = \int_{-\infty}^{x} \frac{1}{\sqrt{2\pi}} e^{-\frac{t^2}{2}} dt = \Phi(x).$$

定理 5 告诉我们，若 $X \sim B(n, p)$，则当 n 很大时，$X \overset{\text{近似}}{\sim} N(np, np(1-p))$，即二项分布可以用正态分布来近似．

习题 3—4

1. 一批元件的寿命(以小时计)服从参数为 0.004 的指数分布,现有元件 30 只,一只在用,其余 29 只备用,当使用的一只损坏时,立即换上备用件,利用中心极限定理求 30 只元件至少能使用一年(8 760 小时)的近似概率.

2. 某一随机试验,"成功"的概率为 0.04,独立重复 100 次,由泊松定理和中心极限定理分别求最多"成功"6 次的概率的近似值.

第四章

数理统计的基础知识

在前三章概率论部分,我们研究了随机变量的分布、数字特征及各种分布间的相互关系,而这些问题的研究均是建立在概率分布已知的基础上的. 在实际问题中如何确定随机变量的分布和数字特征,概率论部分并没有解决,这就需要我们对研究的现象进行大量的试验和观察,在试验的结果中寻找规律,而如何收集、整理、分析数据,从中提取信息,以对所研究的问题做出某种尽可能合理的推论,这正是数理统计所要解决的问题.

数理统计是以概率论为基础,侧重于实际应用的一个数学分支,它研究怎样用有效的方法收集和使用受随机性影响的数据.

研究数理统计的基本方法是统计推断法. 在数理统计中我们总是从所要研究的对象全体中抽取一部分进行观测或试验以取得信息,从而对整体做出推断. 由于观测和试验的对象是随机现象,依据有限次观测或试验对整体所做出的推论不可能绝对准确,多少含有一定程度的不确定性,而不确定性用概率的大小来表示是最恰当的. 概率大,推断就比较不可靠;概率小,推断就比较可靠. 每个推断必须伴随一定的概率以表明推断的可靠程度,这种伴随一定概率的推断称为统计推断.

§4.1 数理统计的基本概念

一、总体、样本和统计量

1. 总体与个体

在所考察的某个问题中,把具有一定共性的研究对象的全体称为**总体**,其大小与范围由具体研究和考察的目的而确定. 例如,考察某大学一年级新生的体重情况,则该校一年级全体新生就构成了待研究的总体. 总体确定后,我们称构成总体的每个成员(或元素)为**个体**. 如前述总体中每个新生的体重为个体. 总体中所包含的个体的个数称为**总体的容量**. 容量为有限的称为**有限总体**,容量为无限的称为**无限总体**.

数理统计中所关心的并非每个个体的所有性质,而仅仅是它的某一项或某几项数量指标. 如前述总体(一年级新生)中,我们关心的是个体的体重,除此之外也可考察该总体中每个个体的身高和数学高考成绩等数量指标.

总体中的每一个个体是随机试验的一个观测值,故它是某一随机变量 X 的值,于是,一个总体对应于一个随机变量 X,对总体的研究就相当于对一个随机变量 X 的研究,X 的分布就称为总体的分布,今后将不区分总体与相应的随机变量. 统计学中称随机变量(或向量)X 为总体,并把随机变量(或向量)的分布称为总体分布.

2. 抽样与样本

由于作为统计研究对象的总体分布一般来说是未知的,为推断总体分布及其各种特征,一般方法是按一定规则从总体中抽取若干个体进行观察,这样的过程就称为**抽样**. 抽样又分为完全抽样和部分抽样,把总体中的个体逐个抽取出来加以观测为**完全抽样**,而从总体中抽取部分个体加以观测为**部分抽样**. 按机会均等的原则,从总体中随机地抽取部分个体进行观测的部分抽样又称为**随机抽样**.

对总体通过随机抽样所抽取的部分个体称为**样本**,样本中所含个体数目称为**样本的容量**. 由于总体可以看作随机变量,为对总体进行合理的统计推断,我们需在相同的条件下进行多次重复的、独立的抽样观察,故样本是一个随机变量(或向量). 容量为 n 的样本可视为 n 维随机向量 $(X_1, X_2, \cdots, X_n)$,一旦具体取定一组样本,便得到样本的一次具体的观测值 $(x_1, x_2, \cdots, x_n)$,称其为**样本值**. 全体样本值组成的集合称为**样本空间**.

为了使抽取的样本能很好地反映总体的信息,在随机抽样中还要考虑具体的抽样方法,最常用的一种抽样方法称为简单随机抽样,它要求抽取的样本满足下面两个条件:

(1) 代表性:$X_1, X_2, \cdots, X_n$ 与所考察的总体具有相同的分布;

(2) 独立性:$X_1, X_2, \cdots, X_n$ 是相互独立的随机变量.

由简单随机抽样得到的样本称为简单随机样本,它可用与总体独立同分布的 n 个相互独立的随机变量 $X_1, X_2, \cdots, X_n$ 表示. 对有限总体,若采用有放回抽样就能得到简单随机样本,但有放回抽样使用起来不方便,故实际操作中通常采用的是无放回抽样. 当所考察的总体很大时,无放回抽样与有放回抽样的区别很小,此时可近似把无放回抽样所得的样本看成是一个简单随机样本. 对无限总体,因抽取一个个体不影响它的分布,故采用无放回抽样即可得到一个简单随机样本. 以后内容所考虑的样本均为简单随机样本,简称为样本.

3. 统计量

样本来自总体,于是会带有总体的信息,从而可以从这些信息出发去研究总体的某些特征. 而在实际应用中,总体的分布一般是未知的,或即使知道总体分布的类型,但其中一些参数未知. 统计推断的方法就是利用样本对总体的分布类型、未知参数进行估计和推断.

当然为对总体进行统计推断,还需借助样本构造一些合适的样本函数,这样就引入了统计量的概念.

定义 1 设 $(X_1, X_2, \cdots, X_n)$ 为总体 X 的一个样本,称此样本的任一不含总体分布未知参数的函数为该样本的**统计量**.

例如,设 $(X_1, X_2, \cdots, X_N)$ 是容量为 n 的样本,$\sum_{i=1}^{n} X_i$,$\frac{1}{n} \sum_{i=1}^{n} X_i$,$\max_{1 \leqslant i \leqslant n} X_i$,$\min_{1 \leqslant i \leqslant n} X_i$ 都

是统计量. 而若 $(X_1, X_2, \cdots, X_n)$ 为来自总体 X 的一个样本, 且 $X \sim N(\mu, \sigma^2)$, μ 未知, σ^2 已知, 则 $\sum\limits_{i=1}^{n} \dfrac{(X_i - \mu)^2}{\sigma^2}$ 不是统计量.

二、常用统计量和样本数字特征

定义 2 设 $(X_1, X_2, \cdots, X_n)$ 为总体 X 的一个样本, 则有如下统计量:

$$\overline{X} = \frac{1}{n} \sum_{i=1}^{n} X_i \quad\cdots\cdots\cdots\cdots\cdots\cdots\cdots\cdots\cdots\cdots\cdots\cdots\cdots\cdots\cdots\cdots \text{样本均值}$$

$$S^2 = \frac{1}{n-1} \sum_{i=1}^{n} (X_i - \overline{X})^2 \quad\cdots\cdots\cdots\cdots\cdots\cdots\cdots\cdots\cdots\cdots \text{样本方差}$$

$$S = \sqrt{S^2} = \sqrt{\frac{1}{n-1} \sum_{i=1}^{n} (X_i - \overline{X})^2} \quad\cdots\cdots\cdots\cdots\cdots\cdots \text{样本标准差}$$

$$A_k = \frac{1}{n} \sum_{i=1}^{n} X_i^k \quad\cdots\cdots\cdots\cdots\cdots\cdots\cdots\cdots\cdots\cdots \text{样本 } k \text{ 阶原点矩 } (k \geqslant 1)$$

$$B_k = \frac{1}{n} \sum_{i=1}^{n} (X_i - \overline{X})^k \quad\cdots\cdots\cdots\cdots\cdots\cdots\cdots \text{样本 } k \text{ 阶中心矩 } (k \geqslant 1)$$

其中, 样本方差还可以写成 $S^2 = \dfrac{1}{n-1} \left(\sum\limits_{i=1}^{n} X_i^2 - n\overline{X}^2 \right)$, 样本二阶中心矩 $B_2 = \dfrac{1}{n} \sum\limits_{i=1}^{n} (X_i - \overline{X})^2$ 又称为未修正的样本方差.

定义 3[*] 设 $(X_1, X_2, \cdots, X_n)$ 为总体 X 的一个样本, $(x_1, \cdots, x_n)$ 是任一样本观测值, 将观测值的各分量按大小递增顺序排列, 得 $x_{(1)} \leqslant x_{(2)} \leqslant \cdots \leqslant x_{(n)}$. 当 $(X_1, X_2, \cdots, X_n)$ 取值为 $(x_1, \cdots, x_n)$ 时, 定义 $X_{(k)}$ 取值为 $x_{(k)}$, 称由此得到的统计量 $X_{(1)}, X_{(2)}, \cdots, X_{(n)}$ 为 $(X_1, X_2, \cdots, X_n)$ 的一组顺序统计量, 并称 $X_{(k)}$ 为**第 k 个顺序统计量** $(k = 1, 2, \cdots, n)$.

注 (1) 显然 $X_{(1)} \leqslant X_{(2)} \leqslant \cdots \leqslant X_{(n)}$;

(2) $X_{(1)} = \min(X_1, \cdots, X_n)$ 为最小顺序统计量;

(3) $X_{(n)} = \max(X_1, \cdots, X_n)$ 为最大顺序统计量;

(4) 称 $R_n = X_{(n)} - X_{(1)}$ 为样本极差, $R_n = \max\limits_{1 \leqslant i, j \leqslant n} |X_i - X_j|$.

定理 1 设总体 X 的数学期望和方差分别为 $\mu = EX$, $\sigma^2 = DX$, 则 $E\overline{X} = \mu$, $D\overline{X} = \dfrac{\sigma^2}{n}$, $ES^2 = \sigma^2$.

证明 略.

三、频率分布及其图形表示

频率分布是统计数据的分组和数据出现在各组的频率二者的总称. 概率分布是理论分布, 频率分布是经验分布. 频率分布与概率分布有着深刻的内在联系. 频率的稳定性是两者关系的重要理论依据, 第三章的伯努利大数定理正说明了这一问题.

1. 离散型随机变量的频率分布

设 $(u_1, u_2, \cdots, u_m)$ 是随机变量 X 的 m 个可能值, 而 $(x_1, x_2, \cdots, x_n)$ 是对 X 的 n 个观

测值，$\omega_i (i=1,2,\cdots,m)$ 表示 $(u_1,u_2,\cdots,u_m)$ 在 n 个观测值中出现的频率，则 X 的频率分布由表 4—1—1 和图 4—1—1 表示：

表 4—1—1   离散型频率分布

可能值	u_1 u_2 $\cdots$ u_m	$\sum\limits_{i=1}^{m} u_i$
频率	ω_1 ω_2 $\cdots$ ω_m	$\sum\limits_{i=1}^{m} \omega_i = 1$

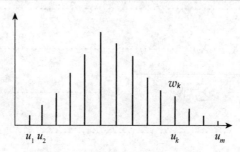

图 4—1—1   离散型频率分布纵条图

2. 连续型随机变量的频率分布与直方图

设随机变量 X 是连续型，而 $(x_1,x_2,\cdots,x_n)$ 是 X 的 n 个观测值. 由于 X 的可能值是某个区间的所有实数，故不能再按 X 的可能值建立频率分布，而需要建立分组数据频率分布.

（1）数据分组.

设 $a = \min\{x_1,x_2,\cdots,x_n\}$，$b = \max\{x_1,x_2,\cdots,x_n\}$，则区间 $[a,b]$ 包含全部观测值 $x_1,x_2,\cdots,x_n$. 将 $[a,b]$ 分成 m 个两两不相交的小区间，一般取 m 使 m/n 在 $1/10$ 左右，即 $[a_0,a_1),[a_1,a_2),\cdots,[a_{m-1},a_m]$，其中 $a \leqslant a_0 < a_1 < \cdots < a_m \leqslant b$，称为组限，记 $d_i = a_i - a_{i-1}$，称为组距，$u_i = (a_i + a_{i-1})/2 (i=1,2,\cdots,m)$ 称为组中值. 我们只考虑组距为常数的等距离分组的情形：$d_i = d(i=1,2,\cdots,m)$.

（2）列出频率分布表.

表 4—1—2 为连续型随机变量的频率分布表.

表 4—1—2   频率分布表

区间	组中值	组频数 n_i	组频率 f_i	高 $h_i = f_i/d_i$
$a_0 \sim a_1$	u_1	n_1	f_1	h_1
$a_1 \sim a_2$	u_2	n_2	f_2	h_2
$\vdots$	$\vdots$	$\vdots$	$\vdots$	$\vdots$
$a_{m-1} \sim a_m$	u_m	n_m	f_m	h_m
合　计	—	n	1	—

（3）直方图.

直方图是描绘连续型频率分布的常用图形. 建立频率分布直方图的步骤是：①将组限 $a_0,a_1,\cdots,a_{m-1},a_m$ 依次标在直角坐标系的横轴上；②分别以线段 $[a_{i-1},a_i)$ 和 $h_i = f_i/d_i$，

$(i=1,2,\cdots,m)$ 为边作矩形，如图 4—1—2 所示．

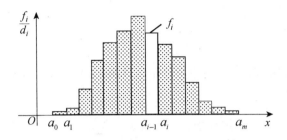

图 4—1—2　连续型频率分布的直方图

*四、经验分布函数

经验分布函数是由样本取值的频率构成的函数，它能够反映总体分布的大致形状．

定义 4　设总体 X 的一个容量为 n 的样本的样本值 $x_1,x_2,\cdots,x_n$ 可按大小次序排列成 $x_{(1)}\leqslant x_{(2)}\leqslant\cdots\leqslant x_{(n)}$．若 $x_{(k)}\leqslant x<x_{(k+1)}$，则不大于 x 的样本值的频率为 $\dfrac{k}{n}$．因而，函数

$$F_n(x)=\begin{cases}0, & x<x_{(1)}\\ k/n, & x_{(k)}\leqslant x<x_{(k+1)}(k=1,2,\cdots,n-1)\\ 1, & x\geqslant x_{(n)}\end{cases}$$

与事件 $\{X\leqslant x\}$ 在 n 次独立重复试验中的频率是相同的，称 $F_n(x)$ 为**经验分布函数**．

由 $F_n(x)$ 的定义可知，对每个固定的 x，$F_n(x)$ 是事件"$X\leqslant x$"在 n 次独立重复试验中发生的频率，而由伯努利大数定理可知 $F_n(x)\xrightarrow{P}F(x)$，即对 $\forall\varepsilon>0$，

$$\lim_{n\to\infty}P(\,|\,F_n(x)-F(x)\,|\geqslant\varepsilon)=0.$$

而深刻地揭示经验分布函数 $F_n(x)$ 与总体分布函数 $F(x)$ 关系的是下面的格里文科定理．

定理 2　设总体 X 的分布函数为 $F(x)$，经验分布函数为 $F_n(x)$，对任意实数 x，记

$$D_n=\sup_{-\infty<x<+\infty}|\,F_n(x)-F(x)\,|,$$

则有　$P(\lim_{n\to\infty}D_n=0)=1.$

定理 2 说明了 $F_n(x)$ 与 $F(x)$ 之间在所有 x 上的最大差异程度

$$D_n=\sup_{-\infty<x<+\infty}|\,F_n(x)-F(x)\,|$$

以概率 1 收敛于 0．即当 n 很大时，对所有 x，"$F_n(x)$ 与 $F(x)$ 之差的绝对值都很小"，这个事件发生的概率近似为 1．故当 n 很大时，$F_n(x)$ 是 $F(x)$ 的一个良好近似．这就是我们用样本进行推断的依据．

尽管经验分布函数 $F_n(x)$ 是总体分布函数 $F(x)$ 的良好近似，但对于连续型总体来说，

人们常用频率直方图来给出总体 X 的密度函数 $p(x)$ 的近似.

习题 4—1

1. 已知总体 X 服从 $[0, \lambda]$ 上的均匀分布(λ 未知),$X_1, X_2, \cdots, X_n$ 是来自 X 的样本,则( ).

(A) $\dfrac{1}{n}\sum_{i=1}^{n}X_i - \dfrac{\lambda}{2}$ 是一个统计量; （B) $\dfrac{1}{n}\sum_{i=1}^{n}X_i - E(X)$ 是一个统计量;

(C) $X_1 + X_2$ 是一个统计量; （D) $\dfrac{1}{n}\sum_{i=1}^{n}X_i^2 - E(X)$ 是一个统计量.

2. 有 $n=10$ 的样本,样本值为:$1.2, 1.4, 1.9, 2.0, 1.5, 1.5, 1.6, 1.4, 1.8, 1.4$,则样本均值 $\overline{X}=$ ＿＿＿ ,样本均方差 $S=$ ＿＿＿ ,样本方差 $S^2=$ ＿＿＿.

3. 设总体方差为 b^2,有样本 $X_1, X_2, \cdots, X_n$,样本均值为 $\overline{X}$,则 $\mathrm{cov}(X, \overline{X})=$ ＿＿＿.

§4.2　常用的三个统计分布

在前面的概率论中已经介绍了一些常用的随机变量的分布,本节再介绍三个在统计中常用的统计分布:χ^2 分布、t 分布和 F 分布,这些分布在正态总体的统计推断问题中发挥了重要作用.

一、分位数的概念

设随机变量 X 的分布函数为 $F(x)$,对给定的实数 $\alpha(0 < \alpha < 1)$,若实数 F_α 满足不等式

$$P\{X > F_\alpha\} = \alpha,$$

则称 F_α 为随机变量 X 分布的水平 α 的**上侧分位数**(如图 4—2—1 所示).

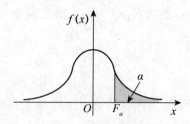

图 4—2—1　水平 α 的上侧分位数示意图

若实数 $T_{\alpha/2}$ 满足不等式

$$P\{|X| > T_{\alpha/2}\} = \alpha,$$

则称 $T_{\alpha/2}$ 为随机变量 X 分布的水平 α 的**双侧分位数**(如图 4—2—2 所示).

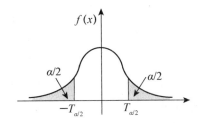

图 4—2—2　水平 α 的双侧分位数示意图

对于常用的统计分布，我们可以通过附录中给出的分布函数值表或者分位数表查出分位数，如下例.

【例 1】 求标准正态分布的水平 0.05 的上侧分位数和双侧分位数.

解　由题意有 $\alpha = 0.05$，$u_a = u_{0.05}$ 为上侧分位数，$\Phi(x)$ 为标准正态分布函数，可得 $\Phi(u_{0.05}) = 0.95$，查附表 2 有 $u_{0.05} = (1.64 + 1.65)/2 = 1.645$，$u_{a/2} = u_{0.025}$ 为双侧分位数，有 $\Phi(u_{0.025}) = 1 - 0.025 = 0.975$，再查表得 $u_{0.025} = 1.96$.

二、χ^2 分布

χ^2 分布在总体方差的估计和检验以及拟合优度检验中有重要应用，在后面的章节中将会介绍.

定义 1　设 $X_1, X_2, \cdots, X_n$ 是取自总体 $N(0,1)$ 的样本，则称统计量 $\chi^2 = X_1^2 + X_2^2 + \cdots + X_n^2$ 服从自由度为 n 的 χ^2 **分布**，记为 $\chi^2 \sim \chi^2(n)$.

χ^2 为连续型随机变量，其概率密度为

$$f(x) = \begin{cases} \dfrac{1}{2^{n/2}\Gamma(n/2)} x^{\frac{n}{2}-1} e^{-\frac{1}{2}x}, & x > 0, \\ 0, & x \leqslant 0 \end{cases},$$

其中 $\Gamma(\cdot)$ 为 Gamma 函数，$f(x)$ 的图形如图 4—2—3 所示.

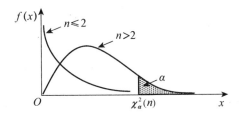

图 4—2—3　χ^2 分布

$f(x)$ 图形的特点是随着自由度的增大，密度函数图像趋于对称.

Gamma 函数为广义积分：$\Gamma(\alpha) = \displaystyle\int_0^{+\infty} x^{\alpha-1} e^{-x} \mathrm{d}x$，并且 $\Gamma(n+1) = n!$，$\Gamma(1/2) = \sqrt{\pi}$.

χ^2 分布有以下性质：

(1) 若 $\chi^2 \sim \chi^2(n)$，则 $E(\chi^2) = n, D(\chi^2) = 2n$.

(2) 若 $\chi_1^2 \sim \chi^2(m)$，$\chi_2^2 \sim \chi^2(n)$，且 χ_1^2, χ_2^2 相互独立，则 $\chi_1^2 + \chi_2^2 \sim \chi^2(m+n)$.

χ^2 分布的分位数：

设 $\chi^2 \sim \chi_\alpha^2(n)$，对给定的实数 $\alpha(0 < \alpha < 1)$，称满足条件

$$P\{\chi^2 > \chi_\alpha^2(n)\} = \int_{\chi_\alpha^2(n)}^{+\infty} f(x)\mathrm{d}x = \alpha$$

的点 $\chi_\alpha^2(n)$ 为 $\chi^2(n)$ 分布的水平 α 的上侧分位数. 简称为上侧 α 分位数. 对不同的 α，分位数的值已经编制成表供查用(参见附表 1).

【例 2】 查表求 χ^2 分布的上侧分位数：$\chi_{0.1}^2(25)$，$\chi_{0.05}^2(10)$.

解 对于分位数 $\chi_{0.1}^2(25)$，$\alpha=0.1$，$n=25$，查附表 1 可得 $\chi_{0.1}^2(25) = 34.382$；同理，对于 $\chi_{0.05}^2(10)$，$\alpha=0.05$，$n=10$，查表可得 $\chi_{0.05}^2(10) = 18.307$.

【例 3】 设 X_1, X_2, X_3, X_4 是来自 $N(0,1)$ 总体的简单随机样本，记

$$T = \frac{(X_1 - 2X_2)^2}{5} + \frac{(3X_3 - 4X_4)^2}{25},$$

问统计量 T 服从什么分布? 其自由度如何?

解 由条件 X_1, X_2, X_3, X_4 独立同正态分布 $N(0,1)$，可见 $E(X_1 - 2X_2) = E(3X_3 - 4X_4) = 0$，$D(X_1 - 2X_2) = 5$，$D(3X_3 - 4X_4) = 25$. 因此，$(X_1 - 2X_2) \sim N(0,5)$，$(3X_3 - 4X_4) \sim N(0,25)$. 易见，$Y_1 = (X_1 - 2X_2)/\sqrt{5} \sim N(0,1)$，$Y_2 = (3X_3 - 4X_4)/5 \sim N(0,1)$. 故由 χ^2 分布可知，

$$T = Y_1^2 + Y_2^2 = \frac{(X_1 - 2X_2)^2}{5} + \frac{(3X_3 - 4X_4)^2}{25}$$

服从自由度为 2 的 χ^2 分布.

三、t 分布

定义 2 设 $X \sim N(0,1)$，且 X 与 Y 相互独立，则称 $T = \dfrac{X}{\sqrt{Y/n}}$ 服从自由度为 n 的 t 分布，记为 $T \sim t(n)$.

$t(n)$ 分布的概率密度为

$$f(x) = \frac{\Gamma[(n+1)/2]}{\sqrt{n\pi}\,\Gamma(n/2)} \left(1 + \frac{x^2}{n}\right)^{-\frac{n+1}{2}}, \quad -\infty < t < +\infty,$$

其密度函数图形见图 4—2—4：

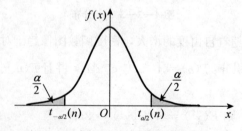

图 4—2—4 t 分布曲线和分位数

t 分布具有如下性质:

(1) 当自由度 $n \to \infty$ 时 t 分布的极限分布是标准正态分布,即有

$$\lim_{n \to \infty} f(x) = \frac{1}{\sqrt{2\pi}} e^{-\frac{x^2}{2}} = \varphi(x).$$

实际应用中,当 $n \geqslant 30$ 时即可用标准正态分布逼近 t 分布.

(2) t 分布的分位数.

设 $T \sim t(n)$,对给定的实数 $\alpha (0 < \alpha < 1)$,称满足条件

$$P\{T > t_\alpha(n)\} = \int_{t_\alpha(n)}^{+\infty} f(x)\mathrm{d}x = \alpha$$

的点 $t_\alpha(n)$ 为 $t(n)$ 分布的水平 α 的上侧分位数.

由密度函数 $f(x)$ 的对称性,可得 $t_{1-\alpha}(n) = -t_\alpha(n)$.

类似地,我们可以给出 t 分布的双侧分位数

$$P\{|T| > t_{\alpha/2}(n)\} = \int_{-\infty}^{-t_{\alpha/2}(n)} f(x)\mathrm{d}x + \int_{t_{\alpha/2}(n)}^{+\infty} f(x)\mathrm{d}x = \alpha,$$

显然有

$$P\{T > t_{\alpha/2}(n)\} = \frac{\alpha}{2}; \ P\{T < -t_{\alpha/2}(n)\} = \frac{\alpha}{2}.$$

对不同的 α 与 n,t 分布的上侧和双侧分位数可从附表 3 查得.

对于分位数还应该清楚以下结论:

设 $t_\alpha(n)$ 为上侧分位数,则有

$$P\{T > t_\alpha(n)\} = \alpha; P\{T < -t_\alpha(n)\} = \alpha, P\{|T| > t_\alpha(n)\} = 2\alpha.$$

【例 4】 查表求 t 分布的上侧分位数:$t_{0.1}(8), t_{0.05}(10)$ 及双侧分位数:$t_{0.05}(8)$,$t_{0.025}(10)$.

解 对于上侧分位数 $t_{0.1}(8)$,$\alpha = 0.1$,$n = 8$,查表可得 $t_{0.1}(8) = 1.3968$;同理,对于 $t_{0.05}(10)$,查表可得 $t_{0.05}(10) = 1.8125$.对于双侧分位数 $t_{0.05}(8)$,$\alpha/2 = 0.05$,$n = 8$,$t_{0.05}(8) = 1.8595$;同理,对于 $t_{0.025}(10)$,$\alpha/2 = 0.025$,$n = 10$,$t_{0.025}(10) = 2.2281$.

【例 5】 设总体 X 服从标准正态分布,X_1, X_2, X_3, X_4 为来自 X 的样本,问随机变量

$$T = \frac{\sqrt{3} X_4}{\sqrt{X_1^2 + X_2^2 + X_3^2}}$$

服从什么分布?

解 由条件知,样本 X_1, X_2, X_3, X_4 相互独立且服从标准正态分布,则有

$$Y = X_1^2 + X_2^2 + X_3^2$$

服从自由度为 3 的 χ^2 分布. 因为

$$T - \frac{\sqrt{3}X_4}{\sqrt{X_1^2 + X_2^2 + X_3^2}} = \frac{X_4}{\sqrt{Y/3}} = \frac{X_4}{\sqrt{Y/n}},$$

其中 $X_4 \sim N(0,1)$，而 Y 服从自由度为 3 的 χ^2 分布，且 X_4 与 $Y = X_1^2 + X_2^2 + X_3^2$ 相互独立，所以由 t 分布定义可见，随机变量 T 服从自由度为 3 的 t 分布.

四、F 分布

定义 3 设 $X \sim \chi^2(m)$，$Y \sim \chi^2(n)$，且 X 与 Y 相互独立，则称 $F = \dfrac{X/m}{Y/n} = \dfrac{nX}{mY}$ 服从自由度为 (m,n) 的 F 分布，记为 $F \sim F(m,n)$.

$F(m,n)$ 分布的概率密度为

$$f(x) = \begin{cases} \dfrac{\Gamma[(m+n)/2]}{\Gamma(m/2)\Gamma(n/2)}\left(\dfrac{m}{n}\right)\left(\dfrac{m}{n}x\right)^{\frac{m}{2}-1}\left(1+\dfrac{m}{n}x\right)^{-\frac{1}{2}(m+n)}, & x > 0 \\ 0, & x \leqslant 0 \end{cases}.$$

其密度函数图像见图 4—2—5：

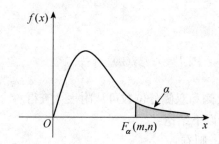

图 4—2—5　F 分布曲线与分位数

F 分布具有上侧分位数，设 $F \sim F_\alpha(m,n)$，对给定的实数 $\alpha(0 < \alpha < 1)$，称满足条件

$$P\{F > F_\alpha(m,n)\} = \int_{F_\alpha(m,n)}^{+\infty} f(x)\mathrm{d}x = \alpha$$

的点 $F_\alpha(m,n)$ 为 $F(m,n)$ 分布的水平 α 的上侧分位数. F 分布的上侧分位数可查附表.

F 分布具有如下性质：

(1) 若 $X \sim t(n)$，则 $X^2 \sim F(1,n)$.

(2) 若变量 F 服从自由度为 (m,n) 的 F 分布，则 $1/F$ 服从自由度为 (n,m) 的 F 分布，即 $F \sim F(m,n)$，则 $\dfrac{1}{F} \sim F(n, m)$.

(3) $F_\alpha(m, n) = \dfrac{1}{F_{1-\alpha}(n, m)}$，此式常常用来求 F 分布表中没有列出的某些上侧分位数.

【例 6】 查表求 F 分布的上侧分位数：$F_{0.1}(10, 8)$，$F_{0.05}(8, 10)$，$F_{0.95}(7, 8)$.

解 对于上侧分位数 $F_{0.1}(10, 8)$，$\alpha=0.1$，$m=10$，$n=8$，查附表 4 可得 $F_{0.1}(10, 8) = 2.54$；同理，对于 $F_{0.05}(8, 10)$，$\alpha=0.05$，$m=8$，$n=10$，查表可得 $F_{0.05}(8, 10) = 3.07$. 而

对于上侧分位数 $F_{0.95}(7,8)$，需要利用性质 3 转化，$\alpha=0.95$，$m=7$，$n=8$，有 $F_{0.95}(7,8)=$ $\dfrac{1}{F_{0.05}(8,7)}=\dfrac{1}{3.73}=0.268\,1$.

【例 7】 设总体 X 服从标准正态分布，X_1，X_2，X_3 为 X 的一个样本，求 $Y=\dfrac{2X_1^2}{X_2^2+X_3^2}$ 的概率分布.

解 由于 X 服从标准正态分布，则 X_1,X_2,X_3 相互独立且也服从标准正态分布，可见 X_1^2 和 $X_2^2+X_3^2$ 分别服从自由度为 1 和 2 的 χ^2 分布，并且相互独立. 从而，由 F 分布的定义知，随机变量 $Y=\dfrac{X_1^2/1}{(X_2^2+X_3^2)/2}$ 服从自由度为 $(1,2)$ 的 F 分布.

习题 4—2

1. 对于给定的正数 $a(0<a<1)$，设 u_a，$\chi_a^2(n)$，$t_a(n)$，$F_a(n_1,n_2)$ 分别是标准正态分布、χ^2 分布、t 分布、F 分布的上侧分位数，则下列结论中不正确的是（   ）.

(A) $u_{1-a}(n)=-u_a(n)$；　　　　　　(B) $\chi_{1-a}^2(n)=-\chi_a^2(n)$；

(C) $t_{1-a}(n)=-t_a(n)$；　　　　　　(D) $F_{1-a}(n_1,n_2)=\dfrac{1}{F_{1-a}(n_2,n_1)}$.

2. 设总体 $X\sim N(0,1)$，$X_1,X_2,\cdots,X_n$ 是简单随机样本，问下列各统计量服从什么分布？

(1) $\dfrac{X_1-X_2}{\sqrt{X_3^2+X_4^2}}$；　　(2) $\dfrac{\sqrt{n-1}X_1}{\sqrt{X_2^2+\cdots+X_n^2}}$；　　(3) $\left(\dfrac{n}{3}-1\right)\sum_{i=1}^{3}X_i^2\Big/\sum_{i=4}^{n}X_i^2$.

3. 设随机变量 X 和 Y 相互独立且都服从正态分布 $N(0,3^2)$. $X_1,X_2,\cdots,X_9$ 和 Y_1，$Y_2,\cdots,Y_9$ 是分别取自总体 X 和 Y 的简单随机样本. 试证统计量 $T=\dfrac{X_1+\cdots+X_9}{\sqrt{Y_3^2+\cdots+Y_9^2}}$ 服从自由度为 9 的 t 分布.

4. 设总体 $X\sim N(0,4)$，$X_1,X_2,\cdots,X_{15}$ 为取自该总体的样本，问随机变量 $\sum_{i=1}^{10}X_i^2\Big/2\sum_{i=11}^{15}X_i^2$ 服从什么分布？

5. 设总体 $X\sim N(76.4,383)$，$X_1,X_2,\cdots,X_4$ 是来自 X 的容量为 4 的样本，s^2 是样本方差. 问：

(1) $U=\sum_{i=1}^{4}\dfrac{(X_i-76.4)^2}{383}$，$W=\sum_{i=1}^{4}\dfrac{(X_i-\overline{X})^2}{383}$ 分别服从什么分布？并求 $D(s^2)$.

(2) 求 $P\{0.711<U\leqslant7.779\}$，$P\{0.352<W\leqslant6.251\}$.

6. 已知 $X\sim t(n)$，求证 $X^2\sim F(1,n)$.

7. 查有关的附表，求下列分位点的值：$u_{0.9}=$_____，$\chi_{0.1}^2(5)=$ _____，$t_{0.9}(10)=$ _____，$F_{0.95}(4,6)=$_____.

8. 设 $X_1,X_2,\cdots,X_n$ 是总体 $\chi^2(m)$ 的样本，求 $E(\overline{X})$，$D(\overline{X})$.

§4.3 正态总体的抽样分布

在统计学中抽样分布泛指统计量的概率分布. 但为应用方便, 虽然某些样本的函数与未知参数有关, 但如果其分布与未知参数无关, 则相应的概率分布也可以称作抽样分布.

讨论抽样分布的途径有两个: 一是精确地求出抽样分布, 并称相应的统计推断为**小样本统计推断**; 二是让样本容量趋于无穷, 并求出抽样分布的极限分布. 然后, 在样本容量充分大时, 再利用该极限分布作为抽样分布的近似分布, 进而对未知参数进行统计推断, 称与此相应的统计推断为**大样本统计推断**. 这里重点讨论正态总体的抽样分布, 属于小样本统计范畴. 正态总体的推断问题, 在统计推断的理论和实践中占有特别重要的地位, 并且凡是涉及正态总体的推断问题, 一般都有完满而简洁的结果. 此外, 也简要介绍一般总体的某些抽样分布的极限分布, 属大样本统计范畴.

一、单正态总体的抽样分布

定理 1 设总体 $X \sim N(\mu, \sigma^2)$, $X_1, X_2, \cdots, X_n$ 为来自 X 的一个样本, $\overline{X}$ 与 S^2 分别为样本均值与样本方差, 则有

(1) $\overline{X} \sim N(\mu, \sigma^2/n)$;

(2) $U = \dfrac{\overline{X} - \mu}{\sigma / \sqrt{n}} \sim N(0, 1)$.

证明 (1) 由于 $X_i \sim N(\mu, \sigma^2)(i = 1, 2, \cdots, n)$ 且相互独立, 故 $\overline{X}$ 作为独立正态随机变量的线性组合也服从正态分布, 且有 $E\overline{X} = E\left(\dfrac{1}{n}\sum_{i=1}^{n} X_i\right) = \dfrac{1}{n}\sum_{i=1}^{n} EX_i = \mu$, 同理由方差性质可得 $D\overline{X} = \sigma^2/n$, 故有 $\overline{X} \sim N(\mu, \sigma^2/n)$.

(2) 由于 $\overline{X} \sim N(\mu, \sigma^2/n)$, 根据正态分布的标准化定理, 易见 $U = \dfrac{\overline{X} - \mu}{\sigma / \sqrt{n}} \sim N(0, 1)$.

定理 2 设总体 $X \sim N(\mu, \sigma^2)$, $X_1, X_2, \cdots, X_n$ 为来自 X 的一个样本, $\overline{X}$ 与 S^2 分别为样本均值与样本方差, 则有

(1) $\chi^2 = \dfrac{1}{\sigma^2}\sum_{i=1}^{n}(X_i - \mu)^2 \sim \chi^2(n)$;

(2) $\chi^2 = \dfrac{n-1}{\sigma^2}S^2 = \dfrac{1}{\sigma^2}\sum_{i=1}^{n}(X_i - \overline{X})^2 \sim \chi^2(n-1)$;

(3) $\overline{X}$ 与 S^2 相互独立.

证明 (1) $\dfrac{1}{\sigma^2}\sum_{i=1}^{n}(X_i - \mu)^2 = \sum_{i=1}^{n}\dfrac{(X_i - \mu)^2}{\sigma^2} = \sum_{i=1}^{n}\left(\dfrac{X_i - \mu}{\sigma}\right)^2$, 由于 $X_i \sim N(\mu, \sigma^2)$ 且相互独立, 所以 $\dfrac{X_i - \mu}{\sigma} \sim N(0, 1)(i = 1, 2, \cdots, n)$ 且相互独立, 根据 χ^2 分布的定义可知 $\dfrac{1}{\sigma^2}\sum_{i=1}^{n}(X_i - \mu)^2 \sim \chi^2(n)$.

(2)、(3)的证明要用到很强的证明技巧，故此处略去证明.

定理 3　设总体 $X \sim N(\mu, \sigma^2)$，$X_1, X_2, \cdots, X_n$ 为来自 X 的一个样本，$\overline{X}$ 与 S^2 分别为样本均值与样本方差，则有 $T = \dfrac{\overline{X} - \mu}{S/\sqrt{n}} \sim t(n-1)$.

证明　因为 $\overline{X} \sim N\left(\mu, \dfrac{\sigma^2}{n}\right)$，所以 $\dfrac{\overline{X} - \mu}{\sigma/\sqrt{n}} \sim N(0,1)$，而 $\dfrac{(n-1)S^2}{\sigma^2} \sim \chi^2(n-1)$ 且与 $\overline{X}$ 相互独立，所以

$$\frac{\overline{X} - \mu}{\sigma/\sqrt{n}} \bigg/ \sqrt{\frac{(n-1)S^2}{\sigma^2} \bigg/ (n-1)} = \frac{\overline{X} - \mu}{S/\sqrt{n}} \sim t(n-1).$$

【例 1】　设总体 $X \sim N(5, 2^2)$，$X_1, X_2, \cdots, X_{16}$ 为 X 的一个样本，求：

(1) 样本均值 $\overline{X}$ 的数学期望与方差；

(2) $P\{\overline{X} - 5 \leqslant 0.25\}$.

解　(1) 由于 $X \sim N(5, 2^2)$，样本容量 $n = 16$，根据定理1，$\overline{X} \sim N(5, 2^2/16)$，于是 $E\overline{X} = 5$，$D\overline{X} = 0.25$.

(2) 因为 $\overline{X} \sim N(5, 2^2/16)$，所以 $\dfrac{\overline{X} - 5}{2/4} \sim N(0,1)$，于是 $P\{\overline{X} - 5 \leqslant 0.25\} = P\left\{\dfrac{\overline{X} - 5}{0.5} \leqslant 0.5\right\} = \Phi(0.5) = 0.691\,5$.

【例 2】　设总体 X 服从正态分布 $N(0,4)$，$X_1, X_2, \cdots, X_6$ 是来自总体 X 的简单随机样本，

$$T = \frac{X_1 + X_2}{\sqrt{X_3^2 + X_4^2 + X_5^2 + X_6^2}}.$$

求统计量 T 服从什么分布.

解　设 $Y_i = X_i/2 (i = 1, 2, \cdots, 6)$，则 $Y_i \sim N(0,1)$，$Y_1 + Y_2 \sim N(0,2)$，$Y = (Y_1 + Y_2)/2 \sim N(0,1)$；而变量 $\chi^2 = Y_3^2 + Y_4^2 + Y_5^2 + Y_6^2$ 作为 $N(0,1)$ 变量的平方和，服从自由度为 4 的 χ^2 分布，而且 Y 和 χ^2 显然相互独立. 此外，因为 $X_1, X_2, \cdots, X_6$ 相互独立，所以分子变量与分母变量相互独立. 将统计量 T 表示为

$$T = \frac{X_1 + X_2}{\sqrt{X_3^2 + X_4^2 + X_5^2 + X_6^2}} = \frac{2(Y_1 + Y_2)}{\sqrt{4(Y_3^2 + Y_4^2 + Y_5^2 + Y_6^2)}}$$

$$= \frac{(Y_1 + Y_2)/2}{\sqrt{(Y_3^2 + Y_4^2 + Y_5^2 + Y_6^2)/4}} = \frac{Y}{\sqrt{\chi^2/4}}.$$

于是，可知统计量 T 服从自由度为 4 的 t 分布.

【例 3】　设 $(X_1, X_2, \cdots, X_{12})$ 是来自总体 $N(0,16)$ 的简单随机样本，求统计量 Y：

$$Y = \frac{1}{2} \frac{X_1^2 + \cdots + X_8^2}{X_9^2 + \cdots + X_{12}^2}$$

的概率分布.

解　由 χ^2 变量的典型模式知，$\chi_1^2 = (X_1^2 + \cdots + X_8^2)/16$ 服从自由度为 8 的 χ^2 分布，$\chi_2^2 = (X_9^2 + \cdots + X_{12}^2)$ 服从自由度为 4 的 χ^2 分布. 从而，由 F 定义可知，

$$Y = \frac{1}{2} \frac{(X_1^2 + \cdots + X_8^2)/16}{(X_9^2 + \cdots + X_{12}^2)/16} = \frac{\chi_1^2/8}{\chi_2^2/4}$$

服从自由度为 $(8,4)$ 的 F 分布.

二、双正态总体的抽样分布

定理 4　设总体 $X \sim N(\mu_1, \sigma_1^2)$，$Y \sim N(\mu_2, \sigma_2^2)$，而且 X 和 Y 相互独立；$(X_1, X_2, \cdots, X_m)$ 是来自总体 X 的简单随机样本，$\overline{X}$ 和 S_1^2 分别为其样本均值和方差；$(Y_1, Y_2, \cdots, Y_n)$ 是来自总体 Y 的简单随机样本，$\overline{Y}$ 和 S_2^2 分别为其样本均值和方差. 而总体 X 和 Y 的联合样本方差为

$$S_{12}^2 = \frac{(m-1)S_1^2 + (n-1)S_2^2}{m+n-2}. \tag{4.1}$$

(1) 样本均值和样本方差的独立性.

统计量 $\overline{X}, S_1^2, \overline{Y}, S_2^2$ 相互独立.

(2) 均值差的分布.

① $\overline{X} - \overline{Y} \sim N\left(\mu_1 - \mu_2, \dfrac{\sigma_1^2}{m} + \dfrac{\sigma_2^2}{n}\right)$; $\tag{4.2}$

② $U = \dfrac{\overline{X} - \overline{Y} - (\mu_1 - \mu_2)}{\sqrt{\dfrac{\sigma_1^2}{m} + \dfrac{\sigma_2^2}{n}}} \sim N(0,1)$; $\tag{4.3}$

③ 如果 $\sigma_1^2 = \sigma_2^2 = \sigma^2$，则随机变量

$$t = \frac{(\overline{X} - \overline{Y}) - (\mu_1 - \mu_2)}{S_{12}\sqrt{1/m + 1/n}} = \frac{(\overline{X} - \overline{Y}) - (\mu_1 - \mu_2)}{S_{12}}\sqrt{\frac{mn}{m+n}} \sim t(m+n-2). \tag{4.4}$$

(3) 样本方差比的分布.

① σ_1^2, σ_2^2 已知，随机变量 $F = \dfrac{S_1^2/\sigma_1^2}{S_2^2/\sigma_2^2} \sim F(m-1, n-1)$; $\tag{4.5}$

② σ_1^2, σ_2^2 未知，但已知 $\sigma_1^2 = \sigma_2^2$，随机变量

$$F = \frac{S_1^2}{S_2^2} \sim F(m-1, n-1). \tag{4.6}$$

证明　(1) 因为 $(\overline{X}, S_1^2)$ 与 $(\overline{Y}, S_2^2)$ 分别仅依赖于相互独立的两个样本，故它们相互独立；由于正态总体的样本均值和样本方差相互独立，可见 $\overline{X}$ 和 S_1^2 以及 $\overline{Y}$ 和 S_2^2 各自相互独立. 因此，对于任意实数 a,b,c,d，有

$$P\{\overline{X} \leqslant a, S_1^2 \leqslant b, \overline{Y} \leqslant c, S_2^2 \leqslant d\}$$
$$= P\{\overline{X} \leqslant a, S_1^2 \leqslant b\} P\{\overline{Y} \leqslant c, S_2^2 \leqslant d\}$$

$$=P\{\overline{X}\leqslant a\}P\{S_1^2\leqslant b\}P\{\overline{Y}\leqslant c\}P\{S_2^2\leqslant d\}.$$

从而 $\overline{X}$，S_1^2，$\overline{Y}$，S_2^2 相互独立.

(2) 因为独立正态随机变量的代数和仍然服从正态分布，所以 $\overline{X}\sim N(\mu_1,\sigma_1^2/m)$，$\overline{Y}\sim N(\mu_2,\sigma_2^2/n)$，故 $\overline{X}-\overline{Y}$ 也服从正态分布，其数学期望和方差分别为

$$E(\overline{X}-\overline{Y})=\mu_1-\mu_2,\ D(\overline{X}-\overline{Y})=\sigma_1^2/m+\sigma_2^2/n,$$

式(4.2) 得证.

将式(4.2)进行正态分布的标准化可得式(4.3).

由(1)可见 $\overline{X},\overline{Y},S_{12}^2$ 相互独立. 易见，式(4.4)中的 t 可以写成：

$$t=\frac{U}{\sqrt{\chi^2/(m+n-2)}},$$

其中

$$U=\frac{\overline{X}-\overline{Y}-(\mu_1-\mu_2)}{\sigma}\sqrt{\frac{mn}{m+n}},\ \chi^2=\frac{(m+n-2)\ S_{12}^2}{\sigma^2}.$$

因此，由 t 分布定义可见，随机变量 t 服从自由度为 $m+n-2$ 的 t 分布.

(3) ②是①的特例，故只需证命题①. 式(4.5)可以表示为 $F=\dfrac{S_1^2/\sigma_1^2}{S_2^2/\sigma_2^2}=\dfrac{\chi_1^2/f_1}{\chi_2^2/f_2}$，其中 $\chi_1^2=\dfrac{(m-1)S_1^2}{\sigma_1^2};\chi_2^2=\dfrac{(n-1)S_2^2}{\sigma_2^2}$，由定理 2(2)可知 χ_1^2 和 χ_2^2 服从 χ^2 分布，自由度分别为 $m-1$，$n-1$. 由两个样本的独立性可见 S_1^2 和 S_2^2 独立，从而 χ_1^2 和 χ_2^2 相互独立. 因此，由 F 分布的定义知，式(4.5)中的 F 服从自由度为 $(m-1,n-1)$ 的 F 分布.

【例 4】 设两个总体 X 与 Y 都服从正态分布 $N(10,2)$，今从总体 X 与 Y 中分别抽得容量 $n_1=4$，$n_2=10$ 的两个相互独立的样本，求 $P\{|\overline{X}-\overline{Y}|<0.1\}$.

解 由定理 4(1)可知 $\dfrac{\overline{X}-\overline{Y}-(10-10)}{\sqrt{2/4+2/10}}=\dfrac{\overline{X}-\overline{Y}}{\sqrt{0.7}}\sim N(0,1)$，于是有

$$P\{|\overline{X}-\overline{Y}|<0.1\}=P\left\{\left|\frac{\overline{X}-\overline{Y}}{\sqrt{0.7}}\right|<\frac{0.1}{\sqrt{0.7}}\right\}$$

$$=2\Phi\left(\frac{0.1}{\sqrt{0.7}}\right)-1=2\Phi(0.12)-1=0.095\ 6.$$

【例 5】 设总体 X 与 Y 相互独立且都服从正态分布 $N(8,\sigma^2)$；$X_1,\cdots,X_7;Y_1,\cdots,Y_6$ 分别是来自总体 X 与 Y 的样本，$\overline{X}$，$\overline{Y}$，S_1^2 和 S_2^2 分别是这两个样本的均值和方差. 求 $P\{S_1^2/S_2^2\leqslant 3.4\}$. $(\alpha=0.1)$

解 因为 $\sigma_1^2=\sigma_2^2=\sigma^2$，由定理 4(3)，有 $\dfrac{S_1^2}{S_2^2}\sim F(7-1,6-1)$，即 $\dfrac{S_1^2}{S_2^2}\sim F(6,5)$，于是 $P\{S_1^2/S_2^2\leqslant 3.4\}=1-P\{S_1^2/S_2^2>3.4\}=1-P\{F(6,5)>3.4\}$，查附表 4 $F_{0.1}(6,5)=3.4$，所以

$$P \{S_1^2/S_2^2 \leqslant 3.4\} = 1 - 0.1 = 0.9.$$

*三、一般总体的极限抽样分布

正态总体的抽样分布都是精确的概率分布，对于任何样本容量都适用．如果总体不是正态的，用类似的方法去研究，原则上可行，但是其结果比较烦琐．于是，对于非正态总体，在样本容量充分大的条件下，可以应用极限分布来解决．下面我们只介绍任意总体的样本均值和样本方差的极限抽样分布是正态分布的情形．若随机变量的极限分布是正态分布，则称随机变量有渐近正态分布，或具有渐近正态性．

1. 样本均值的近似正态性

设 X 是任意分布的总体，$EX = \mu$，$DX = \sigma^2$ 存在；$X_1, X_2, \cdots, X_n$ 是来自总体 X 的简单随机样本，$\overline{X}$ 和 S^2 分别为样本均值和样本方差，则当 n 充分大时，

$$(1)\ U = \frac{\overline{X} - \mu}{\sigma/\sqrt{n}} \overset{近似}{\sim} N(0,1)\ ; \qquad (2)\ T = \frac{\overline{X} - \mu}{S/\sqrt{n}} \overset{近似}{\sim} N(0,1). \tag{4.7}$$

2. 样本均值差的近似正态性

设 X 和 Y 是任意两个相互独立的总体，$EX = \mu$，$DX = \sigma_1^2$，$EY = \mu_2$，$DY = \sigma_2^2$ 存在，而 $(X_1, X_2, \cdots, X_n)$ 和 $(Y_1, Y_2, \cdots, Y_n)$ 是分别来自总体 X 和 Y 的简单随机样本，$\overline{X}$ 与 S_1^2 以及 $\overline{Y}$ 与 S_2^2 分别为 X 和 Y 的样本均值与样本方差．则当 m 和 n 充分大时，

$$(1)\ U = \frac{\overline{X} - \overline{Y} - (\mu_1 - \mu_2)}{\sqrt{\sigma_1^2/m + \sigma_2^2/n}} \overset{近似}{\sim} N(0,1); \tag{4.8}$$

$$(2)\ T = \frac{\overline{X} - \overline{Y} - (\mu_1 - \mu_2)}{\sqrt{S_1^2/m + S_2^2/n}} \overset{近似}{\sim} N(0,1). \tag{4.9}$$

3. 样本方差的近似正态性

设总体 X 的方差 $DX = \sigma^2$ 和四阶中心矩 $\mu_4 = E(X - EX)^4$ 存在，$X_1, X_2, \cdots, X_n$ 是总体 X 的一个样本，可得样本方差 S^2，则当 n 充分大时，S^2 近似地服从正态分布 $N(\sigma^2, (\mu_4 - \sigma^4)/n)$，且有

当 $n \to \infty$ 时，$U = \dfrac{S^2 - \sigma^2}{\sqrt{(\mu_4 - \sigma^4)/n}}$ 的极限分布是标准正态分布． $\tag{4.10}$

习题 4—3

1. 设总体 $X \sim N(\mu, \sigma^2)$，样本为 $X_1, X_2, \cdots, X_n$，样本均值为 $\overline{X}$，样本方差为 S^2，则 $\dfrac{\overline{X} - \mu}{\sigma/\sqrt{n}} \sim$ _____，$\dfrac{\overline{X} - \mu}{S/\sqrt{n}} \sim$ _____，$\dfrac{1}{\sigma^2}\sum_{i=1}^{n}(X_i - \overline{X})^2 \sim$ _____，$\dfrac{1}{\sigma^2}\sum_{i=1}^{n}(X_i - \mu)^2 \sim$ _____．

2. 求总体 $N(20, 3)$ 的容量分别为 10 和 15 的两独立样本均值差的绝对值大于 0.3 的概率．

3. (1) 设总体 $X \sim N(52, 6.3^2)$，$X_1, X_2, \cdots, X_{36}$ 是来自 X 的容量为 36 的样本，求 $P(50.8 < \overline{X} < 53.8)$；

（2）设总体 $X \sim N(12,4)$，$X_1, X_2, \cdots, X_5$ 是来自 X 的容量为 5 的样本，求样本均值与总体均值之差的绝对值大于 1 的概率.

4. 设总体 $X \sim \pi(5)$，X_1, X_2, X_3 是来自 X 的容量为 3 的样本，求：

（1）$P\{X_1 = 1, X_2 = 2, X_3 = 3\}$；

（2）$\{X_1 + X_2 = 1\}$.

5. 设总体 X 服从均值为 $1/2$ 的指数分布，X_1, X_2, X_3, X_4 是来自总体的容量为 4 的样本，求：

（1）X_1, X_2, X_3, X_4 的联合概率密度；

（2）$E(\overline{X}), D(\overline{X})$；

（3）$E(X_1 X_2)$；

（4）$E[X_1(X_2 - 0.5)^2]$；

（5）$D(X_1 X_2)$.

第五章

参数估计

统计估计就是由样本估计总体的分布函数、分布参数或数字特征. 在许多情况下, 总体的分布函数是未知的, 或是只知道其某些一般特点(如连续型或离散型、对称等), 但不知其数学分布形式, 有时虽然知道分布函数的分布形式, 如正态分布、泊松分布等, 但不知其中某些参数的具体值, 这就产生了估计问题.

如果一个估计所涉及的分布未知或不能用有限个参数来刻画, 则它就是非参数估计问题. 例如, 由样本估计未知分布函数或未知密度函数.

如果已知总体的分布, 则由样本估计它的某些未知参数(或未知参数的函数)就是参数估计问题. 参数估计分为两大类: 点估计和区间估计. 适当地选择一统计量作为未知参数的估计为点估计; 适当地选择一个随机区间(区间的两个端点都为统计量), 使此区间包含未知参数真值的概率足够大, 则为区间估计.

§5.1 点估计的基本概念

一、估计量的概念

定义 1 设 θ 是要估计的未知参数, $X_1, X_2, \cdots, X_n$ 是来自总体 X 的简单随机样本, 选择一个适当的统计量 $\hat{\theta}(X_1, X_2, \cdots, X_n)$ 来估计未知参数 θ, 则称 $\hat{\theta}(X_1, X_2, \cdots, X_n)$ 为 θ 的**估计量**. 而由样本值 $x_1, x_2, \cdots, x_n$ 得到的估计量的值 $\hat{\theta}(x_1, x_2, \cdots, x_n)$ 称为 θ 的**估计值**.

例如, 设 $X \sim P(\lambda)$, 则 $\overline{X} = \dfrac{1}{n}\sum\limits_{i=1}^{n} X_i$ 是 λ 的一个估计量, $\overline{x} = \dfrac{1}{n}\sum\limits_{i=1}^{n} x_i$ 就是 λ 的一个估计值; $S^2 = \dfrac{1}{n-1}\sum\limits_{i=1}^{n}(X_i - \overline{X})^2$ 是 λ 的一个估计量, $s^2 = \dfrac{1}{n-1}\sum\limits_{i=1}^{n}(x_i - \overline{x})^2$ 就是 λ 的一个估计值.

注 若 $X \sim f(x; \theta_1, L, \theta_k)$, 其中 $\theta_i (i = 1, 2, \cdots, k)$ 未知, 要估计 $\theta_i (i = 1, 2, \cdots, k)$, 就要构造 k 个统计量 $\hat{\theta}_i(X_1, X_2, \cdots, X_n)(i = 1, \cdots, k)$ 作为 $\theta_i(i = 1, \cdots, k)$ 的估计量.

从上述例子可知, 对同一个参数, 可以有不同的估计量. 那么, 对于这些估计量, 哪一个更好呢？所以我们有必要建立评价估计量好坏的标准. 这就是评价估计的优良性问题. 评价估计的好坏，不能由一个估计值来决定(这是因为估计值具有偶然性). 而要从总体出发，通过大量取值来决定. 因此，估计的好坏都是针对估计量而言的.

二、估计量的评价标准

估计量的评价一般有三个标准：**无偏性**；**有效性**；**相合性(一致性)**.

注 在具体介绍估计量的评价标准之前需指出：评价一个估计量的好坏，不能仅仅依据一次试验的结果，而必须由多次试验结果来衡量. 因为估计量是样本的函数，是随机变量，故不同的观测结果，就会求得不同的参数估计值. 因此一个好的估计，应该在多次重复试验中体现出其优良性.

1. 无偏性

定义 2 设 θ 是总体 X 的未知参数，如果 $E\hat{\theta}(X_1, X_2, \cdots, X_n) = \theta$，则称 $\hat{\theta}(X_1, X_2, \cdots, X_n)$ 是 θ 的**无偏估计量**.

无偏性是对估计量优良性最基本的要求之一. 无偏性的意义，就是要求估计量无系统误差，即要求估计量(作为随机变量)取值的平均水平恰好是参数的真值：$E\hat{\theta} = \theta$.

若 θ 为向量参数，上述定义也同样适用，但要求上面定义中的 $\hat{\theta}$ 为向量，且与 θ 的维数相同.

【例 1】 设 $(X_1, \cdots, X_n)$ 为取自总体 X 的样本，$EX = \mu$，$DX = \sigma^2$，求 $E\overline{X}$，ES^2.

解 因为 $EX_i = EX = \mu$，$DX_i = DX = \sigma^2$，$i = 1, 2, \cdots, n$，所以

$$E\overline{X} = E\left(\frac{1}{n}\sum_{i=1}^{n}X_i\right) = \frac{1}{n}\sum_{i=1}^{n}EX_i = \mu,$$

即样本均值 $\overline{X}$ 是总体均值 μ 的无偏估计量.

$$
\begin{aligned}
ES^2 &= E\left(\frac{1}{n-1}\sum_{i=1}^{n}(X_i - \overline{X})^2\right) = E\left[\frac{1}{n-1}\sum_{i=1}^{n}X_i^2 - \frac{n}{n-1}(\overline{X})^2\right] \\
&= \frac{1}{n-1}\left[\sum_{i=1}^{n}EX_i^2 - nE(\overline{X})^2\right] \\
&= \frac{1}{n-1}\left\{\sum_{i=1}^{n}\left[DX_i + (EX_i)^2\right] - n\left[D\overline{X} + (E\overline{X})^2\right]\right\} \\
&= \frac{1}{n-1}\left\{\sum_{i=1}^{n}(\sigma^2 + \mu^2) - n\left(\frac{\sigma^2}{n} + \mu^2\right)\right\} = \frac{1}{n-1}(n\sigma^2 - \sigma^2) \\
&= \sigma^2,
\end{aligned}
$$

即样本方差 S^2 是总体方差 σ^2 的无偏估计量.

注 (1) 例 1 的结论：样本均值 $\overline{X}$ 是总体均值 μ 的无偏估计量；样本方差 S^2 是总体方差 σ^2 的无偏估计量，可作为定理使用.

(2) 当 $E\hat{\theta} = \theta$ 时，若 $g(\theta)$ 为 θ 的实值函数，则未必有 $Eg(\hat{\theta}) = g(\theta)$.

例如：$S_n^2 = \frac{1}{n}\sum_{i=1}^{n}(X_i - \overline{X})^2 = \overline{X^2} - (\overline{X})^2$，$DX = EX^2 - (EX)^2$，尽管 $\overline{X^2}$ 是 EX^2 的无

偏估计,$\bar{X}$ 是 EX 的无偏估计,但 S_n^2 不是 DX 的无偏估计.

(3) 同一个参数可能有多个无偏估计.

例如:$X \sim P(\lambda)$,$EX = \lambda$,$DX = \lambda$,则 $\bar{X}$,S^2 都是 λ 的无偏估计,且对任意常数 c,$c\bar{X} + (1-c)S^2$ 也是 λ 的无偏估计.

(4) 并不是每一个参数都存在无偏估计.

2. 有效性

定义 3 设 $\hat{\theta}_1$ 和 $\hat{\theta}_2$ 是未知参数 θ 的两个无偏估计量,如果 $D\hat{\theta}_1 \leqslant D\hat{\theta}_2$,则称估计量 $\hat{\theta}_2$ 比 $\hat{\theta}_1$ 更有效.

【例2】 设总体 $X \sim N(\mu,\sigma^2)$,$(X_1,\cdots,X_n)$ 为来自总体的一个样本,证明:

$$\hat{\sigma}_1^2 = S^2,\quad \hat{\sigma}_2^2 = \frac{1}{n}\sum_{i=1}^{n}(X_i - \mu)^2$$

都是 σ^2 的无偏估计. 并且哪一个更有效? 为什么?

证明 因为 $\frac{(n-1)S^2}{\sigma^2} \sim \chi^2(n-1)$,所以

$$E\left(\frac{(n-1)S^2}{\sigma^2}\right) = \frac{(n-1)}{\sigma^2}ES^2 = n-1,ES^2 = \sigma^2,$$

即 $\hat{\sigma}_1^2$ 是 σ^2 的无偏估计.

$$D\left(\frac{(n-1)S^2}{\sigma^2}\right) = \frac{(n-1)^2}{\sigma^4}DS^2 = 2(n-1),$$

$$D\hat{\sigma}_1^2 = DS^2 = \frac{2\sigma^4}{n-1}. \tag{5.1}$$

又 $\frac{n\hat{\sigma}_2^2}{\sigma^2} \sim \chi^2(n)$,所以 $E\left(\frac{n\hat{\sigma}_2^2}{\sigma^2}\right) = \frac{n}{\sigma^2}E\hat{\sigma}_2^2 = n$,$E\hat{\sigma}_2^2 = \sigma^2$,即 $\hat{\sigma}_2^2$ 是 σ^2 的无偏估计.

$$D\left(\frac{n\hat{\sigma}_2^2}{\sigma^2}\right) = \frac{n^2}{\sigma^4}D\hat{\sigma}_2^2 = 2n,$$

$$D\hat{\sigma}_2^2 = \frac{2\sigma^4}{n}. \tag{5.2}$$

故由式(5.1)、式(5.2)可知 $\hat{\sigma}_2^2$ 较 $\hat{\sigma}_1^2$ 有效.

【例3】 设总体 X 的数学期望 $\mu = EX$,方差 $\sigma^2 = DX = 1$,(X_1,X_2) 为样本,试考察 μ 的估计量

$$\hat{\mu}_1 = \frac{1}{2}(X_1 + X_2),\hat{\mu}_2 = \alpha_1 X_1 + \alpha_2 X_2(\alpha_1 > 0,\alpha_2 > 0,\alpha_1 + \alpha_2 = 1)$$

的无偏性和有效性.

解 易知 $E\hat{\mu}_1 = E\hat{\mu}_2 = \mu$,即 $\hat{\mu}_1$,$\hat{\mu}_2$ 都是 μ 的无偏估计.

而 $D\hat{\mu}_1 = \frac{1}{4}(DX_1 + DX_2) = \frac{1}{2}$,

$$D\ \hat{\mu}_2 = \alpha_1^2 DX_1 + \alpha_2^2 DX_2 = \alpha_1^2 + (1-\alpha_1)^2$$

$$= 2\left(\alpha_1^2 - \alpha_1 + \frac{1}{2}\right) = 2\left(\alpha_1 - \frac{1}{2}\right)^2 + \frac{1}{2} > \frac{1}{2} = D\ \hat{\mu}_1 \quad \left(\alpha \neq \frac{1}{2}\right),$$

故作为算术平均的 $\hat{\mu}_1$ 较以 α_1，α_2 为权的加权平均的 $\hat{\mu}_2$ 更为有效.

3. 相合性

一个好的估计量，应该满足随着样本容量 n 的增大，估计值与参数值之间的误差就会越小，而当 n 无限增大时，估计值与参数真值实际上基本无差异. 而前面所讲的估计量的无偏性和有效性都是建立在样本容量 n 固定的条件下的，相合性正是对这一情况的改进.

定义 4 设 $\hat{\theta} = \hat{\theta}(X_1, \cdots, X_n)$ 为未知参数 θ 的估计量，若 $\hat{\theta}$ 依概率收敛于 θ，即对任意 $\varepsilon > 0$，有

$$\lim_{n \to \infty} P\{|\hat{\theta} - \theta| < \varepsilon\} = 1,$$

或

$$\lim_{n \to \infty} P\{|\hat{\theta} - \theta| \geq \varepsilon\} = 0,$$

则称 $\hat{\theta}$ 为 θ 的**相合估计量**.

相合性也是对估计量的基本要求. 如果估计量不具有相合性，那么无论样本容量 n 多么大，都不可能保障 θ 估计充分的准确性，这样的估计量显然不可取.

【**例 4**】 对于任意 $k(k > 0)$，证明：k 阶样本原点矩 $\dfrac{1}{n}\sum\limits_{i=1}^{n} X_i^k$ 是总体的 k 阶原点矩 $\mu_k = EX^k$ 的无偏估计量与相合估计量.

证明 由于 $X_1, X_2, \cdots, X_n$ 为总体 X 的样本，独立同分布，可见 $X_1^k, X_2^k, \cdots, X_n^k$ 也独立同分布.

(1) 由于 $X_1^k, X_2^k, \cdots, X_n^k$ 独立同分布，而且 $EX_i^k = \mu_k (i = 1, 2, \cdots, n)$，可见，

$$E\left(\frac{1}{n}\sum_{i=1}^{n} X_i^k\right) = \frac{1}{n}\sum_{i=1}^{n} EX_i^k = \frac{1}{n}\sum_{i=1}^{n} \mu_k = \mu_k,$$

从而，$\dfrac{1}{n}\sum\limits_{i=1}^{n} X_i^k$ 的无偏性得证.

(2) 由于 $X_1^k, X_2^k, \cdots, X_n^k$ 独立同分布，而且 $EX_i^k = \mu_k (i = 1, 2, \cdots, n)$ 存在，可见 X_1^k, $X_2^k, \cdots, X_n^k$ 服从辛钦大数定律，故

$$P - \lim_{n \to \infty} \frac{1}{n}\sum_{i=1}^{n} X_i^k = EX^k = \mu_k.$$

于是，样本原点矩 $\dfrac{1}{n}\sum\limits_{i=1}^{n} X_i^k$ 是总体原点矩 μ_k 的相合估计量.

特别地，样本均值 $\overline{X}$ 是总体均值 EX 的相合估计量.

习题 5—1

1. 设总体 X 服从区间 $(a,1)$ 上的均匀分布，$X_1, X_2, \cdots, X_n$ 是取自总体 X 的样本，证明：$\hat{a} = 2\overline{X} - 1$ 是 a 的无偏估计.

2. 设总体 $X \sim \pi(\lambda)$，$X_1, X_2, \cdots, X_n$ 是取自总体 X 的样本，证明：样本均值 $\overline{X}$ 和样本方差 S^2 都是 λ 的无偏估计，并且 $a\overline{X} + (1-a)S^2$ 也是参数 λ 的无偏估计 $(0 < a < 1)$.

3. 设 $\hat{\theta}$ 是 θ 的无偏估计量，且 $D(\hat{\theta}) > 0$，试证：$(\hat{\theta})^2$ 不是 θ^2 的无偏估计.

4. 设总体 $X \sim \pi(\lambda)$，$X_1, X_2, \cdots, X_n$ 是取自总体 X 的样本，验证：

(1) $\overline{X}^2 - \dfrac{1}{n}\overline{X}$ 是否为 λ^2 的无偏估计？

(2) S^2 是否为 λ^2 的无偏估计？

5. 已知 X_1, X_2, X_3, X_4 是取自均值为 θ 的指数分布总体的样本，其中 θ 未知. 设有估计量

$$T_1 = \frac{1}{6}(X_1 + X_2) + \frac{1}{3}(X_3 + X_4),$$

$$T_2(X_1 + 2X_2 + 3X_3 + 4X_4)/5,$$

$$T_3 = (X_1 + X_2 + X_3 + X_4).$$

(1) 指出 T_1, T_2, T_3 中哪几个是 θ 的无偏估计量.

(2) 在上述 θ 的无偏估计量中哪一个较为有效？

§5.2 点估计的常用方法

求估计量的方法有很多种，最常用的两种就是矩估计法和最大似然估计法. 前者便于计算和应用；后者是借助概率分布而得到的估计量，在许多情形下具有各种优良性，但计算起来比较复杂.

一、矩估计法

定义 1 用相应的样本矩代替总体矩从而得到未知参数 θ 的估计量，这种方法称为**矩估计法**. 由此得到的估计量称为**矩估计量**. 相应的估计值称为**矩估计值**. 矩估计量与矩估计值统称为矩估计.

矩估计法的实质是根据辛钦大数定理：设 $(X_1, \cdots, X_n)$ 为取自总体 X 的样本，则

$$\lim_{n \to \infty} P\left(\left| \frac{1}{n}\sum_{i=1}^{n} X_i^k - EX^k \right| \geq \varepsilon \right) = 0,$$

即样本的 k 阶原点矩 $\dfrac{1}{n}\sum_{i=1}^{n} X_i^k$ 依概率收敛于总体的 k 阶原点矩：$\dfrac{1}{n}\sum_{i=1}^{n} X_i^k \xrightarrow{P} EX^k$. 因此可以用样本的 k 阶矩代替总体的 k 阶矩，从而求得未知参数 θ 的估计，这种原则称为**替换**

原则.

求矩估计量的一般方法如下：

(1) 用样本的 k 阶原点矩 A_k 估计总体的 k 阶原点矩 μ_k；

(2) 如果总体的分布参数是 $r(r \geqslant 2)$ 维的，即要同时估计 $r(r \geqslant 2)$ 个参数，则需将总体矩表示为这些参数的函数；一般每个参数都可以表示为前 r 阶矩的函数. 例如，设一阶和二阶总体原点矩 μ_1 和 μ_2 依赖于未知参数 θ_1 和 θ_2，可将总体矩表示为 $\mu_i = g_i(\theta_1, \theta_2)$ $(i = 1, 2)$，而 A_1 和 A_2 分别是一阶和二阶样本原点矩，用样本矩代替总体矩，可得方程组 $\begin{cases} A_1 = g_1(\theta_1, \theta_2) \\ A_2 = g_2(\theta_1, \theta_2) \end{cases}$，解方程组得 $\hat{\theta}_i = g_i(A_1, A_2)(i = 1, 2)$，其就是 θ_1 和 θ_2 的矩估计量.

【例 1】 已知总体 X 的分布律为：$P\{X = k\} = \dfrac{1}{N}$，$k = 1, 2, \cdots, N$，其中 N 是未知参数，求 N 的矩估计.

解 设 $(X_1, \cdots, X_n)$ 是取自此总体的一个样本，

$$EX = \sum_{k=1}^{N} k P\{X = k\} = \frac{1 + 2 + \cdots + N}{N} = \frac{N(N+1)}{2} \Big/ N = \frac{N+1}{2}.$$

令 $\dfrac{N+1}{2} = \overline{X}$，则 $\hat{N} = 2\overline{X} - 1$ 即为 N 的矩估计.

【例 2】 求总体均值 $\mu = EX$ 和方差 $\sigma^2 = DX$ 的矩估计.

解 设 $(X_1, \cdots, X_n)$ 是取自总体 X 的一个样本，因为矩方程组为

$$\begin{cases} \mu = \overline{X} \\ \sigma^2 + \mu^2 = \overline{X^2} \end{cases},$$

所以 $\begin{cases} \hat{\mu} = \overline{X} \\ \hat{\sigma}^2 = \overline{X^2} - (\overline{X})^2 = S_n^2 = \dfrac{1}{n}\sum\limits_{i=1}^{n}(X_i - \overline{X})^2 \end{cases}.$

【例 3】 设 $(X_1, \cdots, X_n)$ 是取自总体 $X \sim P(\lambda)$ 的样本，求参数 λ 的矩估计.

解 由上例可知，$\hat{\lambda} = \overline{X}$，$\hat{\lambda} = S_n^2$ 都是 λ 的矩估计.

注 由此例可以看出，一个未知参数的估计量可能不唯一.

【例 4】 设总体 X 有概率密度

$$p(x) = \begin{cases} \theta x^{\theta-1}, & 0 < x < 1 \\ 0, & \text{其他} \end{cases},$$

其中 $\theta > 0$ 为待估参数，$(0.11, 0.24, 0.09, 0.43, 0.07, 0.38)$ 是 $(X_1, \cdots, X_6)$ 的样本值. 试求 θ 的矩估计量以及相应的矩估计值.

解 $EX = \displaystyle\int_0^1 x \theta x^{\theta-1} \mathrm{d}x = \frac{\theta}{\theta+1}.$

令 $\dfrac{\theta}{\theta+1} = \overline{X}$，解得 $\hat{\theta} = \dfrac{\overline{X}}{1 - \overline{X}}$ 即为 θ 的矩估计量.

将样本值代入得 $\overline{x}$，故 θ 的矩估计值为 $\hat{\theta} = \dfrac{\overline{x}}{1 - \overline{x}} = \dfrac{0.22}{1 - 0.22} = 0.282\,1.$

二、最大似然估计法

最大似然的思想早在 18 世纪就为 Gauss(1821 年)和 D. Bernoulli 所使用，但该方法的一些性质直到 20 世纪(1922 年)才由 Fisher 所研究，所以人们常常把这种方法的建立归功于 Fisher. 由于最大似然估计在理论上具有很多好的性质，因此该方法一直应用至今.

1. 原理

最大似然估计是建立在最大似然原理的基础之上的. 所谓最大似然原理是指：在某一随机试验中有多个可能结果 $A, B, C, \cdots$，若在一次试验中 A 发生，则称试验的条件有利于 A 发生，即 A 发生的概率较大.

设 $(X_1, \cdots, X_n)$ 是总体 X 的一个样本，$(x_1, \cdots, x_n)$ 为样本观测值，$\{X_1 = x_1, \cdots, X_n = x_n\}$ 发生了，就说试验的条件有利于它发生，即 $P\{X_1 = x_1, \cdots, X_n = x_n\}$ 最大.

设总体 X 为离散型随机变量，概率函数为 $P\{X = x\} = p(x; \theta)$，$\theta$ 为未知参数，又设 $(x_1, \cdots, x_n)$ 为样本 $(X_1, \cdots, X_n)$ 的一个观测值，则样本 $(X_1, \cdots, X_n)$ 取值 $(x_1, \cdots, x_n)$ 的概率为 $P\{X_1 = x_1, X_2 = x_2, \cdots, X_n = x_n\} = \prod_{i=1}^{n} p(x_i; \theta)$，我们选择这样的 $\hat{\theta}$ 为 θ 的估计值，使得当 $\theta = \hat{\theta}$ 时，$\prod_{i=1}^{n} p(x_i; \theta)$ 最大，这样我们可以得到最大似然估计的一般方法.

2. 似然函数

以上提到的样本取值的概率函数称为似然函数，下面具体介绍似然函数的构造方法.

(1) 离散型总体的情形.

设总体 X 的概率分布为 $P\{X = x\} = p(x; \theta)$，其中 θ 为未知参数. 如果 $\{X_1, \cdots, X_n\}$ 是取自总体 X 的样本，样本的观测值为 $(x_1, \cdots, x_n)$，则样本的联合分布律为

$$P\{X_1 = x_1, \cdots, X_n = x_n\} = \prod_{i=1}^{n} p(x_i; \theta),$$

对确定的样本观测值 $(x_1, \cdots, x_n)$，它是未知参数 θ 的函数，记为 $L(\theta) = L(x_1, x_2, \cdots, x_n; \theta) = \prod_{i=1}^{n} p(x_i; \theta)$，并称其为似然函数.

(2) 连续型总体的情形.

设总体 X 的概率密度为 $f(x; \theta)$，其中 θ 为未知参数，此时定义似然函数

$$L(\theta) = L(x_1, x_2, \cdots, x_n; \theta) = \prod_{i=1}^{n} f(x_i; \theta).$$

似然函数 $L(\theta)$ 的值的大小意味着该样本值出现的可能性的大小，在已得到样本值 $(x_1, \cdots, x_n)$ 的情况下，则应该选择使 $L(\theta)$ 达到最大值的那个 θ 作为 θ 的估计 $\hat{\theta}$. 这种求点估计的方法称为最大似然估计法.

定义 2　对于几乎所有样本值 $(x_1, \cdots, x_n)$，使似然函数 $L(\theta)$ 达到最大值的 θ 值，称为 θ 的**最大似然估计值**，记作 $\hat{\theta} = \hat{\theta}(x_1, x_2, \cdots, x_n)$，而 $\hat{\theta}(X_1, X_2, \cdots, X_n)$ 作为来自总体 X

的简单随机样本 $(X_1, X_2, \cdots, X_n)$ 的函数,称为 θ 的**最大似然估计量**.

注 设总体 X 有 $k(k > 1)$ 个未知参数,即概率函数为 $f(x; \theta_1, \cdots, \theta_k)$. 若存在 $(\hat{\theta}_1, \cdots, \hat{\theta}_k)$,使得

$$L(x_1, \cdots, x_n; \hat{\theta}_1, \cdots, \hat{\theta}_k) = \max_{(\theta_1, \cdots, \theta_k) \in \Theta} L(x_1, \cdots, x_n; \theta_1, \cdots, \theta_k),$$

则称 $\hat{\theta}_1, \cdots, \hat{\theta}_k$ 为 $\theta_1, \cdots, \theta_k$ 的最大似然估计值.

3. 求最大似然估计量的方法

设总体 $X \sim f(x; \theta), \theta = (\theta_1, \cdots, \theta_k), f$ 关于 θ 可微.

(1) 写出似然函数:$L(x_1, \cdots, x_n; \theta_1, \cdots, \theta_k) = \prod_{i=1}^{n} f(x_i; \theta_1, \cdots, \theta_k)$ 或

$$\ln L(x_1, \cdots, x_n; \theta_1, \cdots, \theta_k) = \sum_{i=1}^{n} \ln f(x_i; \theta_1, \cdots, \theta_k).$$

(2) 解似然方程组:$\dfrac{\partial L(\theta_1, \cdots, \theta_k)}{\partial \theta_j} = 0, j = 1, \cdots, k$ 或 $\dfrac{\partial \ln L(\theta_1, \cdots, \theta_k)}{\partial \theta_j} = 0, j = 1, \cdots, k$,求出最大值点.

注 由于 $\ln x$ 是 x 的单调增函数,故 $\ln L(x_1, \cdots, x_n; \theta)$ 和 $L(x_1, \cdots, x_n; \theta)$ 对于 θ 上的最值点是一样的. 这样要求 $L(x_1, \cdots, x_n; \theta)$ 的最大值点只需求 $\ln L(x_1, \cdots, x_n; \theta)$ 的最大值点即可.

【例5】 设总体 $X \sim P(\lambda)(\lambda > 0)$ 为未知参数,$(x_1, \cdots, x_n)$ 是来自总体 X 的一个样本,求未知参数 λ 的极大似然估计.

解 设 $(x_1, \cdots, x_n)$ 为其样本观测值,

$$\begin{aligned}
L(x_1, \cdots, x_n; \lambda) &= \prod_{i=1}^{n} p(x_i; \lambda) = \prod_{i=1}^{n} \frac{\lambda^{x_i}}{x_i!} e^{-\lambda} \\
&= \frac{\lambda^{\sum_{i=1}^{n} x_i}}{\prod_{i=1}^{n} x_i!} e^{-n\lambda}, x_i = 0, 1, 2, \cdots, i = 1, \cdots, n,
\end{aligned}$$

$$\ln L(\lambda) = \sum_{i=1}^{n} x_i \cdot \ln\lambda - \sum_{i=1}^{n} \ln(x_i!) - n\lambda.$$

令 $\dfrac{\partial \ln L(\lambda)}{\partial \lambda} = \dfrac{\sum_{i=1}^{n} x_i}{\lambda} - n = 0$,得 $\hat{\lambda} = \dfrac{1}{n} \sum_{i=1}^{n} x_i = \bar{x}, \hat{\lambda} = \bar{x}$ 就是 λ 的最大似然估计值,

$\hat{\lambda} = \bar{X}$ 是 λ 的极大似然估计量.

注 对同一个未知参数,采用不同的估计方法,得到的估计量可能不同.

【例6】 设总体 X 有概率密度:

$$p(x) = \begin{cases} \theta x^{\theta-1}, & 0 < x < 1 \\ 0, & \text{其他} \end{cases},$$

其中 $\theta > 0$ 为待估参数，$(x_1,\cdots,x_n)$ 为 $(X_1,\cdots,X_n)$ 的样本值，试求 θ 的最大似然估计量.

解 $L(x_1,\cdots,x_n;\theta) = \prod_{i=1}^{n} f(x_i;\theta) = \prod_{i=1}^{n} \theta x_i^{\theta-1}$

$$= \theta^n \left(\prod_{i=1}^{n} x_i\right)^{\theta-1}, \ 0 < x_i < 1, \ i = 1,\cdots,n,$$

$$\ln L(x_1,\cdots,x_n;\theta) = n\ln\theta + (\theta-1)\sum_{i=1}^{n}\ln x_i,$$

$$\frac{\mathrm{d}\ln L}{\mathrm{d}\theta} = \frac{n}{\theta} + \sum_{i=1}^{n}\ln x_i = 0,$$

解方程得 $\hat{\theta} = -\dfrac{n}{\sum_{i=1}^{n}\ln x_i}$.

经检验可知 $\hat{\theta} = -\dfrac{n}{\sum_{i=1}^{n}\ln x_i}$ 是 θ 的最大似然估计值，$\hat{\theta} = -\dfrac{n}{\sum_{i=1}^{n}\ln X_i}$ 是 θ 的最大似然估

计量.

【例7】 设总体 $X \sim N(\mu,\sigma^2)$，μ,σ^2 为未知参数，$(X_1,\cdots,X_n)$ 为取自总体 X 的一个样本，求 μ 和 σ^2 的最大似然估计.

解 设 $(x_1,\cdots,x_n)$ 是样本观测值，

$$L(x_1,\cdots,x_n;\mu,\sigma^2) = \prod_{i=1}^{n} f(x_i;\mu,\sigma^2) = \prod_{i=1}^{n} \frac{1}{\sqrt{2\pi}\sigma}\mathrm{e}^{-\frac{(x_i-\mu)^2}{2\sigma^2}} = (2\pi\sigma^2)^{-\frac{n}{2}}\mathrm{e}^{-\frac{1}{2\sigma^2}\sum_{i=1}^{n}(x_i-\mu)^2},$$

$$\ln L(\mu,\sigma^2) = -\frac{n}{2}\ln 2\pi - \frac{n}{2}\ln\sigma^2 - \frac{1}{2\sigma^2}\sum_{i=1}^{n}(x_i-\mu)^2,$$

$$\begin{cases} \dfrac{\partial \ln L}{\partial \mu} = \dfrac{1}{\sigma^2}\sum_{i=1}^{n}(x_i-\mu) = 0 \\ \dfrac{\partial \ln L}{\partial \sigma^2} = -\dfrac{n}{2\sigma^2} + \dfrac{1}{2\sigma^4}\sum_{i=1}^{n}(x_i-\mu)^2 = 0 \end{cases},$$

解得

$$\begin{cases} \hat{\mu} = \dfrac{1}{n}\sum_{i=1}^{n} x_i = \overline{x} \\ \hat{\sigma}^2 = \dfrac{1}{n}\sum_{i=1}^{n}(x_i-\overline{x})^2 = s^2 \end{cases}$$

经检验可知，当 $\mu = \hat{\mu} = \overline{x}, \sigma^2 = \hat{\sigma}^2 = s^2$ 时 $L(x_1,\cdots,x_n;\mu,\sigma^2)$ 达到最大，故 μ 和 σ^2 的最大似然估计量分别为 $\hat{\mu} = \overline{X}, \hat{\sigma}^2 = S^2$.

【例8】 设总体 $X \sim U(0,\theta)$，$\theta > 0$ 未知，$(x_1,\cdots,x_n)$ 为样本 $(X_1,\cdots,X_n)$ 的观测值，试求 θ 的最大似然估计.

解 因为 $X \sim U(0,\theta)$，所以 $f(x;\theta) = \begin{cases} \dfrac{1}{\theta}, & 0 < x < \theta \\ 0, & 其他 \end{cases}$. 故似然函数为

$$L(x_1, x_2, \cdots, x_n; \theta) = \prod_{i=1}^{n} f(x_i; \theta) = \frac{1}{\theta^n}, 0 < x_{(1)} \leqslant x_{(2)} \cdots \leqslant x_{(n)} < \theta.$$

要使 $L(\theta)$ 达到最大，则必须使 θ 达到最小，故当 $\theta = x_{(n)}$ 时 $L(\theta)$ 达到最大，因此 $\hat{\theta} = x_{(n)}$ 为 θ 的最大似然估计值，$\hat{\theta} = X_{(n)}$ 为 θ 的最大似然估计量.

习题 5—2

1. 设总体 $X \sim U(0, b)$，$b > 0$ 未知，$X_1, X_2, \cdots, X_9$ 是来自 X 的样本.

(1) 求 b 的矩估计量；

(2) 今测得一个样本值 0.5，0.6，0.1，1.3，0.9，1.6，0.7，0.9，1.0，求 b 的矩估计值.

2. 设总体 X 具有概率密度 $f_X(x) = \begin{cases} \dfrac{2}{\theta^2}(\theta - x), & 0 < x < \theta \\ 0, & \text{其他} \end{cases}$，参数 θ 未知，X_1，$X_2, \cdots, X_n$ 是来自 X 的样本，求 θ 的矩估计量.

3. 设总体 $X \sim B(m, p)$，参数 $m, p(0 < p < 1)$ 未知，$X_1, X_2, \cdots, X_n$ 是来自 X 的样本，求 m，p 的矩估计量(对于具体样本值，若求得的 $\hat{m}$ 不是整数，则取与 $\hat{m}$ 最接近的整数作为 m 的估计值).

4. (1) 设总体 X 的密度函数为：$f(x) = \begin{cases} \sqrt{\theta} x^{\sqrt{\theta}-1}, & 0 \leqslant x \leqslant 1 \\ 0, & \text{其他} \end{cases}$，$X_1, X_2, \cdots, X_n$ 是取自总体 X 的样本，求未知参数 θ 的矩估计.

(2) 设总体 X 的密度函数为：$f(x) = \begin{cases} (\sqrt{\theta} + 1)x^{\sqrt{\theta}}, & 0 \leqslant x \leqslant 1 \\ 0, & \text{其他} \end{cases}$，有样本 $X_1, X_2, \cdots$，X_n，求未知参数 θ 的极大似然估计.

5. 设总体 X 具有分布律：

X	1	2	3
p_k	θ^2	$2\theta(1-\theta)$	$(1-\theta)^2$

其中参数 $\theta(0 < \theta < 1)$ 未知. 已知取得样本值 $x_1 = 1, x_2 = 2, x_3 = 1$，试求未知参数 θ 的矩估计值和最大似然估计值.

6. 设总体 X 的概率密度函数为 $f(x) = \begin{cases} \dfrac{x}{\theta^2} \mathrm{e}^{-x/\theta}, & x > 0 \\ 0, & \text{其他} \end{cases}$，$0 < \theta < \infty$，$X_1, X_2, \cdots, X_n$ 是总体 X 的一个样本，$x_1, x_2, \cdots, x_n$ 为一相应的样本值，求参数 θ 的最大似然估计量和矩估计值.

7. (1) 设总体 $X \sim \pi(\lambda)$，$\lambda > 0$ 未知，$X_1, X_2, \cdots, X_n$ 是来自 X 的样本，x_1，x_2，$\cdots$，x_n 是相应的样本值. ①求 λ 的矩估计量；②求 λ 的最大似然估计值.

(2) 元素碳-14 在半分钟内放射出到达计数器的粒子数 $X \sim \pi(\lambda)$，下面是 X 的一个

样本:

      6 4 9 6 10 11 6 3 7 10

求 λ 的最大似然估计值.

§5.3　正态总体参数的区间估计

在前面的讨论中，我们已经知道，若 $\hat{\theta} = \hat{\theta}(X_1, \cdots, X_n)$ 是未知参数 θ 的一个点估计，则当样本观测值 $(x_1, x_2, \cdots, x_n)$ 确定后，就可以得到 θ 的一个估计值(但是近似的). 而点估计没有给出这种估计的精确程度，为了解决这一不足，我们用样本构造两个统计量 $\underline{\theta}(X_1, \cdots, X_n)$ 和 $\bar{\theta}(X_1, \cdots, X_n)$，满足 $\underline{\theta}(X_1, \cdots, X_n) < \bar{\theta}(X_1, \cdots, X_n)$，进而得到区间 $[\underline{\theta}, \bar{\theta}]$，称该区间为随机区间. 随机区间可能包含未知参数 θ，也可能不包含 θ，但我们要求 $[\underline{\theta}, \bar{\theta}]$ 以相当大的概率包含 θ，将这种区间称为 θ 的置信区间.

一、区间估计的一般概念

1. 置信区间

定义 1　设总体 X 的分布含有未知参数，$(X_1, \cdots, X_n)$ 为取自该总体的一个样本. 若对于事先给定的 $0 < \alpha < 1$，存在两个统计量 $\underline{\theta} = \underline{\theta}(X_1, \cdots, X_n)$，$\bar{\theta} = \bar{\theta}(X_1, \cdots, X_n)$，使得

$$P\{\underline{\theta}(X_1, \cdots, X_n) < \theta < \bar{\theta}(X_1, \cdots, X_n)\} = 1 - \alpha, \tag{5.3}$$

则称区间 $[\underline{\theta}, \bar{\theta}]$ 为参数 θ 的置信度(置信水平)为 $1 - \alpha$ 的**双侧置信区间**，$\underline{\theta}$，$\bar{\theta}$ 分别称为置信度为 $1 - \alpha$ 的双侧置信区间的**置信下限**和**置信上限**.

注　(1) 置信区间 $[\underline{\theta}, \bar{\theta}]$ 是一个随机区间. 这是因为样本的选取是任意的，不同的样本对应不同的区间.

(2) 置信区间的意义：对样本进行 N 次观察，其观测值为 $(x_{i_1}, \cdots, x_{i_n})$，这样得到 N 个区间 $[\underline{\theta}(x_{i_1}, \cdots, x_{i_n}), \bar{\theta}(x_{i_1}, \cdots, x_{i_n})]$，$i = 1, 2, \cdots, N$. 这些区间不一定都包含 θ，有些区间包含，有些区间不包含，若式(5.3)成立，则表示上述的 N 个区间中大约有 $N(1 - \alpha)$ 个区间包含 θ. 而对于每一个具体的区间 $[\underline{\theta}(x_{i_1}, \cdots, x_{i_n}), \bar{\theta}(x_{i_1}, \cdots, x_{i_n})]$ 就不能说有 $1 - \alpha$ 的可能性包含 θ. 它要么包含 θ，要么不包含 θ，二者必居其一，只能说这个区间属于包含未知参数 θ 的区间类的置信度是 $1 - \alpha$.

2. 求参数置信区间的方法

(1) 寻找一个样本 $(X_1, \cdots, X_n)$ 的函数 $u(X_1, \cdots, X_n)$，它只含所求置信区间的未知参数 θ 而不含其他未知参数，且其分布为已知的(即分布中不含任何未知参数).

(2) 根据上述函数的分布及给定的置信度 $1 - \alpha$ 确定分位点.

(3) 利用不等式的变形求出未知参数 θ 的置信区间.

二、单正态总体的区间估计

1. 均值 μ 的区间估计

假设总体 $X \sim N(\mu, \sigma^2)$，$X_1, X_2, \cdots, X_n$ 是来自总体 X 的简单随机样本，$\bar{X}$ 是样本均

值. 数学期望 μ 的 $1-\alpha$ 的置信区间为: $(\overline{X}-\Delta, \overline{X}+\Delta)$，其中 Δ 的形式分为 σ^2 已知和 σ^2 未知两种情形：

（1）若 σ^2 已知，则 $\Delta=u_{\alpha/2}\dfrac{\sigma}{\sqrt{n}}$，即有

$$\left(\overline{X}-u_{\alpha/2}\frac{\sigma}{\sqrt{n}},\ \overline{X}+u_{\alpha/2}\frac{\sigma}{\sqrt{n}}\right);\tag{5.4}$$

（2）若 σ^2 未知，则 $\Delta=t_{\alpha/n}(n-1)\dfrac{S}{\sqrt{n}}$，即有

$$\left(\overline{X}-t_{\alpha/n}(n-1)\frac{S}{\sqrt{n}};\ \overline{X}+t_{\alpha/n}(n-1)\frac{S}{\sqrt{n}}\right),\tag{5.5}$$

其中 $t_{\alpha/2}(n-1)$ 是自由度为 $n-1$ 的 t 分布的置信度为 $\alpha/2$ 的双侧分位数.

证明 （1）假设 σ^2 已知. $U=\dfrac{\overline{X}-\mu}{\sigma/\sqrt{n}}\sim N(0,1)$. 对于任意给定的 $1-\alpha$，由附表 2 查出标准正态分布置信度为 $\alpha/2$ 的双侧分位数 $u_{\alpha/2}$，得

$$\begin{aligned}1-\alpha&=P\{-u_{\alpha/2}<U<u_{\alpha/2}\}=P\left\{-u_{\alpha/2}<\frac{\overline{X}-\mu}{\sigma/\sqrt{n}}<u_{\alpha/2}\right\}\\&=P\left\{\overline{X}-u_{\alpha/2}\frac{\sigma}{\sqrt{n}}<\mu<\overline{X}+u_{\alpha/2}\frac{\sigma}{\sqrt{n}}\right\}.\end{aligned}$$

从而得 μ 的 $1-\alpha$ 的置信区间：$\left(\overline{X}-u_{\alpha/2}\dfrac{\sigma}{\sqrt{n}},\ \overline{X}+u_{\alpha/2}\dfrac{\sigma}{\sqrt{n}}\right)$.

（2）假设方差 σ^2 未知，随机变量 $T=\dfrac{\overline{X}-\mu}{S/\sqrt{n}}=\sqrt{n}\,\dfrac{\overline{X}-\mu}{S}$ 服从自由度为 $n-1$ 的 t 分布. 因此，有

$$\begin{aligned}1-\alpha&=P\{-t_{\alpha/2}(n-1)<T<t_{\alpha/2}(n-1)\}\\&=P\left\{-t_{\alpha/2}(n-1)<\frac{\overline{X}-\mu}{S/\sqrt{n}}<t_{\alpha/2}(n-1)\right\}\\&=P\left\{\overline{X}-t_{\alpha/2}(n-1)\frac{S}{\sqrt{n}}<\mu<\overline{X}+t_{\alpha/2}(n-1)\frac{S}{\sqrt{n}}\right\},\end{aligned}$$

其中 S 是样本标准差，$t_{\alpha/2}(n-1)$ 是自由度为 $n-1$ 的 t 分布的置信度为 $\alpha/2$ 的双侧分位数. 于是，得 μ 的 $1-\alpha$ 的置信区间 $\left(\overline{X}-t_{\alpha/2}(n-1)\dfrac{S}{\sqrt{n}},\ \overline{X}+t_{\alpha/2}(n-1)\dfrac{S}{\sqrt{n}}\right)$.

【例 1】 包糖机某日开工包了 12 包白糖，称得重量如下(单位:公斤)，假定重量 $X\sim N(\mu,\sigma^2)$，试由此数据对该机器所包糖的平均重量作置信水平为 95% 的区间估计.

10.1，10.3，10.4，10.5，10.2，9.7，9.8，10.1，10.0，9.9，9.8，10.3.

解 因为 σ^2 未知，所以 μ 的置信度为 $1-\alpha$ 的置信区间为

$$\left(\overline{X}-t_{\alpha/2}(n-1)\frac{S}{\sqrt{n}},\ \overline{X}+t_{\alpha/2}(n-1)\frac{S}{\sqrt{n}}\right).$$

而这里 $\bar{x} = 10.09$，$s = 0.26$，$\sqrt{n} = \sqrt{12} = 3.46$，$\alpha = 0.05$，$t_{0.025}(11) = 2.201$

所以 $\bar{x} - t_{0.025}(11)\dfrac{s}{\sqrt{12}} = 10.09 - 2.201 \times \dfrac{0.26}{3.46} = 9.92$，

$\bar{x} + t_{0.025}(11)\dfrac{s}{\sqrt{12}} = 10.09 + 2.201 \times \dfrac{0.26}{3.46} = 10.26.$

故该机器所包糖的平均重量的置信度为 95% 的置信区间为 $(9.92, 10.26)$.

【例 2】 某课程命题初衷，其成绩 $X \sim N(\mu, 13.5^2)$，μ 为待估参数. 考毕，抽查其中 10 份试卷的成绩为 95，81，43，62，52，86，78，74，67，71，试求该课程平均成绩 μ 的置信区间. 置信度为 $1 - \alpha = 0.95$.

解 因为 σ^2 已知，所以 μ 的置信度为 $1 - \alpha$ 的置信区间为 $\left(\bar{X} - u_{\alpha/2}\dfrac{\sigma}{\sqrt{n}}, \bar{X} + u_{\alpha/2}\dfrac{\sigma}{\sqrt{n}} \right)$.

而这里 $\bar{x} = 70.9$，$\sigma = 13.5$，$\sqrt{n} = \sqrt{10} = 3.16$，$\alpha = 0.05$，$u_{0.025} = 1.96$，所以

$\bar{x} - u_{0.025}\dfrac{\sigma}{\sqrt{n}} = 70.9 - 1.96 \times \dfrac{13.5}{3.16} = 61.53$，

$\bar{x} + u_{0.025}\dfrac{\sigma}{\sqrt{n}} = 70.9 + 1.96 \times \dfrac{13.5}{3.16} = 79.27$，

故该课程平均成绩 μ 的置信度为 0.95 的置信区间为 $(61.53, 79.27)$.

2. 方差 σ^2 和标准差 σ 的区间估计

(1) 方差 σ^2 的 $1 - \alpha$ 的置信区间为

$$\left(\frac{(n-1)S^2}{\chi^2_{\alpha/2}(n-1)}, \frac{(n-1)S^2}{\chi^2_{1-\alpha/2}(n-1)} \right); \tag{5.6}$$

(2) 标准差 σ 的 $1 - \alpha$ 的置信区间为

$$\left(\sqrt{\frac{n-1}{\chi^2_{\alpha/2}(n-1)}} \cdot S, \sqrt{\frac{n-1}{\chi^2_{1-\alpha/2}(n-1)}} \cdot S \right); \tag{5.7}$$

其中 $\chi^2_{\alpha/2}(n-1)$ 是自由度为 $n-1$ 的 χ^2 分布置信度为 $\dfrac{\alpha}{2}$ 的上侧分位数.

证明 由 $\chi^2 = (n-1)S^2/\sigma^2$ 服从自由度为 $n-1$ 的 χ^2 分布. 查附表 1 得自由度为 $n-1$ 的 χ^2 分布置信度为 $1 - \alpha/2$ 和 $\alpha/2$ 的两个上侧分位数：$\chi^2_{1-\alpha/2}(n-1)$ 和 $\chi^2_{\alpha/2}(n-1)$，可得

$$1 - \alpha = P\left\{ \chi^2_{1-\alpha/2}(n-1) < \frac{(n-1)S^2}{\sigma^2} < \chi^2_{\alpha/2}(n-1) \right\}$$

$$= P\left\{ \frac{(n-1)S^2}{\chi^2_{\alpha/2}(n-1)} < \sigma^2 < \frac{(n-1)S^2}{\chi^2_{1-\alpha/2}(n-1)} \right\}.$$

由此立即可证.

注 当 μ 已知时，可以建立方差 σ^2 的如下 $1 - \alpha$ 的置信区间：

$$\left(\frac{1}{\chi^2_{\alpha/2}(n)} \cdot \sum_{i=1}^{n}(X_i - \mu)^2, \frac{1}{\chi^2_{1-\alpha/2}(n)} \cdot \sum_{i=1}^{n}(X_i - \mu)^2 \right),$$

其中 $\chi^2_{1-\alpha/2}(n)$ 和 $\chi^2_{\alpha/2}(n)$ 是自由度为 n 的 χ^2 分布的 $1-\alpha/2$ 和 $\alpha/2$ 的两个上侧分位数.

【例3】 称量的标准差是天平精度的重要特征. 为检验一天平的精度，将同一砝码在天平上重复称量了 12 次，得到如下数据：10.012 6，10.024 3，10.001，9.994 1，9.987 3，9.985 4，10.001 9，9.971 6，9.995 9，10.019 3，10.004 4，9.994 9. 建立标准差的 0.95 的置信区间.

解 这里，假设 12 次称量结果是来自正态总体 $N(\mu, \sigma^2)$ 的容量 $n=12$ 的简单随机样本；置信度 $1-\alpha=0.95$. 经计算，得样本标准差 $s=0.014\,8$；由查表得自由度为 11 的 χ^2 分布 0.975 和 0.025 的两个上侧分位数 $\chi^2_{0.975}(11)=3.816$ 和 $\chi^2_{0.025}(11)=21.920$. 将上述数据分别代入式(5.7)的置信区间的一般公式，得标准差 σ 的 0.95 的置信区间为 $(0.010\,5, 0.025\,1)$.

【例4】 设总体 $X \sim N(\mu, \sigma^2)$，$(X_1, \cdots, X_6)$ 的样本值为 $(14.6, 15.1, 14.9, 14.8, 15.2, 15.1)$，置信度为 $1-\alpha=0.95$. 试在 μ 未知条件下求 σ^2 与 σ 的置信区间.

解 因为 μ 未知，所以 σ^2 的置信度为 $1-\alpha$ 的置信区间为

$$\left(\frac{(n-1)S^2}{\chi^2_{\alpha/2}(n-1)}, \frac{(n-1)S^2}{\chi^2_{1-\alpha/2}(n-1)} \right).$$

而这里 $\alpha=0.05$，$n=6$，$s^2=0.225\,8^2=0.051\,0$，$\chi^2_{0.025}(5)=12.833$，$\chi^2_{0.975}(5)=0.831$，所以

$$\frac{(n-1)s^2}{\chi^2_{\alpha/2}(n-1)} = \frac{5 \times 0.051\,0}{12.833} = 0.02,$$

$$\frac{(n-1)s^2}{\chi^2_{1-\alpha/2}(n-1)} = \frac{5 \times 0.051\,0}{0.831} = 0.31,$$

故 σ^2 的置信度为 0.95 的置信区间为 $(0.02, 0.31)$. 因而 σ 的置信度为 0.95 的置信区间为 $(\sqrt{0.02}, \sqrt{0.31}) = (0.14, 0.56)$.

三、双正态总体的区间估计

设总体 $X \sim N(\mu_1, \sigma_1^2)$，$Y \sim N(\mu_2, \sigma_2^2)$，$(X_1, \cdots, X_{n_1})$ 和 $(Y_1, \cdots, Y_{n_2})$ 是分别来自两个总体且相互独立的样本.

(1) 若 σ_1^2，σ_2^2 已知，取枢轴量 $U = \dfrac{(\overline{X} - \overline{Y}) - (\mu_1 - \mu_2)}{\sqrt{\dfrac{\sigma_1^2}{n_1} + \dfrac{\sigma_2^2}{n_2}}} \sim N(0, 1)$，则 $\mu_1 - \mu_2$ 的置信度为 $1-\alpha$ 的置信区间为

$$\left(\overline{X} - \overline{Y} - u_{\frac{\alpha}{2}} \sqrt{\frac{\sigma_1^2}{n_1} + \frac{\sigma_2^2}{n_2}}, \overline{X} - \overline{Y} + u_{\frac{\alpha}{2}} \sqrt{\frac{\sigma_1^2}{n_1} + \frac{\sigma_2^2}{n_2}} \right).$$

(2) 若 σ_1^2，σ_2^2 未知，但 $\sigma_1^2 = \sigma_2^2$，取枢轴量

$$T = \frac{(\overline{X} - \overline{Y}) - (\mu_1 - \mu_2)}{S_{12} \cdot \sqrt{\dfrac{1}{n_1} + \dfrac{1}{n_2}}} \sim t(n_1 + n_2 - 2),$$

其中 $S_{12}^2 = \dfrac{(n_1-1)S_1^2+(n_2-1)S_2^2}{n_1+n_2-2}$. 则 $\mu_1-\mu_2$ 的置信度为 $1-\alpha$ 的置信区间为

$$\left(\overline{X}-\overline{Y}-t_{\frac{\alpha}{2}}(n_1+n_2-2)\cdot S_{12}\sqrt{\dfrac{1}{n_1}+\dfrac{1}{n_2}},\ \overline{X}-\overline{Y}+t_{\frac{\alpha}{2}}(n_1+n_2-2)\cdot S_{12}\sqrt{\dfrac{1}{n_1}+\dfrac{1}{n_2}}\right).$$

(3) 若 μ_1, μ_2 已知, 取枢轴量 $F = \dfrac{S_1^2}{S_2^2}\cdot\dfrac{\sigma_2^2}{\sigma_1^2}\sim F(n_1,n_2)$, 由 $P(F_{1-\frac{\alpha}{2}}(n_1,n_2)\leqslant F\leqslant$ $F_{\frac{\alpha}{2}}(n_1,n_2))=1-\alpha$, 即由

$$P(F>F_{\frac{\alpha}{2}}(n_1,n_2))=\dfrac{\alpha}{2} \text{ 和 } P(F>F_{1-\frac{\alpha}{2}}(n_1,n_2))=1-\dfrac{\alpha}{2},$$

查附表 4 F 分布表得分位点 $F_{\frac{\alpha}{2}}(n_1,n_2)$、$F_{1-\frac{\alpha}{2}}(n_1,n_2)$, 则 $\dfrac{\sigma_1^2}{\sigma_2^2}$ 的置信度为 $1-\alpha$ 的置信区间为

$$\left(\dfrac{S_1^2}{S_2^2 F_{\frac{\alpha}{2}}(n_1,\ n_2)},\ \dfrac{S_1^2}{S_2^2 F_{1-\frac{\alpha}{2}}(n_1,\ n_2)}\right),\ \text{其中 } S_1^2=\dfrac{1}{n_1-1}\sum_{i=1}^{n_1}(X_i-\mu_1)^2, S_2^2=\dfrac{1}{n_2-1}\sum_{i=1}^{n_2}(Y_i-$$
$\mu_2)^2$.

(4) 若 μ_1, μ_2 未知, 取枢轴量 $F=\dfrac{S_1^2}{S_2^2}\cdot\dfrac{\sigma_2^2}{\sigma_1^2}\sim F(n_1-1,n_2-1)$, 则 $\dfrac{\sigma_1^2}{\sigma_2^2}$ 的置信度为 $1-\alpha$ 的置信区间为

$$\left(\dfrac{S_1^2}{S_2^2 F_{\frac{\alpha}{2}}(n_1-1,n_2-1)},\ \dfrac{S_1^2}{S_2^2 F_{1-\frac{\alpha}{2}}(n_1-1,n_2-1)}\right),$$

其中 $S_1^2=\dfrac{1}{n_1-1}\sum_{i=1}^{n_1}(X_i-\overline{X})^2$, $S_2^2=\dfrac{1}{n_2-1}\sum_{i=1}^{n_2}(Y_i-\overline{Y})^2$, $\overline{X}=\dfrac{1}{n_1-1}\sum_{i=1}^{n_1}X_i$, $\overline{Y}=$ $\dfrac{1}{n_2-1}\sum_{i=1}^{n_2}Y_i$.

【例 5】 1986 年在某地区分行业调查职工平均工资情况: 已知体育、卫生、社会福利事业职工工资 (单位:元) $X\sim N(\mu_1,218^2)$; 文教、艺术、广播事业职工工资 (单位:元) $Y\sim N(\mu_2,227^2)$. 从总体 X 中调查 25 人, 平均工资 1 286 元, 从总体 Y 中调查 30 人, 平均工资 1 272 元, 求这两大类行业职工平均工资之差的 99% 的置信区间.

解 因为 σ_1^2, σ_2^2 已知, 所以 $\mu_1-\mu_2$ 的置信度为 $1-\alpha$ 的置信区间为

$$\left(\overline{X}-\overline{Y}-u_{\frac{\alpha}{2}}\sqrt{\dfrac{\sigma_1^2}{n_1}+\dfrac{\sigma_2^2}{n_2}},\ \overline{X}-\overline{Y}+u_{\frac{\alpha}{2}}\sqrt{\dfrac{\sigma_1^2}{n_1}+\dfrac{\sigma_2^2}{n_2}}\right),$$

而这里 $\alpha_1=0.01, n_1=25, \overline{x}=1\,286, \sigma_1^2=218^2, n_2=30, \overline{y}=1\,272, \sigma_2^2=227^2$, $u_{0.005}=2.576$, 故

$$\overline{x}-\overline{y}+u_{0.005}\sqrt{\dfrac{\sigma_1^2}{n_1}+\dfrac{\sigma_2^2}{n_2}}=1\,286-1\,272+2.576\sqrt{\dfrac{218^2}{25}+\dfrac{227^2}{30}}=168.96,$$

$$\overline{x}-\overline{y}-u_{0.005}\sqrt{\dfrac{\sigma_1^2}{n_1}+\dfrac{\sigma_2^2}{n_2}}=1\,286-1\,272-2.576\sqrt{\dfrac{218^2}{25}+\dfrac{227^2}{30}}=-140.96.$$

因此这两大类行业职工平均工资之差的 99% 的置信区间为 $(-140.90, 168.90)$.

【例 6】 某钢铁公司的管理人员为比较新旧两个电炉的温度状况，抽取了新电炉的 31 个温度数据及旧电炉的 25 个温度数据，并计算得样本方差分别为 $s_1^2 = 75$ 及 $s_2^2 = 100$．设新电炉的温度 $X \sim N(\mu_1, \sigma_1^2)$，旧电炉的温度 $Y \sim N(\mu_2, \sigma_2^2)$．试求 σ_1^2/σ_2^2 的 95% 的置信区间．

解 因为 μ_1，μ_2 未知，所以 $\dfrac{\sigma_1^2}{\sigma_2^2}$ 的置信度为 $1-\alpha$ 的置信区间为

$$\left(\frac{S_1^2}{S_2^2 F_{\frac{\alpha}{2}}(n_1-1, n_2-1)}, \ \frac{S_1^2}{S_2^2 F_{1-\frac{\alpha}{2}}(n_1-1, n_2-1)} \right),$$

而这里 $\alpha = 0.05$，$n_1 = 31$，$s_1^2 = 75$，$n_2 = 25$，$s_2^2 = 100$，$F_{0.025}(30, 24) = 2.21$，

$$F_{0.975}(30, 24) = \frac{1}{F_{0.025}(24, 30)} = \frac{1}{2.14} = 0.467\,3,$$

故
$$\frac{s_1^2}{s_2^2 F_{0.025}(30, 24)} = \frac{75}{100 \times 2.21} = 0.34,$$

$$\frac{s_1^2}{s_2^2 F_{0.975}(30, 24)} = \frac{75}{100 \times 0.467\,3} = 1.60.$$

因此 σ_1^2/σ_2^2 的 95% 的置信区间为 $(0.34, 1.60)$．

*四、正态总体参数的单侧置信区间

前面讨论的置信区间都称为双侧置信区间，但在有些实际问题中只要考虑选取满足 $P\{u \leqslant \lambda_1\} = \alpha$ 或 $P\{u \geqslant \lambda_2\} = \alpha$ 的 λ_1 与 λ_2，对不等式作恒等变形后转化为

$$P\{\underline{\theta} \leqslant \theta\} = 1-\alpha \quad \text{或} \quad P\{\theta \leqslant \bar{\theta}\} = 1-\alpha,$$

从而得到形如 $(\underline{\theta}, +\infty)$ 或 $(-\infty, \bar{\theta})$ 的置信区间，此类区间称为单侧置信区间．

例如，对产品设备、电子元件等来说，我们关心的是平均寿命的置信下限，而在讨论产品的废品率时，我们感兴趣的是其置信上限．于是我们引入单侧置信区间．

定义 2 设 θ 为总体分布的未知参数，$X_1, X_2, \cdots, X_n$ 是取自总体 X 的一个样本，对给定的数 $1-\alpha (0 < \alpha < 1)$，若存在统计量

$$\underline{\theta} = \underline{\theta}(X_1, X_2, \cdots, X_n),$$

满足 $P\{\underline{\theta} < \theta\} = 1-\alpha$，则称 $(\underline{\theta}, +\infty)$ 是 θ 的置信度为 $1-\alpha$ 的**单侧置信区间**，称 $\underline{\theta}$ 为 θ 的**单侧置信下限**；$(\underline{\theta}, +\infty)$ 称为下置信区间．

若存在统计量

$$\bar{\theta} = \bar{\theta}(X_1, X_2, \cdots, X_n),$$

满足 $P\{\theta < \bar{\theta}\} = 1-\alpha$，则称 $(-\infty, \bar{\theta})$ 是 θ 的置信度为 $1-\alpha$ 的**单侧置信区间**，称 $\bar{\theta}$ 为 θ 的单**侧置信上限**；$(-\infty, \bar{\theta})$ 称为上置信区间．

事实上前面我们讨论的置信区间问题都存在单侧置信区间，只是讨论方法与双侧置信区间有所区别，下面不再一一列举各种情况的单侧置信区间，只通过例题简单加以介绍．

【例 7】 为估计制造某种产品单件所需要的平均工时，记录 5 件产品每件所需工时：10.5，11.0，11.2，12.5，12.8. 假如制造单件产品所需工时 X 服从正态分布，求平均工时 μ 的 0.95 的上置信区间.

解 由条件 $n=5$，$1-\alpha=0.95$. 经计算，样本均值 $\bar{x}=11.6$，样本方差 $s^2=0.995=0.997^2$；查表得自由度为 4 的 $\alpha=0.05$ 的上侧分位数 $t_{0.05}(4)=2.132$. 将数据代入 μ 的 0.95 的上置信区间的一般形式 $t_{\alpha/2}(n-1)\dfrac{S}{\sqrt{n}}$（见式(5.5)），将 $\dfrac{\alpha}{2}$ 改为 α，形式为 $t_\alpha(n-1)\dfrac{S}{\sqrt{n}}$：

$$\left(-\infty,\ \bar{x}+t_\alpha(n-1)\frac{s}{\sqrt{n}}\right)=\left(-\infty, 11.6+2.132\times\frac{0.997}{\sqrt{5}}\right)=(-\infty, 12.55).$$

因此平均工时以概率 0.95 不超过 12.55.

【例 8】 从一批螺丝钉中随机地抽取 7 枚，测得其长度为 2.10，2.09，2.12，2.08，2.13，2.07，2.06（单位：cm）. 设钉子长度 $X\sim(\mu,\sigma^2)$，求 σ^2 的 0.90 的上置信区间.

解 对于 $1-\alpha=0.90$，$\alpha=0.1$，$n-1=7-1=6$，查附表 1，得自由度为 6 的水平 $\alpha=0.10$ 的上侧分位数 $\chi^2_{0.90}(6)=2.204$，且由所给数据算出 $s^2=0.026^2$. 将数据代入 σ^2 的 0.90 的上置信区间的一般形式 $\dfrac{(n-1)S^2}{\chi^2_{1-\alpha/2}(n-1)}$（见式(5.6)），将 $\dfrac{\alpha}{2}$ 改为 α，形式为 $\dfrac{(n-1)S^2}{\chi^2_{1-\alpha}(n-1)}$：

$$\left(0,\ \frac{(n-1)s^2}{\chi^2_{1-\alpha}(n-1)}\right)=\left(0,\ \frac{6\times0.000\,676}{2.204}\right)=(0, 0.001\,84).$$

于是，σ^2 的置信度为 0.90 的上置信区间为 $(0, 0.001\,84)$.

习题 5—3

1. 纤度是衡量纤维粗细程度的一个量，某厂化纤纤度 $X\sim N(\mu,\sigma^2)$，抽取 9 根纤维，测量其纤度为：1.36，1.49，1.43，1.41，1.27，1.40，1.32，1.42，1.47，试求 μ 的置信度为 0.95 的置信区间，(1) 若 $\sigma^2=0.048^2$，(2) 若 σ^2 未知.

2. 为分析某自动设备加工的零件的精度，抽查 16 个零件，测量其长度，得 $\bar{x}=12.075$mm，$s=0.049\,4$mm，设零件长度 $X\sim N(\mu,\sigma^2)$，取置信度为 0.95，求：(1) σ^2 的置信区间，(2) σ 的置信区间.

3. 以 X 表示某一工厂制造的某种器件的寿命（以小时计），设 $X\sim N(\mu,1\,296)$，今取得一容量为 $n=27$ 的样本，测得其样本均值为 $\bar{x}=1\,478$，求：(1) μ 的置信度为 0.95 的置信区间，(2) μ 的置信度为 0.90 的置信区间.

4. 以 X 表示某种小包装糖果的重量（以 g 计），设 $X\sim N(\mu,4)$，今取得样本（容量为 $n=10$）：

55.95，56.54，57.58，55.13，57.48，56.06，59.93，58.30，52.57，58.46.
求 μ 的置信度为 0.95 的置信区间.

5. 一农场种植生产果冻的葡萄，以下数据是从 30 车葡萄中采样测得的糖含量（以某种单位计）：

16.0，15.2，12.0，16.9，14.4，16.3，15.6，12.9，15.3，15.1，

15.8，15.5，12.5，14.5，14.9，15.1，16.0，12.5，14.3，15.4，

15.4，13.0，12.6，14.9，15.1，15.3，12.4，17.2，14.7，14.8.

设样本来自正态总体 $N(\mu,\sigma^2)$，μ,σ^2 均未知.

(1) 求 μ,σ^2 的无偏估计值.

(2) 求 μ 的置信度为 90% 的置信区间.

6. 一油漆商希望知道某种新的内墙油漆的干燥时间. 在面积相同的 12 块内墙上做试验，记录干燥时间(以分计)，得样本均值 $\bar{x}=66.3$ 分，样本标准差 $s=9.4$ 分. 设样本来自正态总体 $N(\mu,\sigma^2)$，μ，σ^2 均未知. 求干燥时间的数学期望的置信度为 0.95 的置信区间.

7. Macatawa 湖(位于密歇根湖的东侧)分为东、西两个区域. 下面的数据是取自西区的水的样本，测得其中的钠含量(以 ppm 计)如下：

13.0，18.5，16.4，14.8，19.4，17.3，23.2，24.9，

20.8，19.3，18.8，23.1，15.2，19.9，19.1，18.1，

25.1，16.8，20.4，17.4，25.2，23.1，15.3，19.4，

16.0，21.7，15.2，21.3，21.5，16.8，15.6，17.6.

设样本来自正态总体 $N(\mu,\sigma^2)$，μ，σ^2 均未知. 求 μ 的置信度为 0.95 的置信区间.

8. 设 X 是春天捕到的某种鱼的长度(以 cm 计)，设 $X \sim N(\mu,\sigma^2)$，μ，σ^2 均未知. 下面是 X 的一个容量为 $N=13$ 的样本：

13.1，5.1，18.0，8.7，16.5，9.8，6.8，12.0，17.8，25.4，19.2，15.8，23.0.

(1) 求 σ^2 的无偏估计；

(2) 求 σ 的置信度为 0.95 的置信区间.

9. 求第 8 题中鱼长度的均值 μ 的置信度为 0.95 的单侧置信下限.

10. 求第 8 题中 $\mu_A-\mu_B$ 的置信度为 0.90 的单侧置信上限.

第六章

假设检验

前一章我们介绍了参数估计的方法：在总体分布类型已知的条件下，通过样本得到总体分布中未知参数的优良估计值. 在统计推断问题中，除了参数估计以外，还有另一类比较重要的问题——假设检验. 尤其是在比较两个总体或多个总体的参数以及确定某一随机变量的概率分布是否服从某种分布类型等情况下，就要应用"统计假设检验"的方法.

今后，把任意一个有关未知分布的假设称为**统计假设**，简称为**假设**. 假设检验首先是提出关于总体的某种假设，然后根据样本判断所提出的关于总体的假设是否成立.

这一章将要介绍统计检验的基本概念、原理和方法，并重点介绍在实际问题中最常用的正态总体参数的检验方法. 最后简单介绍一种具有广泛应用的非参数假设检验——分布拟合检验的 χ^2 检验.

§6.1 假设检验的基本概念

假设检验首先关于总体参数或概率分布提出某种假设，然后根据样本来检验或判断所提出的假设是否成立. 判断假设是否成立或者是否真实所依据的"规则"称为"检验准则"，简称为"检验". 在介绍常用统计检验方法之前，先给出统计假设的概念和类型，选择检验准则的原则和方法.

一、统计假设的概念

关于总体参数、数字特征或总体的分布以及关于两个或两个以上总体之间的关系的各种论断或命题、猜测或推测、设想或假说，统称为**统计假设**，简称**假设**.

1. 问题的提出

【例1】 某产品的性能指标 X 服从正态分布 $N(\mu,\sigma^2)$，额定标准应为 $\mu=20$. 从历史资料已知 $\sigma=4$，现抽查 10 个样品，算得均值为 17，问能否认为指标的期望值 $\mu=20$ 仍然成立？（也就是要检验从样本中得到的信息是接受还是拒绝 $\mu=20$ 这一假设.）

在上面的例子中，我们可以提出两个假设：$\mu=20$ 和 $\mu\neq20$. 其中一个假设称为**原假设**（零假设），用 H_0 表示，而另一个称为**备择假设**，用 H_1 表示. 原假设与备择假设应是互相排斥的，至于两个假设中用哪一个作为原假设，哪一个作为备择假设，要看具体的目的和要求而定. 确定原假设 H_0 与备择假设 H_1 的一般原则是：

(1) 一个实际问题中，若问题是要决定新提出的方法（新材料、新工艺、新配方之类）是否比原方法好，则在为此而进行的假设检验中，往往将原方法取为"原假设 H_0"，而将新方法取为"备择假设 H_1". 在处理 H_0 时总是偏于保守的，在没有充分证据时不轻易拒绝 H_0.

(2) 如果我们只提出一个假设，且统计检验的目的仅仅是为了判别这个假设是否成立，而并不同时研究其他假设，那么此时直接取该假设为原假设 H_0 即可（也可写出 H_0 的否定为 H_1）.

(3) 当然还要考虑数学上的处理方便来设定 H_0 与 H_1. 比如，一般将等号放在原假设 H_0 中.

2. 一些基本概念

(1) 统计假设检验的类型.

统计假设检验大体分为两类：**参数假设检验**和**非参数假设检验**. 所谓参数假设检验是指总体分布类型已知，只涉及总体分布中的未知参数的假设，有关参数假设的检验就是**参数假设检验**. 所谓非参数假设检验就是总体分布的具体类型未知，而统计假设只是对总体的分布类型及其某些特征或特性提出的假设，有关这类假设的检验就是**非参数假设检验**.

例如，上例中的 $H_0 : \mu = 20$；$H_1 : \mu \neq 20$ 就是参数假设，而下面的假设 $H_1 : F_X(x) = F_Y(x)$ 就是非参数假设.

(2) 简单假设与复合假设.

若一个统计假设完全确定了总体的分布，则称其为简单统计假设或简单假设，否则称为复合统计假设或复合假设. 如：设总体 $X \sim N(\mu, \sigma^2)$，其中 μ，σ^2 未知，

① $H_0 : \mu = 0, \sigma = 1$；② $H_0 : \mu = 0$；③ $H_0 : \mu < 3, \sigma = 1$；④ $H_0 : 0 < \mu < 3$.
这几个假设中只有①是简单假设.

3. 检验法则

由于在假设检验问题中我们可以做出的决定有两个，所以究竟采用哪一个，就需要我们从样本 $(X_1, X_2, \cdots, X_n)$ 出发，制定出一个以定义在样本空间上的函数为依据的法则. 当样本观测值 $(x_1, x_2, \cdots, x_n)$ 确定后，我们就可以根据这一法则做出判断：接受 H_0 还是拒绝 H_0. 这样的法则可以给出很多个，每一个法则就称为 H_0 对 H_1 的一个检验法则，简称为检验法则或检验. 检验法则实际上就是将样本空间划分为两个不相交的子集 C 和 C^*，若 $(x_1, x_2, \cdots, x_n) \in C$，则拒绝 H_0，即接受 H_1；若 $(x_1, x_2, \cdots, x_n) \in C^* (\notin C)$，则接受 H_0，即拒绝 H_1. 子集 C 称为（H_0 对 H_1 的）检验法则的拒绝域（否定域、临界域）.

一般说来，对于一个假设检验问题，给出一个检验法则，就相当于给出了一个拒绝域. 反之，给出了一个拒绝域，也就给出了一个检验法则. 因此，在样本空间中选取什么形式的子集 C 作为检验的拒绝域就成为一个很关键的问题.

4. 两类错误

由于是统计假设检验，因此每一个检验都会不同时地犯两种类型的错误：

(1) 若 H_0 为真，可是由于样本的随机性，观测值 $(x_1, x_2, \cdots, x_n) \in C$，根据检验法则应拒绝 H_0，这时称犯了**第一类错误**（也称为**弃真错误**）. 常把犯第一类错误的概率用 α 表示：

$$P(\text{拒绝 } H_0 \mid H_0 \text{ 为真}) = \alpha.$$

(2) 若 H_1 为真，而由于样本的随机性，观测值 $(x_1, x_2, \cdots, x_n) \in C^*$，根据检验法则应接受 H_0，这时称犯了**第二类错误**（也称为**取伪错误**）. 常把犯第二类错误的概率用 β 表示：

$$P(\text{接受 } H_0 \mid H_1 \text{ 为真}) = \beta.$$

一个检验的好坏，可以由犯这两类错误的概率来度量，使犯两类错误的概率都小的检验是最优检验. 但是进一步的讨论可以证明，在样本容量 n 固定的情况下，犯这两类错误的概率是互相制约的，减小其中的一个，另一个往往就会增大. 若要使得犯这两类错误的概率都很小，就必须有足够大的样本容量.

二、统计假设的检验方法

1. 显著性检验

为简单起见，在样本容量 n 固定时，我们着重对犯第一类错误的概率 α 加以控制，使得 α 尽可能地小，适当考虑犯第二类错误 β 的大小. 只对犯第一类错误的概率 α 加以限制，而不考虑犯第二类错误的概率 β，此时，寻找拒绝域 C 只涉及 H_0 而不涉及 H_1. 这种假设检验称为显著性水平为 α 的假设检验，简称为水平为 α 的检验. 这种假设检验问题称为显著性检验问题，而 α 称为显著性水平.

当观测值落入水平为 α 的检验的拒绝域时，由于我们有 $1-\alpha$ 的把握做出拒绝 H_0 的决定，即做出拒绝 H_0 的决定的错误的可能性不超过 α，因此我们拒绝 H_0；而当观测值没有落入拒绝域时，由于我们不能以 $1-\alpha$ 的把握拒绝 H_0，所以我们认为原假设 H_0 是正确的.

2. 假设检验的基本思想

构造显著性假设检验的拒绝域，一般依据所谓的"实际推断原理"：对指定的一个充分小的正数 $\alpha(0 < \alpha < 1)$，凡是概率不大于 α 的事件在一次试验中看成是不可能发生的.

那么，如何构造一个检验法则呢？由于 n 维空间的划分比较复杂，我们可以如下去做：将样本 $(X_1, X_2, \cdots, X_n)$ 进行简化，即寻找一个统计量 $T(X_1, X_2, \cdots, X_n)$（称为检验统计量），定义

$$W = \{T(x_1, x_2, \cdots, x_n) : (x_1, x_2, \cdots, x_n) \in C\},$$
$$W^* = \{T(x_1, x_2, \cdots, x_n) : (x_1, x_2, \cdots, x_n) \in C^*\},$$

则

$$P(T(X_1, X_2, \cdots, X_n) \in W \mid H_0 \text{ 为真}) = P((X_1, X_2, \cdots, X_n) \in C \mid H_0 \text{ 为真}) = \alpha,$$
$$P(T(X_1, X_2, \cdots, X_n) \in W^* \mid H_1 \text{ 为真}) = P((X_1, X_2, \cdots, X_n) \in C^* \mid H_1 \text{ 为真}) = \beta.$$

因此，将对 n 维空间的划分转化为对一维空间的划分了. 若在 H_0 成立的条件下检验统计

量 $T(X_1, X_2, \cdots, X_n)$ 的抽样分布已知，则在给定 α 时，就可以确定 W 了. W 与 W^* 的分界点称为临界值.

为什么当 $T(x_1, x_2, \cdots, x_n) \in W$（即 $(x_1, x_2, \cdots, x_n) \in C$ 时）就拒绝 H_0 呢？这是由于 α 很小，根据实际推断原理：小概率事件在一次试验中认为是不可能发生的，现在在一次试验或观察中出现了，我们甘愿冒犯第一类错误的风险而拒绝 H_0. 也就是说，假设检验的基本思想类似于数学上的反证法，但又有所区别，因为这里用的是小概率事件在一次试验中发生是不合理的，不是纯逻辑形式上的矛盾.

3. 假设检验的一般步骤

综上所述，处理假设检验问题的一般步骤如下：

（1）根据实际问题提出原假设 H_0 与备择假设 H_1.

（2）寻找一个合适的统计量 $T(X_1, X_2, \cdots, X_n)$，且其分布在 H_0 为真时已知.

（3）选取适当的显著性水平 α，并确定拒绝域.

对于预先给定的小的正数 α（0.10；0.05；0.01 等），根据统计量 $T(X_1, X_2, \cdots, X_n)$ 的分布在实数域上确定一个区域 W，使得

$$P(拒绝\ H_0 | H_0\ 为真) = P(T(X_1, X_2, \cdots, X_n) \in W | H_0\ 为真) = \alpha,$$

则 $C = \{(x_1, x_2, \cdots, x_n) : T(x_1, x_2, \cdots, x_n) \in W\}$.

（4）根据实际推断原理，把得到的样本观测值代入 $T(X_1, X_2, \cdots, X_n)$ 中，若 $T(x_1, x_2, \cdots, x_n) \in W$，即 $(x_1, x_2, \cdots, x_n) \in C$，则拒绝 H_0，否则接受 H_0. 由此我们看到寻找拒绝域 C 实际上转化为在实数域中寻找 W，故 $\{T(x_1, x_2, \cdots, x_n) \in W\}$ 和 $\{(x_1, x_2, \cdots, x_n) \in C\}$ 是等价的. 以后把 W 也称为拒绝域，我们实际寻找的拒绝域就是 W.

下面，我们以一个具体的例子来说明假设检验的一般步骤.

【例 2】　设公司色拉油重量为 $\mu = 300$，$\sigma = 4$ 的正态分布（单位：克）. 今想测试其重量是否改变，随机抽取 16 件，算得其平均值为 308. 假设 $\sigma = 4$ 不变，试以 $\alpha = 0.05$ 检验 μ 是否改变.

解　根据题意提出假设 $H_0 : \mu = 300$，　$H_1 : \mu \neq 300$.

选取统计量 $U = \dfrac{\overline{X} - \mu_0}{\sigma/\sqrt{n}} = \dfrac{\overline{X} - 300}{4/\sqrt{16}}$. 在原假设 H_0 为真的情况下服从标准正态分布 $N(0,1)$. 由 $P(|U| > u_{0.025}) = 0.05$，查正态分布表得临界值 $u_{0.025} = 1.96$，拒绝域 $W = (-\infty, -1.96) \cup (1.96, +\infty)$. 计算 $|u| = \left| \dfrac{\overline{x} - 300}{4/\sqrt{16}} \right| = \left| \dfrac{308 - 300}{4/\sqrt{16}} \right| = 8$. 由于 $|u| > u_{0.025}$，即 $u \in W$，所以拒绝 H_0，即可以认为总体平均值可能已经改变.

习题 6—1

1. 假设检验中，否定原假设 H_0 所依据的原理是（　　）.

（A）小概率事件在一次试验中一定不发生；

（B）小概率事件在一次试验中发生的概率为零；

(C) 小概率事件在一次试验中可能发生；

(D) 小概率事件在一次试验中发生的可能性非常小.

2. 假设检验时，当样本容量一定时，若缩小犯第一类错误的概率，则犯第二类错误的概率( ).

(A) 变小；　　　　(B) 变大；　　　　(C) 不变；　　　　(D) 不确定.

3. 假设检验与区间估计有何区别？并简述假设检验的基本原理.

4. 在显著性假设检验中，何谓第一类和第二类错误？犯第一类错误的概率是多少？两类错误之间有什么关系？

5. 如何理解检验统计量、临界值及拒绝域的概念？简述假设检验的一般步骤.

6. 设 $X \sim N(\mu, \sigma^2)$，μ，σ^2 为未知参数，指出下面的统计假设中哪些是简单假设，哪些是复合假设：

(1) $H_0: \mu = 0, \sigma = 1$；　(2) $H_0: \mu = 0, \sigma > 1$；　　(3) $H_0: \mu < 3, \sigma = 1$；

(4) $H_0: 1 < \mu < 3$；　(5) $H_0: \mu = 1$.

§6.2　单个正态总体参数的假设检验

在本节中，我们将介绍正态分布总体 X 的显著性检验的方法. 由于备择假设的形式不同，检验分为**双侧假设检验**和**单侧假设检验**. 所谓双侧检验，是把显著性水平 α 分配在分布图形的两侧，如图 6—2—1 所示；在双侧假设检验中，备择假设可以省略不写. 单侧假设检验是把 α 全部置于分布图形的一侧，如图 6—2—2 或图 6—2—3 所示. 在本节中，我们将重点介绍双侧假设检验，单侧假设检验将通过例题给以说明.

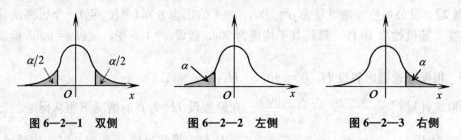

图 6—2—1　双侧　　　　　图 6—2—2　左侧　　　　　图 6—2—3　右侧

一、双侧假设检验

1. U 检验

设 $(X_1, X_2, \cdots, X_n)$ 是取自正态总体 $N(\mu, \sigma^2)$ 的一个样本，$\sigma^2 = \sigma_0^2$ 是一个已知常数，对未知参数 μ 进行假设检验.

$$H_0: \mu = \mu_0, \quad H_1: \mu \neq \mu_0.$$

若 H_0 为真，则由于 $\overline{X}$ 是 μ 的无偏估计，即 $E\overline{X} = \mu$，因此 $|\overline{X} - \mu_0|$ 不应太大，若 $|\overline{X} - \mu_0| > k$，就否定 H_0，即此检验法则的拒绝域为 $\{|\overline{X} - \mu_0| > k\}$，其中 k 为某个适当的常数. 又因为

$$\left\{ \left| \frac{\overline{X} - \mu_0}{\sigma / \sqrt{n}} \right| > k \right\}$$

与 $\{|\overline{X} - \mu_0| > k\}$ 是等价的，而当 H_0 为真时 $\dfrac{\overline{X} - \mu_0}{\sigma / \sqrt{n}} \sim N(0,1)$. 因此，为了计算方便，我们选取统计量 $U = \dfrac{\overline{X} - \mu_0}{\sigma / \sqrt{n}}$.

在给定显著性水平 α 以后，由 $P(|U| > u_{\alpha/2}) = \alpha$ 查标准正态分布表可得临界值 $u_{\alpha/2}$，故拒绝域为 $W = (-\infty, -u_{\alpha/2}) \bigcup (u_{\alpha/2}, +\infty)$.

然后计算 $u = \dfrac{\overline{x} - \mu_0}{\sigma / \sqrt{n}}$，若由样本观测值计算后 $u \in W$，即 $|u| > u_{\alpha/2}$，则拒绝 H_0；否则接受 H_0.

2. t 检验

设 $(X_1, X_2, \cdots, X_n)$ 是取自正态总体 $N(\mu, \sigma^2)$ 的一个样本，σ^2 未知，对未知参数 μ 进行假设检验.

$$H_0 : \mu = \mu_0, \quad H_1 : \mu \neq \mu_0.$$

选取统计量 $T = \dfrac{\overline{X} - \mu_0}{S / \sqrt{n}}$，当 H_0 为真时 $T = \dfrac{\overline{X} - \mu_0}{S / \sqrt{n}} \sim t(n-1)$. 对给定的显著性水平 α，由

$$P(|T| > t_{\alpha/2}(n-1)) = \alpha,$$

查 t 分布上侧分位数表得临界值 $t_{\alpha/2}(n-1)$，拒绝域 $W = (-\infty, -t_{\alpha/2}(n-1)) \bigcup (t_{\alpha/2}(n-1), +\infty)$.

计算 $t = \dfrac{\overline{x} - \mu_0}{s / \sqrt{n}}$，若 $t \in W$，即 $|t| > t_{\alpha/2}(n-1)$，则拒绝 H_0；否则接受 H_0.

3. χ^2 检验

设 $(X_1, X_2, \cdots, X_n)$ 是取自正态总体 $N(\mu, \sigma^2)$ 的一个样本，对未知参数 σ^2 进行假设检验.

$$H_0 : \sigma^2 = \sigma_0^2, \quad H_1 : \sigma^2 \neq \sigma_0^2.$$

(1) 若 $\mu = \mu_0$ 已知.

选取统计量 $\chi^2 = \dfrac{nS^2}{\sigma_0^2}$，其中 $S^2 = \dfrac{1}{n} \sum\limits_{i=1}^{n} (X_i - \mu_0)^2$. 若 H_0 为真，则 $\chi^2 = \dfrac{nS^2}{\sigma_0^2} \sim \chi^2(n)$. 因为 S^2 是 σ_0^2 的无偏估计，所以 $\dfrac{S^2}{\sigma_0^2}$ 应在 1 附近摆动. 故由 $P(k_1 \leqslant \chi^2 \leqslant k_2) = 1 - \alpha$ 确定两个值 k_1, k_2，但这样的 k_1, k_2 是不唯一的. 为确定起见，由

$$\begin{cases} P(\chi^2 > \chi_{\alpha/2}^2(n)) = \dfrac{\alpha}{2} \\ P(\chi^2 > \chi_{1-\alpha/2}^2(n)) = 1 - \dfrac{\alpha}{2} \end{cases},$$

查 χ^2 分布上侧分位数表得临界值 $\chi^2_{\alpha/2}(n)$，$\chi^2_{1-\alpha/2}(n)$．拒绝域 $W = (0, \chi^2_{1-\alpha/2}(n)) \bigcup (\chi^2_{\alpha/2}(n), +\infty)$．

计算 $\chi^2 = \dfrac{nS^2}{\sigma_0^2}$，若 $\chi^2 \in W$，即 $\chi^2 < \chi^2_{1-\alpha/2}(n)$ 或 $\chi^2 > \chi^2_{\alpha/2}(n)$，则拒绝 H_0；否则接受 H_0．

（2）若 μ 未知．

选取统计量 $\chi^2 = \dfrac{(n-1)S^2}{\sigma_0^2}$，若 H_0 为真，则 $\chi^2 = \dfrac{(n-1)S^2}{\sigma_0^2} \sim \chi^2(n-1)$，由

$$\begin{cases} P(\chi^2 > \chi^2_{\alpha/2}(n-1)) = \dfrac{\alpha}{2} \\ P(\chi^2 > \chi^2_{1-\alpha/2}(n-1)) = 1 - \dfrac{\alpha}{2} \end{cases},$$

查 χ^2 分布上侧分位数表得临界值 $\chi^2_{\alpha/2}(n-1)$，$\chi^2_{1-\alpha/2}(n-1)$．拒绝域 $W = (0, \chi^2_{1-\alpha/2}(n-1)) \bigcup (\chi^2_{\alpha/2}(n-1), +\infty)$．

【例1】 某台机器原生产零件的平均直径是 3.278cm，标准差为 0.002cm．经过大修后，从新生产的产品装配车间抽测了 10 只，得直径的长度数据（单位:cm）如下：

3.281，3.276，3.278，3.286，3.279，3.278，3.284，3.279，3.280，3.279．

设直径长度服从正态分布 $N(\mu, \sigma^2)$，大修后直径长度的方差不变，显著性水平为 $\alpha = 0.05$，试检验产品的规格是否有变化．

解 $H_0 : \mu = 3.278$，$H_1 : \mu \neq 3.278$．

因为 $\sigma^2 = 0.002^2$ 已知，所以采用 U 检验，选取统计量 $U = \dfrac{\overline{X} - \mu_0}{\sigma/\sqrt{n}}$，在 H_0 为真时服从 $N(0,1)$ 分布．这里 $n = 10$，$\mu_0 = 3.278$，$\sigma = 0.002$．由 $P(|U| > u_{0.025}) = 0.05$ 查正态分布表得 $u_{0.025} = 1.96$．计算

$$|u| = \left| \frac{\overline{x} - \mu_0}{\sigma/\sqrt{n}} \right| = \left| \frac{3.280 - 3.278}{0.002/\sqrt{10}} \right| = 3.16 > 1.96 = u_{0.025},$$

所以拒绝 H_0，即可以认为大修后产品的规格有变化．

【例2】 某糖厂用自动打包机打包，每包标准重量为 100 公斤．每天开工后需要检验一次打包机工作是否正常，即检验打包机是否有系统偏差．某日开工后测得 9 包重量，经计算得样本均值为 99.977 8，标准差为 1.142 9．已知每包糖重 $X \sim N(\mu, \sigma^2)$，问该日打包机工作是否正常？（$\alpha = 0.05$）

解 $H_0 : \mu = 100$，$H_1 : \mu \neq 100$．

因为 σ^2 未知，所以采用 t 检验，选取统计量 $\dfrac{\overline{X} - \mu_0}{S/\sqrt{n}}$，在 H_0 为真时服从 $t(n-1)$ 分布，这里 $n = 9$，$\mu_0 = 100$．由 $P(|T| > t_{0.025}(8))$，查 t 分布表得临界值 $t_{0.025}(8) = 2.306$．计算

$$|t| = \left| \frac{\overline{x} - \mu_0}{s/\sqrt{n}} \right| = \left| \frac{99.977\ 8 - 100}{1.142\ 9/\sqrt{9}} \right| = 0.058\ 3 < 2.306 = t_{0.025}(8),$$

所以接受 H_0，即在显著性水平 0.05 下可以认为该日打包机工作正常.

【例3】 测定某种溶液中的水分，它的 10 个测定值给出 $\bar{x}=0.452\%$，$s=0.037\%$，设测定值总体服从正态分布 $N(\mu,\sigma^2)$. 试在 5% 的显著性水平下分别检验假设：

(1) $H_0:\mu=0.5\%$；

(2) $H_0:\sigma^2=(0.04\%)^2$.

解 (1) 因为 σ^2 未知，所以采用 t 检验，选取统计量 $\dfrac{\overline{X}-\mu_0}{S/\sqrt{n}}$，在 H_0 为真时服从 $t(n-1)$ 分布，这里 $n=10$，$\mu_0=0.5\%$. 由 $P(|T|>t_{0.025}(9))=0.05$，查 t 分布表得临界值 $t_{0.025}(9)=2.262$. 计算

$$|t|=\left|\frac{\bar{x}-\mu_0}{s/\sqrt{n}}\right|=\left|\frac{0.452\%-0.5\%}{0.037\%/\sqrt{10}}\right|=4.1024>2.262=t_{0.025}(9),$$

所以拒绝 H_0，即 $\mu\neq0.5\%$.

(2) 因为 μ 未知，所以采用 χ^2 检验，选取统计量 $\chi^2=\dfrac{(n-1)S^2}{\sigma_0^2}$，在 H_0 为真时服从 $\chi^2(n-1)$ 分布，这里 $n=10$，$\sigma_0^2=(0.04\%)^2$. 由

$$\begin{cases} P(\chi^2>\chi_{0.025}^2(9))=0.025 \\ P(\chi^2>\chi_{0.975}^2(9))=0.975 \end{cases},$$

查 χ^2 分布表得临界值 $\chi_{0.025}^2(9)=19.023$，$\chi_{0.975}^2(9)=2.700$. 计算

$$\chi^2=\frac{(n-1)s^2}{\sigma_0^2}=\frac{9\times(0.037\%)^2}{(0.04\%)^2}=7.7006.$$

$\chi_{0.975}^2(9)<\chi^2<\chi_{0.025}^2(9)$，所以接受 H_0，即 $\sigma^2=(0.04\%)^2$.

二、单侧假设检验

1. 关于均值的单侧检验

【例4】 要求一种元件平均使用寿命不得低于 $1\,000$ 小时. 生产者从这种元件中随机抽取 25 件，测得其寿命的平均值为 950 小时. 已知该种元件的寿命服从标准差为 $\sigma=100$ 小时的正态分布. 试在显著性水平 $\alpha=0.05$ 下确定这批元件是否合格. 设总体均值为 μ，μ 未知.

解 $H_0:\mu\geqslant1\,000$，$H_1:\mu<1\,000$.

因为 σ^2 已知，所以采用 U 检验，选取统计量 $U=\dfrac{\overline{X}-\mu_0}{\sigma/\sqrt{n}}$. 由于 H_0 成立时（即 $\mu\geqslant\mu_0$）U 的分布并不知道，而只知道 $\dfrac{\overline{X}-\mu}{\sigma/\sqrt{n}}\sim N(0,1)$. 不过，当 H_0 成立时（即 $\mu\geqslant\mu_0$），有

$$\frac{\overline{X}-\mu_0}{\sigma/\sqrt{n}}\geqslant\frac{\overline{X}-\mu}{\sigma/\sqrt{n}}\sim N(0,1),$$

从而对 $\forall\mu\geqslant\mu_0$ 有

$$P\left(\frac{\overline{X}-\mu_0}{\sigma/\sqrt{n}}<u_{1-\alpha}\right)\leqslant P\left(\frac{\overline{X}-\mu}{\sigma/\sqrt{n}}<u_{1-\alpha}\right).$$

由 $P\left(\frac{\overline{X}-\mu}{\sigma/\sqrt{n}}<u_{1-\alpha}\right)=\alpha$，查标准正态分布表得临界值 $u_{1-\alpha}$. 这样，$\left\{\frac{\overline{X}-\mu}{\sigma/\sqrt{n}}<u_{1-\alpha}\right\}$ 就是一

个小概率事件，从而 $\left\{\frac{\overline{X}-\mu_0}{\sigma/\sqrt{n}}<u_{1-\alpha}\right\}$ 就更是一个小概率事件，因此拒绝域为 $W=(-\infty,$

$u_{1-\alpha})$ 或 $W=(-\infty,-u_\alpha)$. 若 $u\in W$，则拒绝 H_0；否则接受 H_0.

在此例中，$\alpha=0.05$，$n=25$，$\sigma=100$，$u_{0.05}=1.65$，$u=\frac{\overline{x}-\mu_0}{\sigma/\sqrt{n}}=\frac{950-1\,000}{100/\sqrt{25}}=-2.5<$

$-u_{0.05}$.

故在显著性水平 $\alpha=0.05$ 下拒绝 H_0，即可以认为这批元件是不合格的.

若 σ^2 未知，则采用 t 检验，选取统计量 $T=\frac{\overline{X}-\mu_0}{S/\sqrt{n}}$，拒绝域为 $W=(-\infty,$

$-t_\alpha(n-1))$.

类似地，$H_0:\mu\leqslant\mu_0$ 对 $H_1:\mu>\mu_0$ 的假设检验，当 σ^2 已知时，拒绝域为 $W=(u_\alpha,+\infty)$；当 σ^2 未知时，拒绝域为 $W=(t_\alpha(n-1),+\infty)$.

2. 关于方差的单侧检验

【例 5】 某运动员跳远成绩为平均成绩是 5.22 米且方差是 0.1 米^2 的正态分布，某一期间内跳了 10 次，成绩为 5.5，5.2，5.23，5.8，5.42，5.1，4.9，4.51，5.6，5.1. 试在显著性水平 $\alpha=0.05$ 下检验方差是否大于 0.1.

解 $H_0:\sigma^2\leqslant 0.1$，$H_1:\sigma^2>0.1$.

采用 χ^2 检验，因为 μ 未知，所以选用统计量 $\chi^2=\frac{(n-1)S^2}{\sigma_0^2}$. 易知，若 H_0 为真(即

$\sigma^2\leqslant\sigma_0^2$)，则 $S^2\leqslant\sigma_0^2$ (这等价于 $\frac{S^2}{\sigma_0^2}\leqslant 1$)的可能性很大，反面地说，$\frac{S^2}{\sigma_0^2}$(与 1 相比较)过大的

可能性应很小，因此若 $\frac{S^2}{\sigma_0^2}$ 过大，或等价地，$\frac{(n-1)S^2}{\sigma_0^2}$ 大过一定的临界值，就应拒绝 H_0.

由于当 H_0 为真(即 $\sigma^2\leqslant\sigma_0^2$)时，$\frac{(n-1)S^2}{\sigma_0^2}$ 的分布并不知道，但是此时

$$\frac{(n-1)S^2}{\sigma_0^2}\leqslant\frac{(n-1)S^2}{\sigma^2}\sim\chi^2(n-1),$$

从而对 $\forall\sigma^2\leqslant\sigma_0^2$，有 $P\left(\frac{(n-1)S^2}{\sigma_0^2}>\chi_\alpha^2(n-1)\right)\leqslant P\left(\frac{(n-1)S^2}{\sigma^2}>\chi_\alpha^2(n-1)\right)$.

对给定的显著性水平 α，由 $P\left(\frac{(n-1)S^2}{\sigma^2}>\chi_\alpha^2(n-1)\right)=\alpha$，查 χ^2 分布表得临界值

$\chi_\alpha^2(n-1)$. 这意味着当 H_0 成立时 $\left\{\frac{(n-1)S^2}{\sigma^2}>\chi_\alpha^2(n-1)\right\}$ 进而 $\left\{\frac{(n-1)S^2}{\sigma_0^2}>\chi_\alpha^2(n-1)\right\}$

是一个小概率事件. 故拒绝域 $W=(\chi_\alpha^2(n-1),+\infty)$，若 $\chi^2\in W$(即 $\chi^2>\chi_\alpha^2(n-1)$)，则拒绝 H_0；否则接受 H_0.

在本例中，$n=10$，$\sigma_0^2=0.1$，由 $P\left(\dfrac{(n-1)S^2}{\sigma^2}>\chi_{0.05}^2(9)\right)=0.05$，查 χ^2 分布表得临界值 $\chi_{0.05}^2(9)=16.919$，$\chi^2=\dfrac{(n-1)s^2}{\sigma_0^2}=\dfrac{9\times0.136\,9}{0.1}=12.321<\chi_{0.05}^2(9)$．故接受 H_0，即在显著性水平 0.05 下可以认为该运动员跳远成绩的方差不大于 0.1.

类似地，$H_0:\sigma^2\geqslant\sigma_0^2$ 对 $H_1:\sigma^2<\sigma_0^2$ 的假设检验，当 μ 未知时，拒绝域为 $W=(0,\chi_{1-\alpha}^2(n-1))$．

我们把有关单个正态总体参数的假设检验总结如下（见表 6—2—1），以便查用.

表 6—2—1　　　　　　单个正态总体 $N(\mu,\sigma^2)$ 参数的假设检验一览表

	$\sigma^2=\sigma_0^2$ 已知			σ^2 未知		
H_0	$\mu=\mu_0$	$\mu\leqslant\mu_0$	$\mu\geqslant\mu_0$	$\mu=\mu_0$	$\mu\leqslant\mu_0$	$\mu\geqslant\mu_0$
H_1	$\mu\neq\mu_0$	$\mu>\mu_0$	$\mu<\mu_0$	$\mu\neq\mu_0$	$\mu>\mu_0$	$\mu<\mu_0$
统计量	$U=\dfrac{\overline{X}-\mu_0}{\sigma/\sqrt{n}}$			$T=\dfrac{\overline{X}-\mu_0}{S/\sqrt{n}}$		
分布	$N(0,1)$			$t(n-1)$		
H_0 的拒绝域	$|u|>u_{\alpha/2}$	$u>u_\alpha$	$u<-u_\alpha$	$|t|>t_{\alpha/2}(n-1)$	$t>t_\alpha(n-1)$	$t<-t_\alpha(n-1)$
	$\mu=\mu_0$ 已知			μ 未知		
H_0	$\sigma^2=\sigma_0^2$	$\sigma^2\leqslant\sigma_0^2$	$\sigma^2\geqslant\sigma_0^2$	$\sigma^2=\sigma_0^2$	$\sigma^2\leqslant\sigma_0^2$	$\sigma^2\geqslant\sigma_0^2$
H_1	$\sigma^2\neq\sigma_0^2$	$\sigma^2>\sigma_0^2$	$\sigma^2<\sigma_0^2$	$\sigma^2\neq\sigma_0^2$	$\sigma^2>\sigma_0^2$	$\sigma^2<\sigma_0^2$
统计量	$\chi^2=\dfrac{\sum\limits_{i=1}^{n}(X_i-\mu)^2}{\sigma_0^2}$			$\chi^2=\dfrac{(n-1)S^2}{\sigma_0^2}$		
分布	$\chi^2(n)$			$\chi^2(n-1)$		
H_0 的拒绝域	$\chi^2<\chi_{1-\alpha/2}^2(n)$ 或 $\chi^2<\chi_{\alpha/2}^2(n)$	$\chi^2>\chi_\alpha^2(n)$	$\chi^2<\chi_{1-\alpha}^2(n)$	$\chi^2<\chi_{1-\alpha/2}^2(n-1)$ 或 $\chi^2<\chi_{\alpha/2}^2(n-1)$	$\chi^2>\chi_{1-\alpha}^2(n-1)$	$\chi^2<\chi_{1-\alpha}^2(n-1)$

习题 6—2

1. 设总体 $X\sim N(\mu,\sigma^2)$，σ^2 未知，通过样本 $X_1,X_2,\cdots,X_n$ 检验 $H_0:\mu=\mu_0$ 时，需用统计量(　　)．

(A) $U=\dfrac{\overline{X}-\mu_0}{\sigma}\sqrt{n}$；

(B) $U=\dfrac{\overline{X}-\mu_0}{\sigma}\sqrt{n-1}$；

(C) $T=\dfrac{\overline{X}-\mu_0}{S}\sqrt{n}$；

(D) $T=\dfrac{\overline{X}-\mu_0}{S}$．

2. 设样本 $X_1,X_2,\cdots,X_n$ 来自总体 $X\sim N(\mu,\sigma^2)$，进行假设检验，当(　　　)时，一般

采用统计量 $U = \dfrac{\overline{X} - \mu_0}{\sigma}\sqrt{n}$.

(A) μ 未知，检验 $\sigma^2 = \sigma_0^2$; (B) μ 已知，检验 $\sigma^2 = \sigma_0^2$;

(C) σ^2 已知，检验 $\mu = \mu_0$; (D) σ^2 未知，检验 $\mu = \mu_0$.

3. 矿砂的 5 个样本中经检测其铜含量为 X_1, X_2, X_3, X_4, X_5（百分数）. 设铜含量服从正态分布 $N(\mu, \sigma^2)$，σ^2 未知，在 $\alpha = 0.01$ 下检验 $\mu = \mu_0$，则取统计量（   ）.

(A) $U = \dfrac{\overline{X} - \mu_0}{\sigma}\sqrt{5}$;   (B) $T = \dfrac{\overline{X} - \mu_0}{S}\sqrt{5}$;   (C) $T = \dfrac{\overline{X} - \mu_0}{S}\sqrt{4}$;   (D) $U = \dfrac{\overline{X} - \mu_0}{\sigma}$.

4. 对正态总体 $X \sim N(\mu, \sigma^2)$，μ 和 σ^2 均未知，如果检验假设 $H_0: \mu \leqslant 1, H_1: \mu > 1$，若取显著性水平 $\alpha = 0.05$，则其否定域为（   ）.

(A) $|\overline{x} - 1| > u_{0.025}$;   (B) $|\overline{x} - 1| > t_{0.025}\dfrac{S}{\sqrt{n}}$;

(C) $\overline{x} > 1 + t_{0.025}(n-1)\dfrac{S}{\sqrt{n}}$;   (D) $\overline{x} < 1 - t_{0.025}(n-1)\dfrac{S}{\sqrt{n}}$.

5. 长期资料表明，某市轻工业产品月产值的百分比 X 服从正态分布，方差 $\sigma^2 = 1.21$，再任意抽查 9 个月，得轻工业产品产值的百分比为

31.31%，30.10%，32.16%，32.56%，29.66%，31.64%，30%，31.87%，31.03%.

问在水平 $\alpha = 0.05$ 下，可否认为过去该市轻工业产品月产值占该市工业产品总产值百分比的平均数为 32.50%.

6. 某百货市场的日销售额服从正态分布，去年的日均销售额为 53.6（万元），方差为 $\sigma^2 = 6^2$，今年随机抽查了 10 个日销售额，分别为

57.2，57.8，58.4，59.3，60.7，71.3，56.4，58.9，47.5，49.5.

根据经验，方差没有变化，问今年的日均销售额与去年相比有无显著变化？（$\alpha = 0.05$）

7. 已知某试验，其温度服从正态分布 $N(\mu, \sigma^2)$，现在测量了温度的 5 个值，分别为

1 250，1 265，1 245，1 260，1 275.

问是否可认为 $\mu = 1\,277$？（$\alpha = 0.05$）

8. 正常人的脉搏平均每分钟 72 次，某医生测得 10 例四乙基铅中毒患者的脉搏数（次/分钟）如下：

54，67，68，78，70，66，67，65，69，70.

已知人的脉搏次数 X 服从正态分布，试问四乙基铅中毒患者的脉搏均值和正常人脉搏的均值有无显著差异？（$\alpha = 0.05$）

9. 某工厂生产的保健饮料中游离氨基酸含量（mg/100ml）在正常情况下服从正态分布 $N(200, 25^2)$，某生产日抽查了 6 个样品，得数据：

205，170，185，210，230，190.

试问这一天生产的产品游离氨基酸含量的总方差是否正常？（$\alpha = 0.05$）

10. 美国民政部门对某住宅区住户的消费情况进行的调查报告中，抽出 9 户为样本，其每年开支（单位：千元）除去税款和住宅等费用外，依次为：

4.10，5.3，6.5，5.2，7.4，5.4，6.8，5.4，6.3.

假定消费数据的总体服从正态分布，若给定 $\alpha = 0.05$，试问：所有住户消费数据的总体方

差 $\sigma_0^2 = 0.3$ 是否可信?

11. 电池在货架上滞留时间不能太长. 下面给出某商店随机选取的 8 只电池的货架滞留时间(以天计):

$$108, 124, 124, 106, 138, 163, 159, 134.$$

设数据来自于正态总体 $N(\mu, \sigma^2)$,μ,σ^2 未知,试在显著性水平 $\alpha = 0.05$ 下,检验假设:$H_0: \mu \leqslant 125, H_1: \mu > 125$.

12. 某厂生产金属丝,产品指标为折断力. 折断力的方差被用作工厂生产精度的表征. 方差越小,表明精度越高. 以往工厂一直把该方差保持在 64 与 64(kg)以下,最近从一批产品中抽取 8 根作为折断力试验,测得的结果(单位:kg)为:

$$578, 572, 570, 568, 572, 596, 584, 570.$$

试判断这批产品金属丝折断力的方差是否变大了. ($\alpha = 0.05$)

13. 一个混杂的小麦品种,株高标准差 $\sigma_0 = 14$(cm),经提纯后随机抽取 10 株,株高(单位:cm)为:

$$90, 105, 101, 95, 100, 100, 101, 105, 93, 97.$$

考察提纯后的群体是否比原来的群体整齐. ($\alpha = 0.01$)

§6.3 两个正态总体参数的假设检验

在这一节里,我们主要介绍两个正态总体的参数比较的假设检验,简单介绍大样本中未知参数的检验.

一、两个正态总体参数的假设检验

设正态总体 $X \sim N(\mu_x, \sigma_x^2)$ 和 $Y \sim N(\mu_y, \sigma_y^2)$ 相互独立,$(X_1, X_2, \cdots, X_m)$ 和 $(Y_1, Y_2, \cdots, Y_n)$ 分别为来自总体 X 和 Y 的两个相互独立的样本;$\overline{X}$ 和 $\overline{Y}$ 以及 S_x^2 和 S_y^2 分别为样本均值与样本方差.

1. 比较两个正态总体均值的检验

$$H_0: \mu_x = \mu_y, \quad H_1: \mu_x \neq \mu_y.$$

(1) 若 σ_x^2、σ_y^2 已知.

采用 U 检验,选取统计量 $U = \dfrac{\overline{X} - \overline{Y}}{\sqrt{\dfrac{\sigma_x^2}{m} + \dfrac{\sigma_y^2}{n}}}$,$H_0$ 为真时服从 $N(0,1)$ 分布,拒绝域 $W = (-\infty, -u_{\alpha/2}) \bigcup (u_{\alpha/2}, +\infty)$.

(2) 若 $\sigma_x^2 = \sigma_y^2 = \sigma^2$ 未知.

采用 t 检验,选取统计量 $T = \dfrac{\overline{X} - \overline{Y}}{\sqrt{(m-1)S_x^2 + (n-1)S_y^2}} \sqrt{\dfrac{mn(m+n-2)}{m+n}}$,$H_0$ 为真时服从 $t(m+n-2)$ 分布,拒绝域为 $W = (-\infty, -t_{\alpha/2}(m+n-2)) \bigcup (t_{\alpha/2}(m+n-2), +\infty)$.

注 当 σ_x^2, σ_y^2 未知时,$\sigma_x^2 = \sigma_y^2$ 是比较均值 μ_x 与 μ_y 的前提条件. 当 σ_x^2, σ_y^2 未知且 $\sigma_x^2 \neq \sigma_y^2$

时，不能用上述 t 检验法比较均值 μ_x 与 μ_y，此时可以采用近似的 t 检验：选取统计量 $T=$

$$\frac{\overline{X}-\overline{Y}}{\sqrt{\dfrac{S_x^2}{m}+\dfrac{S_y^2}{n}}}，H_0 \text{ 为真时近似地服从 } t(f) \text{ 分布，其中 } f=\frac{\left(\dfrac{S_x^2}{m}+\dfrac{S_y^2}{n}\right)^2}{\dfrac{S_x^4}{m^2(m-1)}+\dfrac{S_y^4}{n^2(n-1)}}.$$

2. 比较两个正态总体方差的检验

$$H_0:\sigma_x^2=\sigma_y^2，H_1:\sigma_x^2\neq\sigma_y^2.$$

(1) 若 μ_x、μ_y 未知.

采用 F 检验，选取统计量 $F=\dfrac{S_x^2}{S_y^2}$，H_0 为真时服从 $F(m-1,n-1)$ 分布.

因为 S_x^2 是 σ_x^2 的无偏估计，S_y^2 是 σ_y^2 的无偏估计，所以若 H_0 为真，则 F 应在 1 附近摆动，因此对给定的显著性水平 α，由 $P\{k_1<F<k_2\}=1-\alpha$ 确定两个值 k_1，k_2，但这样的 k_1，k_2 是不唯一的. 为确定起见，由

$$\begin{cases} P\{F>F_{\alpha/2}(m-1,n-1)\}=\dfrac{\alpha}{2} \\ P\{F>F_{1-\alpha/2}(m-1,n-1)\}=1-\dfrac{\alpha}{2} \end{cases},$$

查 F 分布表，得临界值 $F_{\alpha/2}(m-1,n-1)$，$F_{1-\alpha/2}(m-1,n-1)$. 拒绝域为 $W=(0,F_{1-\alpha/2}(m-1,n-1))\bigcup(F_{\alpha/2}(m-1,n-1),+\infty)$，若 $F\in W$，即 $F<F_{1-\alpha/2}(m-1,n-1)$ 或 $F_{\alpha/2}(m-1,n-1)$，则拒绝 H_0；否则接受 H_0.

(2) 若 μ_x、μ_y 已知.

采用 F 检验，选取统计量 $F=\dfrac{S_x^2}{S_y^2}\left(\text{其中 } S_x^2=\dfrac{1}{m}\sum_{i=1}^{m}(X_i-\mu_x)^2, S_y^2=\dfrac{1}{n}\sum_{i=1}^{n}(Y_i-\mu_y)^2\right)$，$H_0$ 为真时服从 $F(m,n)$ 分布. 拒绝域为 $W=(0,F_{1-\alpha/2}(m,n))\bigcup(F_{\alpha/2}(m,n),+\infty)$.

需要指出的是，在查表时要用到公式 $F_{1-\alpha}(m,n)=\dfrac{1}{F_\alpha(n,m)}$.

【例 1】 全市高三学生进行数学毕业会考，随机抽取 10 名男生的会考成绩为

65，72，89，56，79，63，92，48，75，81；

随机抽取 8 名女生的会考成绩为

78，69，65，61，54，87，51，67.

若男生的会考成绩 $X\sim N(\mu_1,\sigma_1^2)$，女生的会考成绩 $Y\sim N(\mu_2,\sigma_2^2)$，试问男生和女生考试的平均成绩是否相同？($\alpha=0.05$)

解 (1) $H_0:\sigma_1^2=\sigma_2^2$，$H_1:\sigma_1^2\neq\sigma_2^2$.

采用 F 检验，选取统计量 $F=\dfrac{S_x^2}{S_y^2}$，在 H_0 为真时服从 $F(m-1,n-1)$ 分布. 这里 $m=10$，$n=8$. 由

$$\begin{cases} P\{F>F_{0.025}(9,7)\}=0.025 \\ P\{F>F_{0.975}(9,7)\}=0.975 \end{cases},$$

查 F 分布表，得临界值 $F_{0.025}(9,7)=4.82$，$F_{0.975}(9,7)=\dfrac{1}{F_{0.025}(7,9)}=\dfrac{1}{4.20}=0.238$.
计算

$$F=\frac{s_x^2}{s_y^2}=\frac{198.889}{141.143}=1.409,$$

因为 $F_{0.975}(9,7)<F<F_{0.025}(9,7)$，所以接受 H_0，即可以认为 $\sigma_1^2=\sigma_2^2$.

(2) $H_0:\mu_1=\mu_2$，$H_1:\mu_1\neq\mu_2$.

采用 t 检验，选取统计量 $T=\dfrac{\overline{X}-\overline{Y}}{\sqrt{(m-1)S_x^2+(n-1)S_y^2}}\sqrt{\dfrac{mn(m+n-2)}{m+n}}$，$H_0$ 为真时服从 $t(m+n-2)$ 分布，这里 $m=10$，$n=8$. 由 $P(|T|>t_{0.025}(16))=0.05$ 查 t 分布表得临界值 $t_{0.025}(16)=2.120$. 计算

$$\begin{aligned}
|t| &= \left|\frac{\bar{x}-\bar{y}}{\sqrt{(m-1)s_x^2+(n-1)s_y^2}}\sqrt{\frac{mn(m+n-2)}{m+n}}\right|\\
&= \left|\frac{72-66.5}{\sqrt{9\times198.889+7\times141.143}}\sqrt{\frac{10\times8\times16}{10+8}}\right|=0.880.
\end{aligned}$$

因为 $|t|<t_{0.025}(16)$，所以接受 H_0，即在显著性水平 0.05 下，可以认为男生和女生平均成绩相同.

需要指出的是，若 $m=n$，则可令 $Z=X-Y$，不论 X 与 Y 是否独立，此时检验 μ_x 是否等于 μ_y，就转化为直接检验 $\mu_x-\mu_y$ 是否等于 0，可以直接利用单个正态总体的 t 检验法，而不必检验 σ_x^2 与 σ_y^2 是否相等. 这种方法我们称之为配对法.

【例 2】 为比较甲、乙两种安眠药的疗效，将 20 名患者分成两组，每组 10 人，如服药后延长的睡眠时间分别服从正态分布 $N(\mu_1,\sigma_1^2)$ 和 $N(\mu_2,\sigma_2^2)$，其数据为

甲：5.5, 4.6, 4.4, 3.4, 1.9, 1.6, 1.1, 0.8, 0.1, -0.1；

乙：3.7, 3.4, 2.0, 2.0, 0.8, 0.7, 0, -0.1, -0.2, -1.6.

试问：在显著性水平 $\alpha=0.05$ 下两种药物的疗效有无显著差别？

解 设服甲药后延长的睡眠时间 $X\sim N(\mu_1,\sigma_1^2)$，服乙药后延长的睡眠时间 $Y\sim N(\mu_2,\sigma_2^2)$，则 X,Y 相互独立，且 $Z=X-Y\sim N(\mu_1-\mu_2,\sigma_1^2+\sigma_2^2)$.

Z_i：1.8, 1.2, 2.4, 1.4, 1.1, 0.9, 1.1, 0.9, 0.3, 1.5.

$H_0:\mu_1-\mu_2=0$，$H_1:\mu_1-\mu_2\neq0$.

采用 t 检验，选取统计量 $T=\dfrac{\overline{Z}}{S/\sqrt{n}}$，$H_0$ 为真时服从 $t(n-1)$ 分布，这里 $n=10$. 由

$$P(|t|>t_{0.025}(9))=0.05,$$

查 t 分布表得临界值 $t_{0.025}(9)=2.2622$. 计算

$$|t|=\frac{\bar{z}}{s/\sqrt{n}}=\left|\frac{1.26}{0.5680/\sqrt{10}}\right|=7.0149>t_{0.025}(9),$$

故在显著性水平 $\alpha=0.05$ 下可以认为两种药的疗效有显著差别.

【例3】 甲、乙两台车床生产同一型号的滚珠. 设甲车床生产的滚珠直径 $X \sim N(\mu_1, \sigma_1^2)$，乙车床生产的滚珠直径 $Y \sim N(\mu_2, \sigma_2^2)$，为比较两台车床生产中的精度，现从两台车床生产的产品中分别取出 8 个和 9 个，测量其滚珠直径，经计算 $s_x^2 = 5.36$，$s_y^2 = 1.47$，试问甲车床生产中的精度是否不如乙车床生产中的精度好？（$\alpha = 0.05$）

解 易知，若 $\sigma_1^2 > \sigma_2^2$，则甲车床生产中的精度不如乙车床生产中的精度好，

$$H_0 : \sigma_1^2 \leqslant \sigma_2^2, \quad H_1 : \sigma_1^2 > \sigma_2^2.$$

采用 F 检验，因为 μ_1，μ_2 未知，所以选取统计量 $F = \dfrac{S_x^2}{S_y^2}$，由于 S_x^2 是 σ_1^2 的无偏估计，S_y^2 是 σ_2^2 的无偏估计，所以若 H_0 为真（即 $\sigma_1^2 \leqslant \sigma_2^2$），则 F 应经常地小于 1，若 F 远大于 1，则应拒绝 H_0. 此时 $F = \dfrac{S_x^2}{S_y^2}$ 的分布不知道，但 $\widetilde{F} = \dfrac{S_x^2/\sigma_1^2}{S_y^2/\sigma_2^2} \sim F(m-1, n-1)$. 易知，若 H_0 成立，即对 $\forall \sigma_1^2 \leqslant \sigma_2^2$ 有 $\widetilde{F} = \dfrac{S_x^2/\sigma_1^2}{S_y^2/\sigma_2^2} \geqslant \dfrac{S_x^2}{S_y^2} = F$，从而有 $P(F > F_\alpha(m-1, n-1)) \leqslant P(\widetilde{F} > F_\alpha(m-1, n-1)) = \alpha$.

对给定的显著性水平 α，由 $P(\widetilde{F} > F_\alpha(m-1, n-1)) = \alpha$ 查 F 分布表得临界值 $F_\alpha(m-1, n-1)$，这意味着当 H_0 成立时 $\{\widetilde{F} > F_\alpha(m-1, n-1)\}$ 进而 $\{F > F_\alpha(m-1, n-1)\}$ 是小概率事件，故拒绝域为 $W = (F_\alpha(m-1, n-1), +\infty)$.

在本例中，$F_{0.05}(7, 8) = 3.50$，$F = \dfrac{s_x^2}{s_y^2} = \dfrac{5.36}{1.47} = 3.646 > F_{0.05}(7, 8)$，所以拒绝 H_0，即在显著性水平 0.05 下，可以认为甲车床生产中的精度不如乙车床生产中的精度好.

类似地，当 μ_1、μ_2 未知时，$H_0 : \sigma_1^2 \geqslant \sigma_1^2$ 对 $H_1 : \sigma_1^2 < \sigma_2^2$ 检验的拒绝域为 $W = (0, F_{1-\alpha}(m-1, n-1))$.

我们把有关两个正态总体参数的假设检验总结如下（见表 6—3—1），以便查用.

表 6—3—1　　　两个正态总体 $N(\mu_x, \sigma_x^2), N(\mu_y, \sigma_y^2)$ 参数的假设检验一览表

	σ_x^2, σ_y^2 已知			$\sigma_x^2 = \sigma_y^2 = \sigma^2$ 未知		
H_0	$\mu_x = \mu_y$	$\mu_x \leqslant \mu_y$	$\mu_x \geqslant \mu_y$	$\mu_x = \mu_y$	$\mu_x \leqslant \mu_y$	$\mu_x \geqslant \mu_y$
H_1	$\mu_x \neq \mu_y$	$\mu_x > \mu_y$	$\mu_x < \mu_y$	$\mu_x \neq \mu_y$	$\mu_x > \mu_y$	$\mu_x < \mu_y$
统计量	$U = \dfrac{\overline{X} - \overline{Y}}{\sqrt{\dfrac{\sigma_x^2}{m} + \dfrac{\sigma_y^2}{n}}}$			$T = \dfrac{\overline{X} - \overline{Y}}{\sqrt{(m-1)S_x^2 + (n-1)S_y^2}} \sqrt{\dfrac{mn(m+n-2)}{m+n}}$		
分布	$N(0, 1)$			$t(m+n-2)$		
H_0 的拒绝域	$\|u\| > u_{\alpha/2}$	$u > u_\alpha$	$u < -u_\alpha$	$\|t\| > t_{\alpha/2}$	$t > t_\alpha$	$t < -t_\alpha$
	μ_x, μ_y 已知			μ_x, μ_y 未知		
H_0	$\sigma_x^2 = \sigma_y^2$	$\sigma_x^2 \leqslant \sigma_y^2$	$\sigma_x^2 \geqslant \sigma_y^2$	$\sigma_x^2 = \sigma_y^2$	$\sigma_x^2 \leqslant \sigma_y^2$	$\sigma_x^2 \geqslant \sigma_y^2$
H_1	$\sigma_x^2 \neq \sigma_y^2$	$\sigma_x^2 > \sigma_y^2$	$\sigma_x^2 < \sigma_y^2$	$\sigma_x^2 \neq \sigma_y^2$	$\sigma_x^2 > \sigma_y^2$	$\sigma_x^2 < \sigma_y^2$

续表

	μ_x，μ_y 已知			μ_x，μ_y 未知	
统计量	$F=\dfrac{\dfrac{1}{m}\sum\limits_{i=1}^{m}(X_i-\mu_x)^2}{\dfrac{1}{n}\sum\limits_{i=1}^{n}(Y_i-\mu_y)^2}$			$F=\dfrac{S_x^2}{S_y^2}$	
分布	$F(m,n)$			$F(m-1,n-1)$	
H_0 的拒绝域	$F<F_{1-\alpha/2}$ 或 $F>F_{\alpha/2}$	$F>F_\alpha$	$F<F_{1-\alpha}$	$F<F_{1-\alpha/2}$ 或 $F>F_{\alpha/2}$	$F>F_\alpha$ ・ $F<F_{1-\alpha}$

二、关于大样本中未知参数的检验

若不知总体是否服从正态分布或明知总体不服从正态分布，这时又如何对总体中的未知参数（期望、方差等）进行假设检验呢？

例如：设 $(X_1,X_2,\cdots,X_n)$ 是来自总体 X 的一个容量为 $n(n$ 充分大$)$ 的样本，$EX=\mu$ 未知，$DX=\sigma_0^2$ 已知，试对给定的显著性水平 α 给出下列问题：

$$H_0:\mu=\mu_0,\ H_1:\mu\neq\mu_0,$$

的检验方法.

由于 $X_1,X_2,\cdots,X_n$ 独立同分布，$EX_i=\mu$，$DX_i=\sigma_0^2(i=1,2,\cdots,n)$. 故在 H_0 成立的

条件下，由中心极限定理可知 $\dfrac{\sum\limits_{i=1}^{n}X_i-\sum\limits_{i=1}^{n}EX_i}{\sqrt{D\left(\sum\limits_{i=1}^{n}X_i\right)}}=\dfrac{\overline{X}-\mu_0}{\sigma_0/\sqrt{n}}=U$ 近似服从 $N(0,1)$ 分布. 因

而当样本容量 n 充分大时，也可以用 U 检验法对所提出的问题进行检验.

注 若 $DX=\sigma^2$ 存在，但未知，则当 n 充分大时分布近似为标准正态分布，仍采用 U 检验，统计量 $U=\dfrac{\overline{X}-\mu_0}{S/\sqrt{n}}$ 近似服从 $N(0,1)$ 分布.

习题 6—3

1. 假设 A 厂生产的灯泡的使用寿命 $X\sim N(\mu_1,95^2)$，B 厂生产的灯泡的使用寿命 $Y\sim N(\mu_2,120^2)$，现在从两厂产品中分别抽取了 100 只和 75 只，测得灯泡的平均寿命相应为 1 180 小时和 1 220 小时. 问在显著性水平 $\alpha=0.05$ 下，这两家生产的灯泡的平均使用寿命有无显著差异？

2. 某卷烟厂检测两种烟草中尼古丁的含量，样本为

A：24，27，26，21，24； B：27，28，23，31，26；

已知含量服从正态分布，其方差分别为 5 和 8，在显著性水平 $\alpha=0.05$ 下，两种烟草中尼

古丁的含量是否有显著差异?

3. 设两种不同设计类型的照明弹的燃烧时间服从正态分布,且方差相等. 分别各取 10 个照明弹,测得平均燃烧时间分别为 $\bar{x} = 70.4$ 和 $\bar{y} = 70.2$,样本方差 $s_x^2 = 85.822\,2$, $s_y^2 = 87.733\,3$,是否可以认为两种照明弹的燃烧时间相同?

4. 某项心理测试后随机抽取 15 名男生和 12 名女生的测试成绩如下:

男生:49,48,47,53,51,43,39,57,56,46,42,44,55,44,40;

女生:46,40,47,51,43,36,43,38,48,54,48,34;

如果测试成绩服从正态分布,且男女生成绩独立,方差相等,问男生和女生的测试成绩是否有明显差异?

5. 两种毛织物的强度(单位:公斤/平方厘米)检测结果如下:

第一类:138,127,134,125;   第二类:134,137,135,140,130,134;

已知两类毛织物的强度服从正态分布,问二者的方差是否有明显差异?($\alpha = 0.05$)

6. 砖瓦厂有两座砖窑. 某日从甲窑抽取机制红砖 7 块,从乙窑取 6 块,测得抗折强度(单位:公斤)如下:

甲窑:20.51,25.56,20.78,37.27,36.26,25.97,24.62;

乙窑:32.56,26.66,25.64,33.00,34.87,31.03.

设抗折强度的分布近似于正态分布,若给定 $\alpha = 0.10$,试问两窑砖的抗折强度的均值有无显著差异?

7. 在某学院,从比较喜欢参加体育运动的男生中随意选出 50 名,测得平均身高为 174.3 厘米,从不愿参加运动的男生中随意选 50 名,测得其平均身高为 170.4 厘米. 假设两种情形下男生的身高都服从正态分布,其标准差分别为 5.3 厘米和 6.1 厘米. 问该学院参加体育运动的男生是否比不参加体育运动的男生长得要高些?($\alpha = 0.05$)

8. 有两台机床生产同一型号的滚珠,根据已有经验,这两台机床生产的滚珠直径都服从正态分布,现从这两台机床生产的滚珠中分别抽取 7 个和 9 个样本,测得滚珠直径(单位:毫米)如下:

甲机床:15.2,14.5,15.5,14.8,15.1,15.6,14.7;

乙机床:15.2,15.0,14.8,15.2,15.0,14.9,15.1,14.8,15.3;

问乙机床的产品直径的方差是否比甲机床的小?($\alpha = 0.05$)

9. 有甲、乙两个试验员对同样的试样进行分析,各人试验分析的结果如下:

试验号	1	2	3	4	5	6	7	8
甲	4.3	3.2	3.8	3.5	3.5	4.8	3.3	3.9
乙	3.7	4.1	3.8	3.8	4.6	3.9	2.8	4.4

试问甲、乙两人的试验分析之间有无显著差异?($\alpha = 0.05$)

10. 某纺织厂在正常工作条件下平均每台布机每小时经纱断头次数为 0.973,各台布机的平均断头次数的均方差为 0.162. 该厂作轻浆试验,将经纱上浆率降低 20%. 在 200 台布机上进行试验,结果平均每台每小时经纱断头次数为 0.994,均方差为 0.16. 问新的上浆率能否推广?($\alpha = 0.05$)

§6.4 分布拟合检验

在前两节，我们介绍了总体分布类型已知时参数的假设检验问题. 一般在进行参数的假设检验之前，必须先对总体的分布进行推断.

前面已经提到关于未知参数分布函数的形式的假设称为非参数假设，判别一个非参数假设时用的检验称为**一致检验**或**非参数检验**.

本节我们主要介绍如何通过样本观测值找到一个分布，使得该分布作为总体的分布与观测值相吻合，这就是分布的拟和问题，所做的检验又称为**分布拟和检验**.

拟和总体的分布一般有两个途径：一个是拟和总体的分布函数；另一个是拟和总体的概率函数（即总体分布的概率密度或分布律）.

这里我们介绍 K. 皮尔逊(K. Pearson)于 1900 年提出的 χ^2 拟和检验法. 它最初是在分类数据的检验问题中提出的，能够像各种显著性检验一样控制犯第一类错误的概率.

一、检验法的提出及其检验方法

假设总体 X 的分布函数为 $F(x)$，$F(x)$ 可以是正态分布、二项分布、泊松分布，等等. $F_0(x)$ 为某个确定的分布函数.

$$H_0 : F(x) = F_0(x).$$

容量为 n 的样本观测值 $(x_1, x_2, \cdots, x_n)$ 将总体 X 的值域划分成 k 个互不相交的区间：

$$A_1 = [a_0, a_1), A_2 = [a_1, a_2), \cdots, A_k = [a_{k-1}, a_k),$$

其中每个区间内要有 5 个以上的样本点，且这些区间的长度不一定相同.

设 $x_1, x_2, \cdots, x_n$ 落入 A_i 中的频数为 n_i，$i = 1, 2, \cdots, k$，$\sum_{i=1}^{k} n_i = n$. 当 H_0 为真时，样本观测值落入区间 $A_i = [a_{i-1}, a_i)$ 的概率为

$$p_i = F_0(a_i) - F_0(a_{i-1}), \quad i = 1, 2, \cdots, k, \tag{6.1}$$

我们称 p_i 为理论概率，称 np_i 为理论频数.

注意到在容量为 n 的各个不同的样本中，对于固定的 i，n_i 可以取不同的值，因而对固定的 i，n_i 是服从二项分布的随机变量. 而由伯努利大数定理可知，当 H_0 为真时 $\dfrac{n_i}{n} \xrightarrow{P}$ p_i，即 $\dfrac{n_i}{n}$ 与 p_i 应相差不大. 根据这个思想，皮尔逊构造了一个检验统计量

$$\chi^2 = \sum_{i=1}^{n} \frac{(n_i - np_i)^2}{np_i}. \tag{6.2}$$

对给定的显著性水平 α，由 $P(\chi^2 > \chi_\alpha^2)$ 确定临界值 χ_α^2，其拒绝域为 $W = (\chi_\alpha^2, +\infty)$.

这种检验方法就称为 χ^2 拟合检验法. 不难看出，在这种检验法中，关键是要知道 χ^2 皮尔逊检验统计量的分布.

二、χ^2 皮尔逊检验统计量的抽样分布

可以证明下面的定理 1.

定理 1　当 H_0 为真时，$p_1, p_2, \cdots, p_k$ 为总体的理论概率，则由式(6.2)定义的统计量 χ^2 的分布函数组成的序列 $\{F_n(x)\}$ 满足关系式：

$$\lim_{x \to \infty} F_n(x) = \begin{cases} \dfrac{1}{2^{\frac{k-1}{2}} \Gamma\left(\dfrac{k-1}{2}\right)} \displaystyle\int_0^x t^{\frac{k-1}{2}-1} \mathrm{e}^{-\frac{t}{2}} \mathrm{d}t, & x > 0 \\ 0, & x \leqslant 0 \end{cases},$$

即式(6.2)所定义的统计量 χ^2 的渐近分布是自由度为 $k-1$ 的 χ^2 分布.

定理 1 的应用很广泛，它是 χ^2 拟合检验的非参数检验的基础，但是，如果 H_0 只确定了分布的类型，而分布中所含的未知参数还未确定，此时我们就不能得到式(6.2)中的诸 p_i 的值. 在这种情况下，就不能再把定理 1 作为一个检验的基础了，然而 Fisher 证明过，只要将定理 1 稍加变动，则仍可以将它应用于这种情形，这就是下面的定理 2.

定理 2　（**Fisher 定理**）设 $F_0(x_1; \theta_1, \cdots, \theta_m)$ 为总体的真实分布，其中 $\theta_1, \cdots, \theta_m$ 为 m 个未知参数，在 $F_0(x_1; \theta_1, \cdots, \theta_m)$ 中用 $\theta_1, \cdots, \theta_m$ 的极大似然估计 $\hat{\theta}_1, \cdots, \hat{\theta}_m$ 代替 $\theta_1, \cdots, \theta_m$，并且以 $F_0(x; \hat{\theta}_1, \cdots, \hat{\theta}_m)$ 取代式(6.1)中的 $F_0(x)$，得到

$$\hat{p}_i = F_0(a_i; \hat{\theta}_1, \cdots, \hat{\theta}_m) - F_0(a_{i-1}; \hat{\theta}_1, \cdots, \hat{\theta}_m), \tag{6.3}$$

则将式(6.3)代入式(6.2)所得的统计量

$$\chi^2 = \sum_{i=1}^k \frac{(n_i - n\hat{p}_i)^2}{n\hat{p}_i} \tag{6.4}$$

渐近服从自由度为 $k-m-1$ 的 χ^2 分布.

证明　略.

三、用 χ^2 拟和检验法检验分布函数的步骤

$$H_0 : F(x) = F_0(x).$$

第一步，将总体 X 的值域划分成 k 个互不相交的区间(或分成 k 组).

$$A_i = [a_{i-1}, a_i), \ i = 1, 2, \cdots, k,$$

a_0 与 a_k 可以取 $-\infty$ 和 $+\infty$；每个区间至少有 5 个频数，且区间的长度可以不一样.

第二步，在 H_0 为真的情形下，用极大似然估计法去估计分布中所含的未知参数.

第三步，在 H_0 为真的条件下，计算理论概率 $\hat{p}_i = F_0(a_i; \hat{\theta}_1, \cdots, \hat{\theta}_m) - F_0(a_{i-1}; \hat{\theta}_1, \cdots, \hat{\theta}_m)$，并计算出理论频数 $n\hat{p}_i, i = 1, 2, \cdots, k$.

第四步，根据样本观测值 $x_1, \cdots, x_n$ 落入区间 $[a_{i-1}, a_i)$，$i = 1, 2, \cdots, k$ 的个数算出样

本的频数 n_i，$i = 1, 2, \cdots, k$，并计算出 $\chi^2 = \sum_{i=1}^{k} \dfrac{(n_i - n\hat{p}_i)^2}{n\hat{p}_i}$ 的值.

第五步，对给定的显著性水平 α，由 $P(\chi^2 > \chi_\alpha^2(k-m-1)) = \alpha$ 查 χ^2 分布表得临界值 $\chi_\alpha^2(k-m-1)$，其中 m 是未知参数的个数.

第六步，若 $\chi^2 > \chi_\alpha^2$，则拒绝 H_0，否则接受 H_0.

需要指出的是，χ^2 拟和检验必须在大样本下进行，一般要 $n > 50$.

【例1】 19世纪，伟大的生物学家孟德尔(Mendel)按颜色与形状把豌豆分为四类：黄而圆的，青而圆的，黄而有角的，青而有角的. 孟德尔根据遗传学的理论指出，这四类豌豆的个数之比为 9∶3∶3∶1. 他在 556 个豌豆中，观察这四类豌豆的个数分别是 315，108，101，32. 试对孟德尔的理论进行统计检验.（$\alpha = 0.05$）

解 $H_0: p_1 = \dfrac{9}{16}$，$p_2 = \dfrac{3}{16}$，$p_3 = \dfrac{3}{16}$，$p_4 = \dfrac{1}{16}$.

相应的计算结果见表 6—4—1.

表 6—4—1

（分组）i	实际频数 n_i	理论概率 p_i	理论频数 np_i	$(n_i - np_i)^2/np_i$
1	315	9/16	312.75	0.016 2
2	108	3/16	104.25	0.134 9
3	101	3/16	104.25	0.101 3
4	32	1/16	34.75	0.217 6
Σ	556	1	556	$\chi^2 = 0.470\,0$

对于 $\alpha = 0.05$，自由度 $k - 1 = 3$，查 χ^2 分布表得 $\chi_{0.05}^2(3) = 7.815$，因为 $\chi^2 = 0.470\,0 < \chi_{0.05}^2(3) = 7.815$，所以接受 H_0，即可以认为孟德尔的理论是正确的.

【例2】 从一批棉纱中抽取 300 条进行拉力试验，令 X 表示以公斤为单位的拉力强度，将观测值 x_i 分成 13 组，以 n_i 表示第 i 组（$i = 1, 2, \cdots, 13$）中的观测值的个数（资料如表 6—4—2 所示），试在显著性水平 $\alpha = 0.01$ 下检验 H_0：X 的分布函数 $F(x)$ 为正态分布函数.

表 6—4—2

i	x	n_i	i	x	n_i
1	0.5～0.64	1	8	1.48～1.62	53
2	0.64～0.78	2	9	1.62～1.76	25
3	0.78～0.92	9	10	1.76～1.90	19
4	0.92～1.06	25	11	1.90～2.04	16
5	1.06～1.20	37	12	2.04～2.18	3
6	1.20～1.34	53	13	2.18～2.32	1
7	1.34～1.48	56			

解 由于原假设中 μ 及 σ^2 均未知，所以我们应先求出 μ 及 σ^2 的最大似然估计. 由第五章可知，μ 及 σ^2 的最大似然估计分别为

$$\hat{\mu} = \bar{x}, \quad \hat{\sigma^2} = \frac{1}{n} \sum_{i=1}^{n} (x_i - \bar{x})^2.$$

因为表中各区间都相当狭窄，我们用各区间的中点来代替落入该区间的样本观测值的取值，故

$$\hat{\mu} = 1.41, \quad \hat{\sigma} = 0.30.$$

由于表中首末几组所含元素太少，故可将它们分别并入第 3 组与第 11 组，然后利用正态分布表来计算理论概率

$$p_i = P\{a_{i-1} < X \leqslant a_i\} = \Phi(u_i) - \Phi(u_{i-1}), \quad i = 1, 2, \cdots, 9,$$

其中

$$u_i = \frac{a_i - \hat{\mu}}{\hat{\sigma}} = \frac{a_i - 1.41}{0.30}, \quad i = 1, 2, \cdots, 9.$$

为了计算统计量 χ^2 的值，将需要进行的计算列表如下（见表 6—4—3）：

表 6—4—3

强度区间 $[a_{i-1}, a_i]$	频数 n_i	标准化区间 $[u_{i-1}, u_i)$	$p_i = \Phi(u_i) - \Phi(u_{i-1})$	np_i	$(n_i - np_i)^2$	$\dfrac{(n_i - np_i)^2}{np_i}$
$[0.5, 0.92)$	12	$[-3.03, -1.63)$	0.051	15.3	10.89	0.71
$[0.92, 1.06)$	25	$[-1.63, -1.17)$	0.069 4	20.82	17.47	0.84
$[1.06, 1.20)$	37	$[-1.17, -0.7)$	0.121	36.3	0.49	0.01
$[1.20, 1.34)$	53	$[-0.7, -0.23)$	0.167	50.1	8.41	0.17
$[1.34, 1.48)$	56	$[-0.23, 0.23)$	0.182	54.6	1.96	0.04
$[1.48, 1.62)$	53	$[0.23, 0.7)$	0.167	50.1	8.41	0.17
$[1.62, 1.76)$	25	$[0.7, 1.17)$	0.121	36.3	127.69	3.52
$[1.76, 1.90)$	19	$[1.17, 1.63)$	0.069 4	20.82	3.31	0.16
$[1.90, 2.04]$	20	$[1.63, 2.1]$	0.033 7	10.11	97.81	9.67

我们算得

$$\chi^2 = \sum_{i=1}^{9} \frac{(n_i - n\hat{p}_i)^2}{n\hat{p}_i} = 15.29,$$

这里自由度 $k - m - 1 = 9 - 2 - 1 = 6$.

由 $P(\chi^2 > \chi^2_{0.01}(6)) = 0.01$，查 χ^2 分布表得 $\chi^2_{0.01}(6) = 16.812$. 因为 $\chi^2 < \chi^2_{0.01}(6)$，所以接受 H_0，即在显著性水平 $\alpha = 0.01$ 下可以认为拉力强度 X 服从正态分布.

【例3】 在某细纱机上进行断头率测定. 试验锭子总数为 440，测定断头总次数为 292次，每只锭子的断头次数记录于表 6—4—4. 问每只锭子的纺纱条件是否相同？（$\alpha = 0.01$）

表 6—4—4

每锭断头数	0	1	2	3	4	5	6	7	8
锭数	263	112	38	19	3	1	1	0	3

解 因为每只纱锭的断头次数服从泊松分布,所以若每只锭子的纺纱条件相同,则断头次数 X 应服从同一参数的泊松分布.

$$H_0: X \sim P(\lambda).$$

先求 λ 的最大似然估计值 $\hat{\lambda} = \bar{x} \approx 0.66$. 则 $P\{X = k\} = \dfrac{0.66^k}{k!} e^{-0.66}, k = 0, 1, 2, \cdots$. 采用 χ^2 拟和检验法,将有关数据填入表 6—4—5:

表 6—4—5

分组 i	实际频数 n_i	理论概率 p_i	理论频数 np_i	$(n_i - np_i)^2 / np_i$
0	263	0.517	227.48	5.546
1	112	0.341	150.04	9.644
2	38	0.113	49.72	2.763
3	19	0.025	11	5.818
≥ 4	8	0.004	1.76	22.124
$\sum$	440	1	440	$\chi^2 = 45.895$

这里要说明的是,为保证每组频数不少于 5,将断头数为 4,5,6,7,8 的几组合并为 "≥ 4" 的一组,故相应的理论概率也要相加.

对 $\alpha = 0.01$,自由度 $k - m - 1 = 5 - 1 - 1 = 3$,查 χ^2 分布表得 $\chi^2_{0.01}(3) = 11.345$,因为 $\chi^2 = 45.895 > \chi^2_{0.01}(3) = 11.345$,所以拒绝 H_0,即在显著性水平 $\alpha = 0.01$ 下可以认为每只锭子的纺纱条件不相同.

四、χ^2 拟合优度检验

由于皮尔逊 χ^2 统计量反映 "假设" 与 "实际" 之间差异的大小,因此可以用其构造分布拟合优度检验.

显著性检验只能得到 "相吻合" 和 "不相吻合" 两种截然不同的结论. 然而,实际中许多事物或现象,往往并非与某种假设完全相符或截然不同. 因此,统计检验有时不采用简单回答 "是" 与 "否" 的处理方法,而是给出 "所作假设与观测结果吻合程度" 的一个度量——拟合优度,当作 "由假设得到的预测结果" 与 "实际观测结果" 吻合程度的度量. 以 c 表示由式 (6.4) 求得的统计量 χ^2 的具体值,以 χ^2_v 表示服从自由度为 $v = k - m - 1$ 的 χ^2 分布的随机变量,则以

$$p = p(c, v) = P\{\chi^2_v \geq c\} \tag{6.5}$$

作为拟合优度. 一般的,当 $p \geq 0.30$ 时,认为假设与实际的吻合程度较好;当 $p \leq 0.10$ 时,认为吻合程度不佳;当 $0.10 < p < 0.30$ 时,认为 "否定" 和 "接受" 假设 H_0 的根据都不足.

【例 4】 1875—1955 年间的 81 年中的 63 年,上海夏季(5 月~9 月)共记录了 180 次暴雨(暴雨次数以天为单位计算),统计资料见表 6—4—6:

表 6—4—6 暴雨次数与泊松分布的拟合检验

暴雨次数 i	0	1	2	3	4	5	$\geqslant 6$	Σ
实际年数 n_i	4	8	14	19	10	4	4	63

以 X 表示一年内发生暴雨的次数. 我们看能否用泊松分布描绘 X，即检验假设 $H_0: X$ 服从泊松分布. 为此，需要在 H_0 成立的前提下，计算一年内发生 i 次暴雨的理论频数 np_i，其中 $n=63$，p_i 是事件"一年之内发生 i 次暴雨"的概率：

$$p_i = P\{X=i\} = \frac{\lambda^i}{i!} e^{-\lambda} \quad (i=0,1,2,\cdots),$$

其中参数 $\lambda > 0$ 未知，需要由估计值 $\hat{\lambda} = 180/63 \approx 2.86$ 代替；计算结果如表 6—4—7 所示.

表 6—4—7

概率 p_i	0.057 3	0.163 8	0.234 2	0.223 3	0.159 7	0.091 3	0.070 4	
理论年数 np_i	3.60	10.32	14.76	14.07	10.06	5.75	4.44	
$(n_i - np_i)^2 / np_i$	0.044 4	0.521 6	0.039 1	1.724 7	0.000 4	0.532 6	0.043 6	2.906 4

由式(6.4)求得皮尔逊 χ^2 统计量的值：$\chi^2 = 2.906\ 4$，其自由度 $v=5$（组数 $k=7$），查出两个分位数：$\chi^2_{0.90}(5) = 1.610$ 和 $\chi^2_{0.70}(5) = 3.000$. 由于 $\chi^2 = 2.906\ 4$ 介于 1.610 和 3.000 之间，可见拟合优度 p 的值介于 0.70 和 0.90 之间：$0.70 < p < 0.90$.

这样，检验结果表明，泊松分布确实能很好地描绘一年内发生暴雨的次数.

习题 6—4

1. 将一颗色子抛掷了 120 次，结果如下表所示：

点数	1	2	3	4	5	6
频数	21	28	19	24	16	12

问这颗色子是否均匀？（$\alpha = 0.05$）

2. 在某盒子中存放有白球和黑球，现作下面这样的实验：用返回抽取方式从此盒子中摸球，直到摸取的是白球为止，记录摸取的次数，重复这样的实验 100 次，其结果见下表：

摸取次数	1	2	3	4	$\geqslant 5$
频数	43	31	15	6	5

试问该盒中的白球与黑球个数是否相等？（$\alpha = 0.05$）

第七章

方差分析与回归分析简介

在社会实际生活中，影响一个事件的因素会有很多. 例如，在生产中，产品的质量会受到原材料、设备、技术及员工素质等因素的影响；又如，在工作中，学历、专业、工作时间、性别、个人能力、经历及机遇等各方面都是影响个人收入的因素. 虽然这些因素都不同程度地影响到最终的结果，但有些因素影响较大，有些因素影响较小. 因此，在实际问题中，就有必要找出那些对结果有显著影响的因素. 方差分析就是根据试验的结果进行分析，通过建立数学模型，鉴别各个因素影响大小的一种有效方法.

§7.1 单因素方差分析

一、基本概念

下面，我们先介绍几个概念.

1. 试验指标

考察对象的某种特征或试验结果. 如产品的性能、质量、产量等，用 y 表示.

2. 因素(子)

影响试验指标的条件(即影响指标的原因)，用 $A,B,C,\cdots$ 表示. 因素又可分为两类：一类是人们可以控制的，如影响指标的原材料、设备、学历等因素；另一类是无法控制的，如员工素质与机遇等因素. 一般我们所讨论的因素都是可控制的因素.

3. 水平

因素在试验中所取的不同状态. 因素 A 的水平用 $A_1,A_2,\cdots$ 来表示. 因素对指标的影响表现在它所取的水平发生改变而使得指标发生变化.

如果在一项试验中只有一个因素在改变，则称为**单因素试验**；如果多于一个因素在改变，则称为**多因素试验**. 通过方差分析，我们可以分析出哪些因素对指标有显著影响，起影响作用的因素在什么水平下起最好的影响作用.

下面我们通过例题来说明单因素方差分析的提法.

【例1】 要评定四种不同的计算机辅导方案的教学效果，每一方案通过 30 分钟辅导后进行成绩测验，每种方案的试验次序及测验结果如表 7—1—1 所示：

表 7—1—1

	1	2	3	4	5	6	7
方案 1	30	74	46	58	62	38	
方案 2	50	38	66	62	44	58	80
方案 3	18	56	34	24	66	52	
方案 4	88	78	60	76			

　　该问题的指标为成绩，因素为辅导方案，因素水平为 4 种不同的辅导方案．若 4 种辅导方案对教学效果的影响不显著，则可以从中选取一种简便易行的方案；若有显著影响，则希望从中选取一种较优的方案，以便对提高教学效果更有利．

　　从表 7—1—1 中我们可以看到，一方面，虽然用同一种方案，在不同次的试验中测验结果也是不同的，但由于方案本身与试验的先后次序无关，因此其差别可以看成是由随机因素引起的；另一方面，不同的方案所引起的测验结果也是不同的，这可能是由方案的不同造成的，也可能是由随机因素造成的．

　　可以假设四种不同的方案为四个不同的总体，要判别随机因素和辅导方案这两个因素中哪一个是造成测验结果有差异的主要因素，这一问题可以归结为判断四个总体是否有相同分布的问题．在方差分析中总假定各总体是相互独立、方差相同的正态总体，因而，推断几个总体是否具有相同分布的问题，就转化为检验几个具有相同方差的正态总体的均值是否相等的问题．

　　方差分析是通过对误差的分析研究来判断多个正态总体均值是否相等的一种统计方法．方差分析根据参加试验的因素的个数可以分为：**单因素、双因素和多因素方差分析**．

二、假定及数学模型

1. 假定

（1）设在某试验中，单因素 A 有 r 个不同水平 $A_1, A_2, \cdots, A_r$，在 A 水平下的试验结果 $X_i \sim N(\mu, \sigma^2), i = 1, 2, \cdots, r$，且 $X_1, X_2, \cdots, X_r$ 相互独立．

（2）在 A_i 水平下做了 n_i 次试验，获得了 n_i 个实验结果 $X_{ij}, j = 1, 2, \cdots, n_i$，这可以看成是取自 X_i 的容量为 n_i 的一个子样，$i = 1, 2, \cdots, r$．记所有的试验数据个数为 $n = \sum\limits_{i=1}^{r} n_i$．

（3）X_{ij} 与 μ_i 之差是一个随机变量．由于 $X_{ij} \sim N(\mu_i, \sigma^2)$，故 X_{ij} 与 μ_i 之差可以看成一个随机误差 ε_{ij}，$\varepsilon_{ij} \sim N(0, \sigma^2)$．

2. 数学模型

根据上面的假设得出的模型如下：

$$\begin{cases} X_{ij} = \mu_i + \varepsilon_{ij}, \ i = 1, \cdots, r; j = 1, \cdots, n_i \\ \varepsilon_{ij} \sim N(0, \sigma^2), \ i = 1, \cdots, r; j = 1, \cdots, n_i, \text{且相互独立} \end{cases}$$

单因素方差分析就是通过比较不同水平的均值是否相同来判断显著性，于是提出原假

设 $H_0: \mu_1 = \mu_2 = \cdots = \mu_r$；$H_1: \mu_1, \mu_2, \cdots, \mu_r$ 不全相等.

为了便于书写和推导，引进记号

$$\mu = \frac{1}{n} \sum_{i=1}^{r} n_i \mu_i \text{——总平均，}$$

$\alpha_i = \mu_i - \mu$ ——因子 A 第 i 个水平对试验结果（试验指标）的效应值，它反映因子 A 第 i 个水平对试验指标的作用大小（$i = 1, 2, \cdots, r$）.

根据上面的记号有 $\sum_{i=1}^{r} n_i \alpha_i = \sum_{i=1}^{r} n_i (\mu_i - \mu) = n\mu - n\mu = 0$，引进这样的记号以后，将其代入原模型可得：

$$\begin{cases} X_{ij} = \mu + \alpha_i + \varepsilon_{ij}, & i = 1, \cdots, r, \ j = 1, \cdots, n_i \\ \sum_{i=1}^{r} n_i \alpha_i = 0 \\ \varepsilon_{ij} \sim N(0, \sigma^2), & i = 1, \cdots, r, \ j = 1, \cdots, n_i \text{ 且相互独立} \end{cases},$$

依此，检验均值相同就可以转化为检验效应是否相同，于是假设可以改为

$$H_0: \alpha_1 = \alpha_2 = \cdots = \alpha_r = 0; \ H_1: \alpha_1, \alpha_2, \cdots, \alpha_r \text{ 不全为零.}$$

三、平方和分解

引进记号

$$\overline{X} = \frac{1}{n} \sum_{i=1}^{r} \sum_{j=1}^{n_i} X_{ij} = \frac{1}{r} \sum_{i=1}^{r} \overline{X}_i, \text{ 其中 } n = \sum_{i=1}^{r} n_i \text{——样本总数，}$$

$$\overline{X}_i = \frac{1}{n} \sum_{j=1}^{n_i} X_{ij} = \frac{1}{n_i} X_i \text{—— 水平 } A_i \text{ 下的样本均值，}$$

$$S_T = \sum_{i=1}^{r} \sum_{j=1}^{n_i} (X_{ij} - \overline{X})^2 \text{——总偏差平方和.}$$

方差分析就是要把诸 X_{ij} 间的波动能用一个量表示出来，并且把引起波动的原因即随机误差和系统误差，用另外两个量表示出来，然后加以分析. 通常所用的就是平方和分解的方法，即用 X_{ij} 与样本均值 $\overline{X}$ 之间的偏差平方和来反映 X_{ij} 之间的波动.

$$\begin{aligned} S_T &= \sum_{i=1}^{r} \sum_{j=1}^{n_i} (X_{ij} - \overline{X})^2 = \sum_{i=1}^{r} \sum_{j=1}^{n_i} [(X_{ij} - \overline{X}_i) + (\overline{X}_i - \overline{X})]^2 \\ &= \sum_{i=1}^{r} \sum_{j=1}^{n_i} (X_{ij} - \overline{X}_i)^2 + \sum_{i=1}^{r} \sum_{j=1}^{n_i} (\overline{X}_i - \overline{X})^2 + 2 \sum_{i=1}^{r} \sum_{j=1}^{n_i} (X_{ij} - \overline{X}_i)(\overline{X}_i - \overline{X}) \\ &= \sum_{i=1}^{r} \sum_{j=1}^{n_i} (X_{ij} - \overline{X}_i)^2 + \sum_{i=1}^{r} n_i (\overline{X}_i - \overline{X})^2 \\ &= S_E + S_A, \end{aligned}$$

其中 $S_E = \sum_{i=1}^{r} \sum_{j=1}^{n_i} (X_{ij} - \overline{X}_i)^2 = \sum_{i=1}^{r} \sum_{j=1}^{n_i} [(\mu + \alpha_i + \varepsilon_{ij}) - (\mu + \alpha_i + \bar{\varepsilon}_i)]^2$

$$= \sum_{i=1}^{r} \sum_{j=1}^{n_i} (\varepsilon_{ij} - \bar{\varepsilon}_i)^2,$$

$$S_A = \sum_{i=1}^{r} n_i (\overline{X}_i - \overline{X})^2 = \sum_{i=1}^{r} n_i [(\mu + \alpha_i + \bar{\varepsilon}_i) - (\mu + \bar{\varepsilon})]^2 = \sum_{i=1}^{r} n_i (\alpha_i + \bar{\varepsilon}_i - \bar{\varepsilon})^2,$$

其中 $\bar{\varepsilon} = \dfrac{1}{n} \sum_{i=1}^{r} \sum_{j=1}^{n_i} \varepsilon_{ij},$

$$\bar{\varepsilon}_i = \frac{1}{n} \sum_{j=1}^{n_i} \varepsilon_{ij}, i = 1, \cdots, r,$$

$$\overline{X} = \frac{1}{n} \sum_{i=1}^{r} \sum_{j=1}^{n_i} X_{ij} = \frac{1}{n} \sum_{i=1}^{r} \sum_{j=1}^{n_i} (\mu + \alpha_i + \varepsilon_{ij}) = \mu + \bar{\varepsilon},$$

$$\overline{X}_i = \frac{1}{n_i} \sum_{j=1}^{n_i} X_{ij} = \frac{1}{n_i} \sum_{j=1}^{n_i} (\mu + \alpha_i + \varepsilon_{ij}) = \mu + \alpha_i + \bar{\varepsilon}_i, i = 1, \cdots, r.$$

由此可知，S_E 仅依赖于服从 $N(0, \sigma^2)$ 的随机变量 ε_{ij}，而 ε_{ij} 表示随机波动，故称 S_E 为样本的组内（偏差）平方和或误差（偏差）平方和，它反映的是样本的随机波动；而 S_A 不仅依赖于 ε_{ij}，还依赖于 $\alpha_1, \cdots, \alpha_r$. 在 H_0 为真时，反映的只是误差的波动，而当 H_0 不真时，它除了反映误差的波动外，还反映了因素 A 的不同水平效应间的差异，故称 S_A 为样本的组间（偏差）平方和或因素 A 的（偏差）平方和，它反映样本之间的差异，即由 A 的不同水平效应所引起的偏差.

四、构造检验统计量

由上面的分析可知 $S_T = S_E + S_A$，此式称为平方和分解式，即

$$\sum_{i=1}^{r} \sum_{j=1}^{n_i} (X_{ij} - \overline{X})^2 = \sum_{i=1}^{r} \sum_{j=1}^{n_i} (\varepsilon_{ij} - \bar{\varepsilon}_i)^2 + \sum_{i=1}^{r} n_i (\alpha_i + \bar{\varepsilon}_i - \bar{\varepsilon})^2.$$

如果 H_0 成立，则所有的 X_{ij} 都服从正态分布 $N(\mu, \sigma^2)$，且相互独立，由 §4.3 的定理 2，可以证明：

(1) $S_T / \sigma^2 \sim \chi^2 (n-1)$.

(2) $S_E / \sigma^2 \sim \chi^2 (n-r)$，且 $E(S_E) = (n-r)\sigma^2$，所以 $S_E / (n-r)$ 为 σ^2 的无偏估计.

(3) $S_A / \sigma^2 \sim \chi^2 (r-1)$，且 $E(S_A) = (r-1)\sigma^2$，因此 $S_A / (r-1)$ 为 σ^2 的无偏估计.

(4) S_E 与 S_A 相互独立.

所以，我们选取统计量

$$F = \frac{S_A}{r-1} \bigg/ \frac{S_E}{n-r} \overset{H_0 \text{为真}}{\sim} F(r-1, n-r),$$

对给定的显著性水平 α，由 $P\{F > F_\alpha (r-1, n-r)\} = \alpha$，查表得临界点 $F_\alpha (r-1, n-r)$，若 $F > F_\alpha (r-1, n-r)$，则拒绝 H_0，即因素 A 对指标有影响；否则接受 H_0，即因素 A 对指标没有影响.

之所以是这样的单侧检验，根据的是如果组间差异比组内差异大得多，说明因素的各水平间有显著差异，r 个总体不能认为是同一个正态总体，应认为 H_0 不成立，此时，比

值 $\dfrac{(n-r)S_A}{(r-1)S_E}$ 有偏大的趋势.

为了方便计算，实际计算中用的是下面的简化公式：

$$S_T = \sum_{i=1}^{r} \sum_{j=1}^{n_i} X_{ij}^2 - \frac{1}{n} \Big(\sum_{i=1}^{r} \sum_{j=1}^{n_i} X_{ij} \Big)^2,$$

$$S_A = \sum_{i=1}^{r} \frac{X_i^2}{n_i} - \frac{1}{n} \Big(\sum_{i=1}^{r} \sum_{j=1}^{n_i} X_{ij} \Big)^2,$$

$$X_i = \sum_{j=1}^{n_i} X_{ij},$$

$$S_E = S_T - S_A,$$

为了更加直观，可以将上面的计算过程制成一张表格，称为单因素方差分析表，如表 7—1—2 所示：

表 7—1—2 单因素方差分析表

方差来源	平方和	自由度	均方和	F 比
因素 A	S_A	$f_A = r-1$	S_A/f_A	$F_A = \dfrac{S_A}{f_A} \Big/ \dfrac{S_E}{f_E}$
误差 E	S_E	$f_E = n-r$	S_E/f_E	
总 和	S_T	$f_T = n-1$		

若 $F_A > F_\alpha(f_A, f_E)$，则拒绝 H_0.

【例2】 在例1中，水平为 $\alpha = 0.05$ 的检验假设：

$$H_0 : \mu_1 = \mu_2 = \mu_3 = \mu_4;\ H_1 : \mu_2, \mu_3, \mu_r\ \text{不全相等}.$$

解 这里 $r=4$，$n_1 = n_3 = 6$，$n_2 = 7$，$n_4 = 4$，$n = 23$，所以有

$$S_T = \sum_{i=1}^{4} \sum_{j=1}^{n_i} x_{ij}^2 - \frac{1}{n} \Big(\sum_{i=1}^{4} \sum_{j=1}^{n_i} x_{ij} \Big)^2 = 76\,444 - \frac{1}{23} \times (1\,258)^2$$

$$= 76\,444 - 68\,807.130 = 7\,636.870,$$

$$S_A = \sum_{i=1}^{4} \frac{1}{n_i} x_i^2 - \frac{1}{n} \Big(\sum_{i=1}^{4} \sum_{j=1}^{n_i} x_{ij} \Big)^2 = 71\,657.476 - 68\,807.130 = 2\,850.346$$

$$S_E = S_T - S_A = 7\,636.870 - 2\,850.346 = 4\,786.524$$

S_T, S_A, S_E 的自由度依次为 $n-1=22$，$r-1=3$，$n-r=19$，方差分析表见表 7—1—3.

表 7—1—3

方差来源	平方和	自由度	均方和	F 比
因素 A	2 850.346	3	950.115	$F_A = 3.771$
误差 E	4 786.524	19	251.922	
总和	7 636.870	22		$F_{0.05}(3,19) = 3.13$

因为 $F_A > F_{0.05}(3,19)$，所以拒绝 H_0，即可以认为辅导方案对教学效果的影响显著.

习题 7—1

1. 从 A，B，C 三校随机抽取 4 名学生，测得语文成绩：A 校：74，82，70，76；B 校：88，80，85，83；C 校：71，73，74，70．问：三校语文成绩是否有显著差异？如果三校人数不等，分别是：A 校：61，70，58；B 校：69，71，82，64，83；C 校：74，68，85，76．三校学生成绩是否有显著差异？

2. 现在有 3 种复习方式，随机抽取 12 名学生分别训练，统计成绩如下：

A：72，67，64，69；　B：64，69，63，71，73；　C：75，79，74．

问：三种复习方式有无显著差异？

3. 考察温度对某一化工产品得率的影响，选了五种不同的温度，在同一温度下做了三次实验，测得其得率如下，试分析温度对得率有无显著影响．

温度	60	65	70	75	80
得率	90	91	96	84	84
	92	93	96	83	89
	88	92	93	83	82

§7.2　一元线性回归分析

一、相关分析与回归分析

变量之间的关系在客观世界中是普遍存在的，这些关系一般来讲分为两类：一是确定性的关系：变量之间的关系可以用函数解析式表达出来，例如自由落体运动路程和时间的关系；二是非确定性的关系：变量之间的关系不能用普通的函数关系来表示，例如，人的身高和体重的关系、人的血压和年龄的关系、某产品的广告投入与销售额间的关系等，它们之间是有关联的，但又不能用普通的函数关系表示．

回归分析和相关分析是研究相关关系的两种不同的数学工具．变量间的相关关系有如下两种形式：

（1）在相关关系中，视为自变量的变量往往可以人为加以控制，成为非随机变量，它同其他变量间可能存在因果关系，而且这种因果关系是不可逆转的．讨论这类相关关系的统计方法叫做**回归分析**．必须指出：由于回归分析中自变量一般是非随机变量，所以得到的回归方程也是不能逆转的，即方程的自变量与因变量的位置是不能任意调换的．

（2）还有一种相关关系，变量间的相关同时受到其他因素的支配，其间很难区分因果，因而各变量都是随机变量．研究这类相关关系的统计方法叫做**相关分析**．与回归分析不同，相关分析中的两个变量都是随机变量，它们处于对称的地位．

相关关系虽然不具有确定的函数关系，但是回归分析可以借助函数关系来表示相关变量之间的统计规律性．而相关分析是以某一指标来度量所描述的各个变量间关系的密切程度. 相关分析常用回归分析来补充, 两者相辅相成, 共同构成相关关系分析方法的基本内容. 回归分析是研究两个或两个以上变量相关关系的一种重要的统计方法.

在实际中最简单的情形是由两个变量组成的关系. 考虑用模型表示 $Y=f(x)$. 但是, 由于两个变量之间不存在确定的函数关系, 因此必须把随机波动考虑进去, 故引入模型如下:

$$Y=f(x)+\varepsilon,$$

其中 Y 是随机变量, x 是普通变量, ε 是随机变量(称为**随机误差**).

以上模型我们称为回归分析模型, 可以根据已得的试验结果对相应的变量进行预测等计算. 本节主要介绍一元线性回归模型的相关问题.

二、引例

有一种溶剂在不同的温度下在一定量的水中的溶解度不同, 现测得这种溶剂在温度 x 下, 溶解度 y 如表 7—2—1 所示:

表 7—2—1

x	0	4	10	15	21	29	36	51	68
y	66.7	71.0	76.3	80.6	85.7	92.9	99.4	113.6	125.1

这里 x 是自变量, Y 是随机变量, y 为 Y 的取值, 我们要求 Y 对 x 的回归分析. 为了研究这些数学蕴含的规律性, 以温度 x 为横坐标, 以溶解度 y 为纵坐标, 画出散点图, 如图 7—2—1 所示:

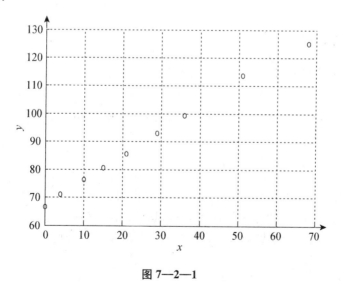

图 7—2—1

从图 7—2—1 可见, 数据点基本上散布为一条直线, 说明温度与溶解度呈明显的线性关系, 于是可以假设两变量之间有如下关系:

$$y_i=\beta_0+\beta_1 x_i+\varepsilon_i,\ i=1,2,\cdots,9,$$

其中 ε_i 为随机误差项，它反映了变量之间的不确定关系.

三、一元线性回归模型

设自变量 x 与随机变量 Y 之间有下面的数学结构式：

$$Y = \beta_0 + \beta_1 x + \varepsilon, \tag{7.1}$$

其中 β_0，β_1 为未知参数，ε 为随机误差项.

若 (x_i, Y_i)，$i = 1, 2, \cdots, n$，为取自总体 (x, Y) 的样本，则 (x_i, y_i)，$i = 1, 2, \cdots, n$ 为其样本值，对于 n 组数据，有

$$y_i = \beta_0 + \beta_1 x_i + \varepsilon_i, \quad i = 1, 2, \cdots, n. \tag{7.2}$$

在线性模型中，随机误差项 $\varepsilon_i \sim N(0, \sigma^2)$，$i = 1, 2, \cdots, n$ 且相互独立，即

$$\mathrm{cov}(\varepsilon_i, \varepsilon_j) = \begin{cases} \sigma^2, & i = j \\ 0, & i \neq j \end{cases}, \quad i, j = 1, 2, \cdots, n,$$

$\varepsilon = Y - (\beta_0 + \beta_1 x)$，由假设知 $Y \sim N(\beta_0 + \beta_1 x, \sigma^2)$，即有 $EY = \beta_0 + \beta_1 x$，回归分析就是根据样本观测值寻求 β_0, β_1 的估计 $\hat{\beta}_0$，$\hat{\beta}_1$.

对于给定的 x 值，取

$$\hat{Y} = \hat{\beta}_0 + \hat{\beta}_1 x \tag{7.3}$$

作为 $EY = \beta_0 + \beta_1 x$ 的估计，方程(7.3)称为 Y 关于 x 的线性回归方程或经验公式，其图像称为回归直线.

四、最小二乘估计

平面上的直线有无穷多条，究竟哪一条是回归直线呢？我们说，回归直线就是在一切直线中最接近所有数对 (x_i, y_i) 的直线，也就是说，回归直线代表 y 和 x 的关系与实际数对的误差比任何其他直线与实际数据的误差都小，即回归方程的回归系数 $\hat{\beta}_0$，$\hat{\beta}_1$ 应使总误差

$$Q(\beta_0, \beta_1) = \sum_{i=1}^{n} (y_i - \beta_0 - \beta_1 x_i)^2$$

达到最小，即 $Q(\hat{\beta}_0, \hat{\beta}_1) = \min Q(\beta_0, \beta_1)$. 通常我们利用最小二乘法来求出 β_0, β_1 的估计，这是因为 Q 是 β_0，β_1 的非负二次型，故其极小值必存在. 根据微积分的理论知道，只要求 Q 对 β_0，β_1 的一阶偏导数，并令其为 0，求出 β_0，β_1 即可.

$$\begin{cases} \dfrac{\partial Q}{\partial \beta_0} = -2 \sum_{i=1}^{n} (y_i - \beta_0 - \beta_1 x_i) = 0 \\ \dfrac{\partial Q}{\partial \beta_1} = -2 \sum_{i=1}^{n} (y_i - \beta_0 - \beta_1 x_i) x_i = 0 \end{cases},$$

整理后得

$$\begin{cases} \sum_{i=1}^{n}(y_i - \beta_0 - \beta_1 x_i) = 0 \\ \sum_{i=1}^{n}(y_i - \beta_0 - \beta_1 x_i)x_i = 0 \end{cases},$$

即 $\begin{cases} n\beta_0 + (\sum_{i=1}^{n} x_i)\beta_1 = \sum_{i=1}^{n} y_i \\ (\sum_{i=1}^{n} x_i)\beta_0 + (\sum_{i=1}^{n} x_i^2)\beta_1 = \sum_{i=1}^{n} x_i y_i \end{cases},$

称此为正规方程组，解方程组可得

$$\begin{cases} \hat{\beta}_1 = \left(\sum_{i=1}^{n} x_i y_i - n\bar{x}\bar{y}\right) \big/ \left(\sum_{i=1}^{n} x_i^2 - n\bar{x}^2\right) \\ \hat{\beta}_0 = \bar{y} - \hat{\beta}_1 \bar{x} \end{cases}. \tag{7.4}$$

令 $\quad l_{xx} = \sum_{i=1}^{n}(x_i - \bar{x})^2 = \sum_{i=1}^{n} x_i^2 - n\bar{x}^2 ,$ （7.5）

$l_{xy} = \sum_{i=1}^{n}(x_i - \bar{x})(y_i - \bar{y}) = \sum_{i=1}^{n} x_i y_i - n\bar{x}\bar{y} ,$ （7.6）

$l_{yy} = \sum_{i=1}^{n}(y_i - \bar{y})^2 = \sum_{i=1}^{n} y_i^2 - n\bar{y}^2 ,$ （7.7）

则有

$$\hat{\beta}_1 = l_{xy}/l_{xx}, \quad \hat{\beta}_0 = \bar{y} - \hat{\beta}_1\bar{x}, \tag{7.8}$$

称式(7.4)和式(7.8)为 β_0，β_1 的最小二乘估计.

定理 1 设 $\hat{\beta}_0$，$\hat{\beta}_1$ 为 β_0，β_1 的最小二乘估计，则 $\hat{\beta}_0$，$\hat{\beta}_1$ 分别是 β_0，β_1 的无偏估计，且

$$\hat{\beta}_0 \sim N\left(\beta_0, \sigma^2\left(\frac{l_{xx} + n\bar{x}^2}{nl_{xx}}\right)\right), \quad \hat{\beta}_1 \sim N\left(\beta_1, \frac{\sigma^2}{l_{xx}}\right),$$

其中 $l_{xx} = \sum_{i=1}^{n}(x_i - \bar{x})^2$.

证明 略.

【例 1】 求引例中某种溶剂的溶解度关于温度的回归方程.

解 根据题意有如下数据表 7—2—2.

表 7—2—2

温度 x	0	4	10	15	21	29	36	51	68
溶解度 y	66.7	71.0	76.3	80.6	85.7	92.9	99.4	113.6	125.1

由散点图 7—2—1 可知，可以对两变量进行线性回归分析，具体计算过程如下：

$$\sum_{i=1}^{9} x_i = 234, \quad \sum_{i=1}^{9} y_i = 811.3, \quad \sum_{i=1}^{9} x_i y_i = 24\,629, \quad \sum_{i=1}^{9} x_i^2 = 10\,144 .$$

从而

$$\overline{x} = 26, \overline{y} \approx 90.14,$$

$$l_{xx} = \sum_{i=1}^{n} x_i^2 - n\overline{x}^2 = 10\ 144 - 9 \times 26^2 = 4\ 060,$$

$$l_{xy} = \sum_{i=1}^{n} x_i y_i - n\overline{x}\,\overline{y} = 24\ 629 - 9 \times 26 \times 90.14 = 3\ 536.2,$$

可得

$$\hat{\beta}_1 = \frac{l_{xy}}{l_{xx}} \approx 0.871\ 0,$$

$$\hat{\beta}_0 = \overline{y} - \hat{\beta}_1 \overline{x} = 90.14 - 0.871\ 0 \times 26 = 67.494\ 0.$$

所以溶解度关于温度的回归方程为 $\hat{y} = 67.494\ 0 + 0.871\ 0x$.

五、回归方程的显著性检验

1. 总偏差平方和分解

关于线性回归方程 $\hat{Y} = \hat{\beta}_0 + \hat{\beta}_1 x$ 的建立，是通过散点图分析，在线性假设条件下进行的. 这个线性回归方程是否真的合理，还要根据实际观测值利用假设检验的方法加以判断，这一过程称为方程的显著性检验.

由线性回归模型 $Y = \beta_0 + \beta_1 x + \varepsilon$, $\varepsilon \sim N(0, \sigma^2)$ 可知，当 $\beta_1 = 0$ 时，Y 与 x 之间是不存在线性回归关系的，于是提出如下假设：

$$H_0 : \beta_1 = 0, H_1 : \beta_1 \neq 0.$$

为了对 H_0 进行检验，首先对观测值 $y_1, y_2, \cdots, y_n$ 的差异性进行分析，可以用总的偏差平方和来度量，记为 $S_{总} = \sum_{i=1}^{n} (y_i - \overline{y})^2$ ，

$$S_{总} = \sum_{i=1}^{n} (y_i - \hat{y}_i + \hat{y}_i - \overline{y})^2$$

$$= \sum_{i=1}^{n} (y_i - \hat{y}_i)^2 + 2\sum_{i=1}^{n} (y_i - \hat{y}_i)(\hat{y}_i - \overline{y}) + \sum_{i=1}^{n} (\hat{y}_i - \overline{y})^2$$

由正规方程组，可知 $\sum_{i=1}^{n} (y_i - \hat{y}_i)(\hat{y}_i - \overline{y}) = 0$ ，即

$$S_{总} = \sum_{i=1}^{n} (y_i - \hat{y}_i)^2 + \sum_{i=1}^{n} (\hat{y}_i - \overline{y})^2.$$

记 $S_{回} = \sum_{i=1}^{n} (\hat{y}_i - \overline{y})^2$, $S_{剩} = \sum_{i=1}^{n} (y_i - \hat{y}_i)^2$，则有

$$S_{总} = S_{回} + S_{剩}.$$

上式称为**总偏差平方和分解式**. $S_{回}$ 称为**回归平方和**，是由变量 x 的变化决定的，反映了变量 x 的重要程度；$S_{剩}$ 称为**剩余平方和**，是由随机误差以及其他未加以控制的因素决定

的，反映了随机误差及其他因素对试验结果的影响.

可以证明，对于回归平方和与剩余平方和，有如下性质：

定理 2　在线性模型假设下，当 H_0 为真时，$\hat{\beta}_1$ 与 $S_{剩}$ 相互独立，且有

(1) $\dfrac{S_{剩}}{\sigma^2} \sim \chi^2(n-2)$ ；

(2) $\dfrac{S_{回}}{\sigma^2} \sim \chi^2(1)$.

证明　略.

2. 回归方程的检验方法

对 H_0 的检验主要介绍两种检验方法：F **检验法**和 t **检验法**.

为了便于介绍检验方法，引用式(7.5)、式(7.6)和式(7.7)，给出 $S_{总}$，$S_{回}$，$S_{剩}$ 的计算方法如下：

$$S_{总} = \sum_{i=1}^{n}(y_i - \bar{y})^2 = \sum_{i=1}^{n}y_i^2 - n\bar{y}^2 = l_{yy} ,$$

$$S_{回} = \sum_{i=1}^{n}(\hat{y}_i - \bar{y})^2 = \hat{\beta}_1^2 l_{xx} = \beta_1 l_{xy},$$

$$S_{剩} = l_{yy} - \hat{\beta}_1 l_{xy}.$$

(1) F 检验法.

由定理 2，当 H_0 为真时，取统计量

$$F = \frac{S_{回}/\sigma^2}{(S_{剩}/\sigma^2)/(n-2)} = \frac{S_{回}}{S_{剩}/(n-2)} \sim F(1, n-2).$$

由给定的显著性水平 α，查表得 $F_\alpha(1, n-2)$，根据已知数据计算 F 值，若 $F > F_\alpha(1, n-2)$，则拒绝 H_0，表明回归方程显著；若 $F \leqslant F_\alpha(1, n-2)$，则接受 H_0，此时回归方程不显著.

【例 2】　对例 1 中溶解度关于温度的回归方程进行 F 检验($\alpha = 0.05$).

解　根据例 1 的计算结果，可以得到

$$l_{xx} = \sum_{i=1}^{n}x_i^2 - n\bar{x}^2 = 4\,060 ,$$

$$l_{xy} = \sum_{i=1}^{n}x_i y_i - n\bar{x}\bar{y} = 3\,536.2,$$

$$\hat{\beta}_1 = \frac{l_{xy}}{l_{xx}} \approx 0.871\,0,$$

$$l_{yy} = \sum_{i=1}^{n}y_i^2 - n\bar{y}^2 \approx 3\,084,$$

当线性假设为真时，统计量 $F = \dfrac{S_{回}}{S_{剩}/(n-2)} \sim F(1, n-2)$，

$$S_{回} = \hat{\beta}_1 l_{xy} = 0.871\,0 \times 3\,536.2 \approx 3\,080.03,$$

$$S_剩 = l_{yy} - \hat{\beta}_1 l_{xy} = 3.97,$$

代入数据得 $F = \dfrac{S_回}{S_剩/(n-2)} = \dfrac{7 \times 3\,080.03}{3.97} \approx 5\,430.78$，取显著性水平 $\alpha = 0.05$，查表 $F_{0.05}(1,7) = 5.59$，因为 $F = 5\,430.78$ 远大于 $F_{0.05}(1,7)$，故应该拒绝原假设，认为线性回归方程高度显著.

（2）t 检验法.

由定理 1 可知，$\hat{\beta}_1 \sim N\left(\beta_1, \dfrac{\sigma^2}{l_{xx}}\right)$，则 $\dfrac{\hat{\beta}_1 - \beta_1}{\sqrt{\sigma^2/l_{xx}}} \sim N(0,1)$，若记 $\hat{\sigma}^2 = \dfrac{S_剩}{n-2}$，则由定理 2，$E\hat{\sigma}^2 = \dfrac{ES_剩}{n-2} = \sigma^2$，可知 $\hat{\sigma}^2$ 为 σ^2 的无偏知估计，$\dfrac{(n-2)\hat{\sigma}^2}{\sigma^2} = \dfrac{S_剩}{\sigma^2} \sim \chi^2(n-2)$，且 $\dfrac{\hat{\beta}_1 - \beta_1}{\sqrt{\sigma^2/l_{xx}}}$ 与 $\dfrac{(n-2)\hat{\sigma}^2}{\sigma^2}$ 相互独立. 故取检验统计量

$$T = \dfrac{\dfrac{\hat{\beta}_1 - \beta_1}{\sqrt{\sigma^2/l_{xx}}}}{\sqrt{\dfrac{(n-2)\hat{\sigma}^2}{\sigma^2}\Big/(n-2)}} = \dfrac{\hat{\beta}_1 - \beta_1}{\hat{\sigma}}\sqrt{l_{xx}} \xrightarrow{H_0 \text{为真}} \dfrac{\hat{\beta}_1}{\hat{\sigma}}\sqrt{l_{xx}} \sim t(n-2).$$

由给定的显著性水平 α，查表得 $t_{\alpha/2}(n-2)$，根据已知数据计算 T 的值 t，当 $|t| > t_{\alpha/2}(n-2)$ 时，拒绝 H_0，这时回归效果显著；当 $|t| \leqslant t_{\alpha/2}(n-2)$ 时，接受 H_0，此时回归效果不显著.

【例 3】 对例 1 中溶解度关于温度的回归方程进行 t 检验（$\alpha = 0.05$）.

解 根据例 2 的计算结果，可以得到

$$l_{xx} = \sum_{i=1}^{n} x_i^2 - n\bar{x}^2 = 4\,060,$$

$$S_剩 = l_{yy} - \hat{\beta}_1 l_{xy} = 3.97,$$

$$\hat{\sigma} = \sqrt{\dfrac{S_剩}{n-2}} = \sqrt{3.97/7} \approx 0.753,$$

$$\hat{\beta}_1 = \dfrac{l_{xy}}{l_{xx}} \approx 0.871\,0,$$

取统计量 $T = \dfrac{\hat{\beta}_1}{\hat{\sigma}}\sqrt{l_{xx}}$，代入数据得 $|t| = \dfrac{0.871\,0}{0.753} \times \sqrt{4\,060} \approx 73.7$，对于显著性水平 $\alpha = 0.05$，查表得 $t_{0.025}(7) = 2.364\,6$，因为 $|t| > t_{0.025}(7)$，故应该拒绝原假设，认为线性回归方程显著.

六、回归方程的预测问题

1. 点预测

所谓点预测问题，就是在确定变量 x 的某一个取值 x_0 时，求因变量 y 的估计值 y_0. 即，对于给定的 x_0，由回归方程可得到回归值 $\hat{y}_0 = \hat{\beta}_0 + \hat{\beta}_1 x_0$，称 $\hat{y}_0$ 为 y 在 x_0 处的预测值，也称 $y_0 - \hat{y}_0$ 为预测误差.

例如，在例 1 中求出的回归方程为 $\hat{y} = 67.4940 + 0.8710x$，可以预测温度 $x_0 = 69$ 时的溶解度 $\hat{y}_0 = 67.4940 + 0.8710 \times 69 \approx 127.6$.

2. 区间预测

在利用回归分析进行点预测的过程中，我们不仅需要知道预测变量的值，往往还需要了解它的变化范围，即区间估计的问题.

对于任意给定的 $x = x_0$，其对应的 y 的观测值的取值范围可以运用以下方法确定：

设 $x = x_0$，其对应的 y 值为 y_0，则

$$y_0 = a + bx_0 + \varepsilon_0, \quad \varepsilon_0 \sim N(0, \sigma^2).$$

上式中，除 x_0 外，其他参数都是未知的，我们只能使用它们的估计量，考虑随机误差项，

$$\varepsilon = y_0 - \hat{y}_0.$$

显然，$E(\varepsilon) = E(y_0) - E(\hat{y}_0) = 0$，而且 $\hat{y}_0$ 是各 y_i 的线性组合，且 $\hat{y}_0$ 与各 y_i 是相互独立的，都是正态变量，所以它们的差 $\varepsilon = y_0 - \hat{y}_0$ 是两个相互独立的正态随机变量的差，因此，

$$D(\varepsilon) = D(y_0) + D(\hat{y}_0).$$

由于 $D(y_0) = \sigma^2$，整理可得 $D(\hat{y}_0) = \left[\dfrac{1}{n} + \dfrac{(x_0 - \bar{x})^2}{\sum\limits_{i=1}^{n}(x_i - \bar{x})^2} \right]\sigma^2$，从而得到，

$$\sigma_\varepsilon^2 = D(\varepsilon) = \left[1 + \frac{1}{n} + \frac{(x_0 - \bar{x})^2}{\sum\limits_{i=1}^{n}(x_i - \bar{x})^2} \right]\sigma^2$$

也就是说，$\dfrac{\varepsilon}{\sigma_\varepsilon} \sim N(0,1)$，由前面知 $\dfrac{(n-2)\hat{\sigma}^2}{\sigma^2} \sim \chi^2(n-2)$，并且可以证明 $\dfrac{\varepsilon}{\sigma_\varepsilon}$ 与 $\dfrac{(n-2)\hat{\sigma}^2}{\sigma^2}$ 相互独立，于是，

$$\frac{\varepsilon/\sigma_\varepsilon}{\sqrt{\hat{\sigma}^2/\sigma^2}} \sim t(n-2),$$

即，

$$\frac{y_0 - \hat{y}_0}{\hat{\sigma}\left[1 + \dfrac{1}{n} + \dfrac{(x_0 - \bar{x})^2}{\sum\limits_{i=1}^{n}(x_i - \bar{x})^2} \right]} \sim t(n-2).$$

所以 y_0 的置信度为 $1 - \alpha$ 的置信区间为

$$\left(\hat{y}_0 \pm t_{\frac{\alpha}{2}}(n-2)\hat{\sigma}\sqrt{1 + \frac{1}{n} + \frac{(x_0 - \bar{x})^2}{\sum\limits_{i=1}^{n}(x_i - \bar{x})^2}} \right), \tag{7.9}$$

记

$$\delta(x_0) = t_{\frac{\alpha}{2}}(n-2)\, \hat{\sigma}\, \sqrt{1 + \frac{1}{n} + \frac{(x_0 - \bar{x})^2}{\sum\limits_{i=1}^{n}(x_i - \bar{x})^2}}, \tag{7.10}$$

$(\hat{y}_0 - \delta(x_0),\, \hat{y}_0 + \delta(x_0))$ 即为 y_0 的置信度为 $1-\alpha$ 的预测区间.

从式(7.10)可以看出,对于给定的样本观测值及置信度而言,当 x_0 越靠近其均值 $\bar{x}$ 时,预测区间的宽度就越窄,预测也就越精确. 若将式(7.9)记为 $(\hat{y}_0 \pm \delta(x_0))$,对于给定的样本观测值,作出曲线,

$$y_1(x) = \hat{y} - \delta(x),$$
$$y_2(x) = \hat{y} + \delta(x),$$

则这两条曲线形成一含回归直线 $\hat{y} = \hat{a} + \hat{b}x$ 的区域,它在 $x = \bar{x}$ 处最窄. 如图 7—2—2 所示:

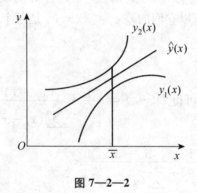

图 7—2—2

易见,y_0 的预测区间长度为 $2\delta(x_0)$,当 n 很大,并且 x_0 较接近 $\bar{x}$ 时,有

$$\sqrt{1 + \frac{1}{n} + \frac{(x_0 - \bar{x})^2}{l_{xx}}} \approx 1,\ t_{\alpha/2}(n-2) \approx u_{\alpha/2},$$

则预测区间可以近似为 $(\hat{y}_0 - u_{\alpha/2}\,\hat{\sigma},\ \hat{y}_0 + u_{\alpha/2}\,\hat{\sigma})$.

【例4】 求例1中温度 x 为 69 时,溶解度 y 的置信度为 0.95 的预测区间.

解 由例1和例3的计算结果可知 $l_{xx} = \sum\limits_{i=1}^{n}(x_i - \bar{x})^2 = 4\,060$,$\hat{\sigma} = \sqrt{\dfrac{S_{剩}}{n-2}} \approx 0.753$,$\bar{x} = 26$,$n = 9$,当 $x_0 = 69$ 时,$\hat{y}_0 = 67.494\,0 + 0.871\,0 \times 69 \approx 127.6$,查表可得 $t_{0.025}(7) = 2.364\,6$,所以 $\delta(x_0) = 2.364\,6 \times 0.753 \times \sqrt{1 + \dfrac{1}{9} + \dfrac{(69-26)^2}{4\,060}} \approx 2.23$,置信度为 0.95 的预测区间为

$$(\hat{y}_0 - \delta(x_0),\ \hat{y}_0 + \delta(x_0)) = (127.6 - 2.23, 127.6 + 2.23) = (125.37, 129.83).$$

习题 7—2

1. 有人认为,企业的利润水平和它的研究费用之间存在近似的线性关系,下表所列

资料能否证实这种论断($\alpha = 0.05$)?

研究费用(万元)	10	10	8	8	8	12	12	12	11	11
利润(万元)	100	150	200	180	250	300	280	310	320	300

2. 为了研究某商品的需求量 y 与价格 x 之间的关系，收集到下列 10 对数据：

价格 x_i	1	1.5	2	2.5	3	3.5	4	4	4.5	5
需求量 y_i	10	8	7.5	8	7	6	4.5	4	2	1

（1）求需求量 y 与价格 x 之间的线性回归方程；

（2）计算样本相关系数；

（3）用 F 检验法作线性回归关系显著性检验.

3. 随机调查 10 个城市居民的家庭平均收入 x 与电器用电支出 y 情况的数据(单位：千元)如下：

收入 x_i	18	20	22	24	26	28	30	30	34	38
支出 y_i	0.9	1.1	1.1	1.4	1.7	2.0	2.3	2.5	2.9	3.1

（1）求电器用电支出 y 与家庭平均收入 x 之间的线性回归方程；

（2）计算样本相关系数；

（3）做线性回归关系显著性检验；

（4）若线性回归关系显著，求 $x = 25$ 时，y 的置信度为 0.95 的置信区间.

附表

常用分布表

附表 1 χ^2 分布表

$$P\{\chi^2(n) > \chi_\alpha^2(n)\} = \alpha$$

n	$\alpha=0.995$	0.99	0.975	0.95	0.90	0.75
1	0.000	0.000	0.001	0.004	0.016	0.102
2	0.010	0.020	0.051	0.103	0.211	0.575
3	0.072	0.115	0.216	0.352	0.584	1.213
4	0.207	0.297	0.484	0.711	1.064	1.923
5	0.412	0.554	0.831	1.145	1.610	2.675
6	0.676	0.872	1.237	1.635	2.204	3.455
7	0.989	1.239	1.690	2.167	2.833	4.255
8	1.344	1.646	2.180	2.733	3.490	5.071
9	1.735	2.088	2.700	3.325	4.168	5.899
10	2.156	2.558	3.247	3.940	4.865	6.737
11	2.603	3.053	3.816	4.575	5.578	7.584
12	3.074	3.571	4.404	5.226	6.304	8.438
13	3.565	4.107	5.009	5.892	7.042	9.299
14	4.075	4.660	5.629	6.571	7.790	10.165
15	4.601	5.229	6.262	7.261	8.547	11.037

续前表

n	$\alpha=0.995$	0.99	0.975	0.95	0.90	0.75
16	5.142	5.812	6.908	7.962	9.312	11.912
17	5.697	6.408	7.564	8.672	10.085	12.792
18	6.265	7.015	8.231	9.390	10.865	13.675
19	6.844	7.633	8.907	10.117	11.651	14.562
20	7.434	8.260	9.591	10.851	12.443	15.452
21	8.034	8.897	10.283	11.591	13.240	16.344
22	8.643	9.542	10.982	12.338	14.041	17.240
23	9.260	10.196	11.689	13.091	14.848	18.137
24	9.886	10.856	12.401	13.848	15.659	19.037
25	10.520	11.524	13.120	14.611	16.473	19.939
26	11.160	12.198	13.844	15.379	17.292	20.843
27	11.808	12.879	14.573	16.151	18.114	21.749
28	12.461	13.565	15.308	16.928	18.939	22.657
29	13.121	14.256	16.047	17.708	19.768	23.567
30	13.787	14.953	16.791	18.493	20.599	24.478
31	14.458	15.655	17.539	19.281	21.434	25.390
32	15.134	16.362	18.291	20.072	22.271	26.304
33	15.815	17.074	19.047	20.867	23.110	27.219
34	16.501	17.789	19.806	21.664	23.952	28.136
35	17.192	18.509	20.569	22.465	24.797	29.054
36	17.887	19.233	21.336	23.269	25.643	29.973
37	18.586	19.960	22.106	24.075	26.492	30.893
38	19.289	20.691	22.878	24.884	27.343	31.815
39	19.996	21.426	23.654	25.695	28.196	32.737
40	20.707	22.164	24.433	26.509	29.051	33.660
41	21.421	22.906	25.215	27.326	29.907	34.585
42	22.138	23.650	25.999	28.144	30.765	35.510

续前表

\n	α＝0.995	0.99	0.975	0.95	0.90	0.75
43	22.859	24.398	26.785	28.965	31.625	36.436
44	23.584	25.148	27.575	29.787	32.487	37.363
45	24.311	25.901	28.366	30.612	33.350	38.291

n	α＝0.25	0.10	0.05	0.025	0.01	0.005
1	1.323	2.706	3.841	5.024	6.635	7.879
2	2.773	4.605	5.991	7.378	9.210	10.597
3	4.108	6.251	7.815	9.348	11.345	12.838
4	5.385	7.779	9.488	11.143	13.277	14.860
5	6.626	9.236	11.070	12.833	15.086	16.750
6	7.841	10.645	12.592	14.449	16.812	18.548
7	9.037	12.017	14.067	16.013	18.475	20.278
8	10.219	13.362	15.507	17.535	20.090	21.955
9	11.389	14.684	16.919	19.023	21.666	23.589
10	12.549	15.987	18.307	20.483	23.209	25.188
11	13.701	17.275	19.675	21.920	24.725	26.757
12	14.845	18.549	21.026	23.337	26.217	28.300
13	15.984	19.812	22.362	24.736	27.688	29.819
14	17.117	21.064	23.685	26.119	29.141	31.319
15	18.245	22.307	24.996	27.488	30.578	32.801
16	19.369	23.542	26.296	28.845	32.000	34.267
17	20.489	24.769	27.587	30.191	33.409	35.718
18	21.605	25.989	28.869	31.526	34.805	37.156
19	22.718	27.204	30.144	32.852	36.191	38.582
20	23.828	28.412	31.410	34.170	37.566	39.997
21	24.935	29.615	32.671	35.479	38.932	41.401
22	26.039	30.813	33.924	36.781	40.289	42.796
23	27.141	32.007	35.172	38.076	41.638	44.181
24	28.241	33.196	36.415	39.364	42.980	45.559

续前表

n	$\alpha=0.25$	0.10	0.05	0.025	0.01	0.005
25	29.339	34.382	37.652	40.646	44.314	46.928
26	30.435	35.563	38.885	41.923	45.642	48.290
27	31.528	36.741	40.113	43.195	46.963	49.645
28	32.620	37.916	41.337	44.461	48.278	50.993
29	33.711	39.087	42.557	45.722	49.588	52.336
30	34.800	40.256	43.773	46.979	50.892	53.672
31	35.887	41.422	44.985	48.232	52.191	55.003
32	36.973	42.585	46.194	49.480	53.486	56.328
33	38.058	43.745	47.400	50.725	54.776	57.648
34	39.141	44.903	48.602	51.966	56.061	58.964
35	40.223	46.059	49.802	53.203	57.342	60.275
36	41.304	47.212	50.998	54.437	58.619	61.581
37	42.383	48.363	52.192	55.668	59.893	62.883
38	43.462	49.513	53.384	56.896	61.162	64.181
39	44.539	50.660	54.572	58.120	62.428	65.476
40	45.616	51.805	55.758	59.342	63.691	66.766
41	46.692	52.949	56.942	60.561	64.950	68.053
42	47.766	54.090	58.124	61.777	66.206	69.336
43	48.840	55.230	59.304	62.990	67.459	70.616
44	49.913	56.369	60.481	64.201	68.710	71.893
45	50.985	57.505	61.656	65.410	69.957	73.166

附表 2 标准正态分布表

$$\Phi(z) = \int_{-\infty}^{z} \frac{1}{\sqrt{2\pi}} e^{-u^2/2} \mathrm{d}u = P\{Z \leqslant z\}$$

z	0	1	2	3	4	5	6	7	8	9
0.0	0.500 0	0.504 0	0.508 0	0.512 0	0.516 0	0.519 9	0.523 9	0.527 9	0.531 9	0.535 9
0.1	0.539 8	0.543 8	0.547 8	0.551 7	0.555 7	0.559 6	0.563 6	0.567 5	0.571 4	0.575 3
0.2	0.579 3	0.583 2	0.587 1	0.591 0	0.594 8	0.598 7	0.602 6	0.606 4	0.610 3	0.614 1
0.3	0.617 9	0.621 7	0.625 5	0.629 3	0.633 1	0.636 8	0.640 6	0.644 3	0.648 0	0.651 7
0.4	0.655 4	0.659 1	0.662 8	0.666 4	0.670 0	0.673 6	0.677 2	0.680 8	0.684 4	0.687 9
0.5	0.691 5	0.695 0	0.698 5	0.701 9	0.705 4	0.708 8	0.712 3	0.715 7	0.719 0	0.722 4
0.6	0.725 7	0.729 1	0.732 4	0.735 7	0.738 9	0.742 2	0.745 4	0.748 6	0.751 7	0.754 9
0.7	0.758 0	0.761 1	0.764 2	0.767 3	0.770 4	0.773 4	0.776 4	0.779 4	0.782 3	0.785 2
0.8	0.788 1	0.791 0	0.793 9	0.796 7	0.799 5	0.802 3	0.805 1	0.807 8	0.810 6	0.813 3
0.9	0.815 9	0.818 6	0.821 2	0.823 8	0.826 4	0.828 9	0.831 5	0.834 0	0.836 5	0.838 9
1.0	0.841 3	0.843 8	0.846 1	0.848 5	0.850 8	0.853 1	0.855 4	0.857 7	0.859 9	0.862 1
1.1	0.864 3	0.866 5	0.868 6	0.870 8	0.872 9	0.874 9	0.877 0	0.879 0	0.881 0	0.883 0
1.2	0.884 9	0.886 9	0.888 8	0.890 7	0.892 5	0.894 4	0.896 2	0.898 0	0.899 7	0.901 5
1.3	0.903 2	0.904 9	0.906 6	0.908 2	0.909 9	0.911 5	0.913 1	0.914 7	0.916 2	0.917 7
1.4	0.919 2	0.920 7	0.922 2	0.923 6	0.925 1	0.926 5	0.927 9	0.929 2	0.930 6	0.931 9
1.5	0.933 2	0.934 5	0.935 7	0.937 0	0.938 2	0.939 4	0.940 6	0.941 8	0.942 9	0.944 1
1.6	0.945 2	0.946 3	0.947 4	0.948 4	0.949 5	0.950 5	0.951 5	0.952 5	0.953 5	0.954 5
1.7	0.955 4	0.956 4	0.957 3	0.958 2	0.959 1	0.959 9	0.960 8	0.961 6	0.962 5	0.963 3
1.8	0.964 1	0.964 9	0.965 6	0.966 4	0.967 1	0.967 8	0.968 6	0.969 3	0.969 9	0.970 6
1.9	0.971 3	0.971 9	0.972 6	0.973 2	0.973 8	0.974 4	0.975 0	0.975 6	0.976 1	0.976 7
2.0	0.977 2	0.977 8	0.978 3	0.978 8	0.979 3	0.979 8	0.980 3	0.980 8	0.981 2	0.981 7
2.1	0.982 1	0.982 6	0.983 0	0.983 4	0.983 8	0.984 2	0.984 6	0.985 0	0.985 4	0.985 7
2.2	0.986 1	0.986 4	0.986 8	0.987 1	0.987 5	0.987 8	0.988 1	0.988 4	0.988 7	0.989 0
2.3	0.989 3	0.989 6	0.989 8	0.990 1	0.990 4	0.990 6	0.990 9	0.991 1	0.991 3	0.991 6
2.4	0.991 8	0.992 0	0.992 2	0.992 5	0.992 7	0.992 9	0.993 1	0.993 2	0.993 4	0.993 6
2.5	0.993 8	0.994 0	0.994 1	0.994 3	0.994 5	0.994 6	0.994 8	0.994 9	0.995 1	0.995 2
2.6	0.995 3	0.995 5	0.995 6	0.995 7	0.995 9	0.996 0	0.996 1	0.996 2	0.996 3	0.996 4
2.7	0.996 5	0.996 6	0.996 7	0.996 8	0.996 9	0.997 0	0.997 1	0.997 2	0.997 3	0.997 4
2.8	0.997 4	0.997 5	0.997 6	0.997 7	0.997 7	0.997 8	0.997 9	0.997 9	0.998 0	0.998 1
2.9	0.998 1	0.998 2	0.998 2	0.998 3	0.998 4	0.998 4	0.998 5	0.998 5	0.998 6	0.998 6
3.0	0.998 7	0.998 7	0.998 7	0.998 8	0.998 8	0.998 9	0.998 9	0.998 9	0.999 0	0.999 0
3.1	0.999 0	0.999 1	0.999 1	0.999 1	0.999 2	0.999 2	0.999 2	0.999 2	0.999 3	0.999 3
3.2	0.999 3	0.999 3	0.999 4	0.999 4	0.999 4	0.999 4	0.999 4	0.999 5	0.999 5	0.999 5

续前表

z	0	1	2	3	4	5	6	7	8	9
3.3	0.999 5	0.999 5	0.999 5	0.999 6	0.999 6	0.999 6	0.999 6	0.999 6	0.999 6	0.999 7
3.4	0.999 7	0.999 7	0.999 7	0.999 7	0.999 7	0.999 7	0.999 7	0.999 7	0.999 7	0.999 8
3.5	0.999 8	0.999 8	0.999 8	0.999 8	0.999 8	0.999 8	0.999 8	0.999 8	0.999 8	0.999 8
3.6	0.999 8	0.999 8	0.999 9	0.999 9	0.999 9	0.999 9	0.999 9	0.999 9	0.999 9	0.999 9
3.7	0.999 9	0.999 9	0.999 9	0.999 9	0.999 9	0.999 9	0.999 9	0.999 9	0.999 9	0.999 9
3.8	0.999 9	0.999 9	0.999 9	0.999 9	0.999 9	0.999 9	0.999 9	0.999 9	0.999 9	0.999 9
3.9	1.000 0	1.000 0	1.000 0	1.000 0	1.000 0	1.000 0	1.000 0	1.000 0	1.000 0	1.000 0

注：函数值系保留四位小数结果.

附表 3　t 分布表

$P\{t(n) > t_\alpha(n)\} = \alpha$

n	0.20	0.10	0.05	0.025	0.01	0.005
1	1.376 4	3.077 7	6.313 8	12.706 2	31.820 5	63.656 7
2	1.060 7	1.885 6	2.920 0	4.302 7	6.964 6	9.924 8
3	0.978 5	1.637 7	2.353 4	3.182 4	4.540 7	5.840 9
4	0.941 0	1.533 2	2.131 8	2.776 4	3.746 9	4.604 1
5	0.919 5	1.475 9	2.015 0	2.570 6	3.364 9	4.032 1
6	0.905 7	1.439 8	1.943 2	2.446 9	3.142 7	3.707 4
7	0.896 0	1.414 9	1.894 6	2.364 6	2.998 0	3.499 5
8	0.888 9	1.396 8	1.859 5	2.306 0	2.896 5	3.355 4
9	0.883 4	1.383 0	1.833 1	2.262 2	2.821 4	3.249 8
10	0.879 1	1.372 2	1.812 5	2.228 1	2.763 8	3.169 3
11	0.875 5	1.363 4	1.795 9	2.201 0	2.718 1	3.105 8
12	0.872 6	1.356 2	1.782 3	2.178 8	2.681 0	3.054 5
13	0.870 2	1.350 2	1.770 9	2.160 4	2.650 3	3.012 3
14	0.868 1	1.345 0	1.761 3	2.144 8	2.624 5	2.976 8
15	0.866 2	1.340 6	1.753 1	2.131 4	2.602 5	2.946 7
16	0.864 7	1.336 8	1.745 9	2.119 9	2.583 5	2.920 8
17	0.863 3	1.333 4	1.739 6	2.109 8	2.566 9	2.898 2
18	0.862 0	1.330 4	1.734 1	2.100 9	2.552 4	2.878 4
19	0.861 0	1.327 7	1.729 1	2.093 0	2.539 5	2.860 9
20	0.860 0	1.325 3	1.724 7	2.086 0	2.528 0	2.845 3
21	0.859 1	1.323 2	1.720 7	2.079 6	2.517 6	2.831 4
22	0.858 3	1.321 2	1.717 1	2.073 9	2.508 3	2.818 8
23	0.857 5	1.319 5	1.713 9	2.068 7	2.499 9	2.807 3
24	0.856 9	1.317 8	1.710 9	2.063 9	2.492 2	2.796 9
25	0.856 2	1.316 3	1.708 1	2.059 5	2.485 1	2.787 4
26	0.855 7	1.315 0	1.705 6	2.055 5	2.478 6	2.778 7
27	0.855 1	1.313 7	1.703 3	2.051 8	2.472 7	2.770 7

续前表

n	0.20	0.10	0.05	0.025	0.01	0.005
28	0.854 6	1.312 5	1.701 1	2.048 4	2.467 1	2.763 3
29	0.854 2	1.311 4	1.699 1	2.045 2	2.462 0	2.756 4
30	0.853 8	1.310 4	1.697 3	2.042 3	2.457 3	2.750 0
31	0.853 4	1.309 5	1.695 5	2.039 5	2.452 8	2.744 0
32	0.853 0	1.308 6	1.693 9	2.036 9	2.448 7	2.738 5
33	0.852 6	1.307 7	1.692 4	2.034 5	2.444 8	2.733 3
34	0.852 3	1.307 0	1.690 9	2.032 2	2.441 1	2.728 4
35	0.852 0	1.306 2	1.689 6	2.030 1	2.437 7	2.723 8
36	0.851 7	1.305 5	1.688 3	2.028 1	2.434 5	2.719 5
37	0.851 4	1.304 9	1.687 1	2.026 2	2.431 4	2.715 4
38	0.851 2	1.304 2	1.686 0	2.024 4	2.428 6	2.711 6
39	0.850 9	1.303 6	1.684 9	2.022 7	2.425 8	2.707 9
40	0.850 7	1.303 1	1.683 9	2.021 1	2.423 3	2.704 5
41	0.850 5	1.302 5	1.682 9	2.019 5	2.420 8	2.701 2
42	0.850 3	1.302 0	1.682 0	2.018 1	2.418 5	2.698 1
43	0.850 1	1.301 6	1.681 1	2.016 7	2.416 3	2.695 1
44	0.849 9	1.301 1	1.680 2	2.015 4	2.414 1	2.692 3
45	0.849 7	1.300 6	1.679 4	2.014 1	2.412 1	2.689 6

附表 4　F 分布表

$$P\{F(n_1,n_2) > F_\alpha(n_1,n_2)\} = \alpha$$

$\alpha = 0.10$

n_2＼n_1	1	2	3	4	5	6	7	8	9	10	12	15	20	24	30	40	60	120	∞
1	39.86	49.50	53.59	55.83	57.24	58.20	58.91	59.44	59.86	60.19	60.71	61.22	61.74	62.00	62.26	62.53	62.79	63.06	63.33
2	8.53	9.00	9.16	9.24	9.29	9.33	9.35	9.37	9.38	9.39	9.41	9.42	9.44	9.45	9.46	9.47	9.47	9.48	9.49
3	5.54	5.46	5.39	5.34	5.31	5.28	5.27	5.25	5.24	5.23	5.22	5.20	5.18	5.18	5.17	5.16	5.15	5.14	5.13
4	4.54	4.32	4.19	4.11	4.05	4.01	3.98	3.95	3.94	3.92	3.90	3.87	3.84	3.83	3.82	3.80	3.79	3.78	3.76
5	4.06	3.78	3.62	3.52	3.45	3.40	3.37	3.34	3.32	3.30	3.27	3.24	3.21	3.19	3.17	3.16	3.14	3.12	3.10
6	3.78	3.46	3.29	3.18	3.11	3.05	3.01	2.98	2.96	2.94	2.90	2.87	2.84	2.82	2.80	2.78	2.76	2.74	2.72
7	3.59	3.26	3.07	2.96	2.88	2.83	2.78	2.75	2.72	2.70	2.67	2.63	2.59	2.58	2.56	2.54	2.51	2.49	2.47
8	3.46	3.11	2.92	2.81	2.73	2.67	2.62	2.59	2.56	2.54	2.50	2.46	2.42	2.40	2.38	2.36	2.34	2.32	2.29
9	3.36	3.01	2.81	2.69	2.61	2.55	2.51	2.47	2.44	2.42	2.38	2.34	2.30	2.28	2.25	2.23	2.21	2.18	2.16
10	3.29	2.92	2.73	2.61	2.52	2.46	2.41	2.38	2.35	2.32	2.28	2.24	2.20	2.18	2.16	2.13	2.11	2.08	2.06
11	3.23	2.86	2.66	2.54	2.45	2.39	2.34	2.30	2.27	2.25	2.21	2.17	2.12	2.10	2.08	2.05	2.03	2.00	1.97
12	3.18	2.81	2.61	2.48	2.39	2.33	2.28	2.24	2.21	2.19	2.15	2.10	2.06	2.04	2.01	1.99	1.96	1.93	1.90

续前表

n_1 \ n_2	1	2	3	4	5	6	7	8	9	10	12	15	20	24	30	40	60	120	∞
13	3.14	2.76	2.56	2.43	2.35	2.28	2.23	2.20	2.16	2.14	2.10	2.05	2.01	1.98	1.96	1.93	1.90	1.88	1.85
14	3.10	2.73	2.52	2.39	2.31	2.24	2.19	2.15	2.12	2.10	2.05	2.01	1.96	1.94	1.91	1.89	1.86	1.83	1.80
15	3.07	2.70	2.49	2.36	2.27	2.21	2.16	2.12	2.09	2.06	2.02	1.97	1.92	1.90	1.87	1.85	1.82	1.79	1.76
16	3.05	2.67	2.46	2.33	2.24	2.18	2.13	2.09	2.06	2.03	1.99	1.94	1.89	1.87	1.84	1.81	1.78	1.75	1.72
17	3.03	2.64	2.44	2.31	2.22	2.15	2.10	2.06	2.03	2.00	1.96	1.91	1.86	1.84	1.81	1.78	1.75	1.72	1.69
18	3.01	2.62	2.42	2.29	2.20	2.13	2.08	2.04	2.00	1.98	1.93	1.89	1.84	1.81	1.78	1.75	1.72	1.69	1.66
19	2.99	2.61	2.40	2.27	2.18	2.11	2.06	2.02	1.98	1.96	1.91	1.86	1.81	1.79	1.76	1.73	1.70	1.67	1.63
20	2.97	2.59	2.38	2.25	2.16	2.09	2.04	2.00	1.96	1.94	1.89	1.84	1.79	1.77	1.74	1.71	1.68	1.64	1.61
21	2.96	2.57	2.36	2.23	2.14	2.08	2.02	1.98	1.95	1.92	1.87	1.83	1.78	1.75	1.72	1.69	1.66	1.62	1.59
22	2.95	2.56	2.35	2.22	2.13	2.06	2.01	1.97	1.93	1.90	1.86	1.81	1.76	1.73	1.70	1.67	1.64	1.60	1.57
23	2.94	2.55	2.34	2.21	2.11	2.05	1.99	1.95	1.92	1.89	1.84	1.80	1.74	1.72	1.69	1.66	1.62	1.59	1.55
24	2.93	2.54	2.33	2.19	2.10	2.04	1.98	1.94	1.91	1.88	1.83	1.78	1.73	1.70	1.67	1.64	1.61	1.57	1.53
25	2.92	2.53	2.32	2.18	2.09	2.02	1.97	1.93	1.89	1.87	1.82	1.77	1.72	1.69	1.66	1.63	1.59	1.56	1.52
26	2.91	2.52	2.31	2.17	2.08	2.01	1.96	1.92	1.88	1.86	1.81	1.76	1.71	1.68	1.65	1.61	1.58	1.54	1.50
27	2.90	2.51	2.30	2.17	2.07	2.00	1.95	1.91	1.87	1.85	1.80	1.75	1.70	1.67	1.64	1.60	1.57	1.53	1.49
28	2.89	2.50	2.29	2.16	2.06	2.00	1.94	1.90	1.87	1.84	1.79	1.74	1.69	1.66	1.63	1.59	1.56	1.52	1.48
29	2.89	2.50	2.28	2.15	2.06	1.99	1.93	1.89	1.86	1.83	1.78	1.73	1.68	1.65	1.62	1.58	1.55	1.51	1.47
30	2.88	2.49	2.28	2.14	2.05	1.98	1.93	1.88	1.85	1.82	1.77	1.72	1.67	1.64	1.61	1.57	1.54	1.50	1.46
40	2.84	2.44	2.23	2.09	2.00	1.93	1.87	1.83	1.79	1.76	1.71	1.66	1.61	1.57	1.54	1.51	1.47	1.42	1.38
60	2.79	2.39	2.18	2.04	1.95	1.87	1.82	1.77	1.74	1.71	1.66	1.60	1.54	1.51	1.48	1.44	1.40	1.35	1.29

续前表

$\alpha = 0.05$

n_2 \ n_1	1	2	3	4	5	6	7	8	9	10	12	15	20	24	30	40	60	120	∞
120	2.75	2.35	2.13	1.99	1.90	1.82	1.77	1.72	1.68	1.65	1.60	1.55	1.48	1.45	1.41	1.37	1.32	1.26	1.19
∞	2.71	2.30	2.08	1.94	1.85	1.77	1.72	1.67	1.63	1.60	1.55	1.49	1.42	1.38	1.34	1.30	1.24	1.17	1.00
1	161.4	199.5	215.7	224.5	230.1	233.9	236.7	238.8	240.5	241.8	243.9	245.9	248.0	249.0	250.1	251.1	252.2	253.3	254.3
2	18.51	19.00	19.16	19.25	19.30	19.33	19.35	19.37	19.38	19.40	19.41	19.43	19.45	19.45	19.46	19.47	19.48	19.49	19.50
3	10.13	9.55	9.28	9.12	9.01	8.94	8.89	8.85	8.81	8.79	8.74	8.70	8.66	8.64	8.62	8.59	8.57	8.55	8.53
4	7.71	6.94	6.59	6.39	6.26	6.16	6.09	6.04	6.00	5.96	5.91	5.86	5.80	5.77	5.75	5.72	5.69	5.66	5.63
5	6.61	5.79	5.41	5.19	5.05	4.95	4.88	4.82	4.77	4.74	4.68	4.62	4.56	4.53	4.50	4.46	4.43	4.40	4.36
6	5.99	5.14	4.76	4.53	4.39	4.28	4.21	4.15	4.10	4.06	4.00	3.94	3.87	3.84	3.81	3.77	3.74	3.70	3.67
7	5.59	4.74	4.35	4.12	3.97	3.87	3.79	3.73	3.68	3.64	3.57	3.51	3.44	3.41	3.38	3.34	3.30	3.27	3.23
8	5.32	4.46	4.07	3.84	3.69	3.58	3.50	3.44	3.39	3.35	3.28	3.22	3.15	3.12	3.08	3.04	3.01	2.97	2.93
9	5.12	4.26	3.86	3.63	3.48	3.37	3.29	3.23	3.18	3.14	3.07	3.01	2.94	2.90	2.86	2.83	2.79	2.75	2.71
10	4.96	4.10	3.71	3.48	3.33	3.22	3.14	3.07	3.02	2.98	2.91	2.85	2.77	2.74	2.70	2.66	2.62	2.58	2.54
11	4.84	3.98	3.59	3.36	3.20	3.09	3.01	2.95	2.90	2.85	2.79	2.72	2.65	2.61	2.57	2.53	2.49	2.45	2.40
12	4.75	3.89	3.49	3.26	3.11	3.00	2.91	2.85	2.80	2.75	2.69	2.62	2.54	2.51	2.47	2.43	2.38	2.34	2.30
13	4.67	3.81	3.41	3.18	3.03	2.92	2.83	2.77	2.71	2.67	2.60	2.53	2.46	2.42	2.38	2.34	2.30	2.25	2.21
14	4.60	3.74	3.34	3.11	2.96	2.85	2.76	2.70	2.65	2.60	2.53	2.46	2.39	2.35	2.31	2.27	2.22	2.18	2.13
15	4.54	3.68	3.29	3.06	2.90	2.79	2.71	2.64	2.59	2.54	2.48	2.40	2.33	2.29	2.25	2.20	2.16	2.11	2.07
16	4.49	3.63	3.24	3.01	2.85	2.74	2.66	2.59	2.54	2.49	2.42	2.35	2.28	2.24	2.19	2.15	2.11	2.06	2.01
17	4.45	3.59	3.20	2.96	2.81	2.70	2.61	2.55	2.49	2.45	2.38	2.31	2.23	2.19	2.15	2.10	2.06	2.01	1.96

续前表

n_1 \ n_2	1	2	3	4	5	6	7	8	9	10	12	15	20	24	30	40	60	120	∞
18	4.41	3.55	3.16	2.93	2.77	2.66	2.58	2.51	2.46	2.41	2.34	2.27	2.19	2.15	2.11	2.06	2.02	1.97	1.92
19	4.38	3.52	3.13	2.90	2.74	2.63	2.54	2.48	2.42	2.38	2.31	2.23	2.16	2.11	2.07	2.03	1.98	1.93	1.88
20	4.35	3.49	3.10	2.87	2.71	2.60	2.51	2.45	2.39	2.35	2.28	2.20	2.12	2.08	2.04	1.99	1.95	1.90	1.84
21	4.32	3.47	3.07	2.84	2.68	2.57	2.49	2.42	2.37	2.32	2.25	2.18	2.10	2.05	2.01	1.96	1.92	1.87	1.81
22	4.30	3.44	3.05	2.82	2.66	2.55	2.46	2.40	2.34	2.30	2.23	2.15	2.07	2.03	1.98	1.94	1.89	1.84	1.78
23	4.28	3.42	3.03	2.80	2.64	2.53	2.44	2.37	2.32	2.27	2.20	2.13	2.05	2.01	1.96	1.91	1.86	1.81	1.76
24	4.26	3.40	3.01	2.78	2.62	2.51	2.42	2.36	2.30	2.25	2.18	2.11	2.03	1.98	1.94	1.89	1.84	1.79	1.73
25	4.24	3.39	2.99	2.76	2.60	2.49	2.40	2.34	2.28	2.24	2.16	2.09	2.01	1.96	1.92	1.87	1.82	1.77	1.71
26	4.23	3.37	2.98	2.74	2.59	2.47	2.39	2.32	2.27	2.22	2.15	2.07	1.99	1.95	1.90	1.85	1.80	1.75	1.69
27	4.21	3.35	2.96	2.73	2.57	2.46	2.37	2.31	2.25	2.20	2.13	2.06	1.97	1.93	1.88	1.84	1.79	1.73	1.67
28	4.20	3.34	2.95	2.71	2.56	2.45	2.36	2.29	2.24	2.19	2.12	2.04	1.96	1.91	1.87	1.82	1.77	1.71	1.65
29	4.18	3.33	2.93	2.70	2.55	2.43	2.35	2.28	2.22	2.18	2.10	2.03	1.94	1.90	1.85	1.81	1.75	1.70	1.64
30	4.17	3.32	2.92	2.69	2.53	2.42	2.33	2.27	2.21	2.16	2.09	2.01	1.93	1.89	1.84	1.79	1.74	1.68	1.62
40	4.08	3.23	2.84	2.61	2.45	2.34	2.25	2.18	2.12	2.08	2.00	1.92	1.84	1.79	1.74	1.69	1.64	1.58	1.51
60	4.00	3.15	2.76	2.53	2.37	2.25	2.17	2.10	2.04	1.99	1.92	1.84	1.75	1.70	1.65	1.59	1.53	1.47	1.39
120	3.92	3.07	2.68	2.45	2.29	2.18	2.09	2.02	1.96	1.91	1.83	1.75	1.66	1.61	1.55	1.50	1.43	1.35	1.25
∞	3.84	3.00	2.60	2.37	2.21	2.10	2.01	1.94	1.88	1.83	1.75	1.67	1.57	1.52	1.46	1.39	1.32	1.22	1.00

$\alpha = 0.025$

n_1 \ n_2	1	2	3	4	5	6	7	8	9	10	12	15	20	24	30	40	60	120	∞
1	647.7	799.5	864.1	899.5	921.8	937.1	948.2	956.6	963.2	968.6	976.7	984.8	993.1	997.2	1 001	1 005	1 009	1 014	1 018
2	38.51	39.00	39.17	39.25	39.30	39.33	39.36	39.37	39.39	39.40	39.41	39.43	39.45	39.46	39.46	39.47	39.48	39.49	39.50

续前表

n_2 \ n_1	1	2	3	4	5	6	7	8	9	10	12	15	20	24	30	40	60	120	∞
3	17.44	16.04	15.44	15.10	14.88	14.73	14.62	14.54	14.47	14.42	14.34	14.25	14.17	14.12	14.08	14.04	13.99	13.95	13.90
4	12.22	10.65	9.98	9.60	9.36	9.20	9.07	8.98	8.90	8.84	8.75	8.66	8.56	8.51	8.46	8.41	8.36	8.31	8.26
5	10.01	8.43	7.76	7.39	7.15	6.98	6.85	6.76	6.68	6.62	6.52	6.43	6.33	6.28	6.23	6.18	6.12	6.07	6.02
6	8.81	7.26	6.60	6.23	5.99	5.82	5.70	5.60	5.52	5.46	5.37	5.27	5.17	5.12	5.07	5.01	4.96	4.90	4.85
7	8.07	6.54	5.89	5.52	5.29	5.12	4.99	4.90	4.82	4.76	4.67	4.57	4.47	4.41	4.36	4.31	4.25	4.20	4.14
8	7.57	6.06	5.42	5.05	4.82	4.65	4.53	4.43	4.36	4.30	4.20	4.10	4.00	3.95	3.89	3.84	3.78	3.73	3.67
9	7.21	5.71	5.08	4.72	4.48	4.32	4.20	4.10	4.03	3.96	3.87	3.77	3.67	3.61	3.56	3.51	3.45	3.39	3.33
10	6.94	5.46	4.83	4.47	4.24	4.07	3.95	3.85	3.78	3.72	3.62	3.52	3.42	3.37	3.31	3.26	3.20	3.14	3.08
11	6.72	5.26	4.63	4.28	4.04	3.88	3.76	3.66	3.59	3.53	3.43	3.33	3.23	3.17	3.12	3.06	3.00	2.94	2.88
12	6.55	5.10	4.47	4.12	3.89	3.73	3.61	3.51	3.44	3.37	3.28	3.18	3.07	3.02	2.96	2.91	2.85	2.79	2.72
13	6.41	4.97	4.35	4.00	3.77	3.60	3.48	3.39	3.31	3.25	3.15	3.05	2.95	2.89	2.84	2.78	2.72	2.66	2.60
14	6.30	4.86	4.24	3.89	3.66	3.50	3.38	3.29	3.21	3.15	3.05	2.95	2.84	2.79	2.73	2.67	2.61	2.55	2.49
15	6.20	4.77	4.15	3.80	3.58	3.41	3.29	3.20	3.12	3.06	2.96	2.86	2.76	2.70	2.64	2.59	2.52	2.46	2.40
16	6.12	4.69	4.08	3.73	3.50	3.34	3.22	3.12	3.05	2.99	2.89	2.79	2.68	2.63	2.57	2.51	2.45	2.38	2.32
17	6.04	4.62	4.01	3.66	3.44	3.28	3.16	3.06	2.98	2.92	2.82	2.72	2.62	2.56	2.50	2.44	2.38	2.32	2.25
18	5.98	4.56	3.95	3.61	3.38	3.22	3.10	3.01	2.93	2.87	2.77	2.67	2.56	2.50	2.44	2.38	2.32	2.26	2.19
19	5.92	4.51	3.90	3.56	3.33	3.17	3.05	2.96	2.88	2.82	2.72	2.62	2.51	2.45	2.39	2.33	2.27	2.20	2.13
20	5.87	4.46	3.86	3.51	3.29	3.13	3.01	2.91	2.84	2.77	2.68	2.57	2.46	2.41	2.35	2.29	2.22	2.16	2.09
21	5.83	4.42	3.82	3.48	3.25	3.09	2.97	2.87	2.80	2.73	2.64	2.53	2.42	2.37	2.31	2.25	2.18	2.11	2.04
22	5.79	4.38	3.78	3.44	3.22	3.05	2.93	2.84	2.76	2.70	2.60	2.50	2.39	2.33	2.27	2.21	2.14	2.08	2.00

续前表

n_1 n_2	1	2	3	4	5	6	7	8	9	10	12	15	20	24	30	40	60	120	∞
23	5.75	4.35	3.75	3.41	3.18	3.02	2.90	2.81	2.73	2.67	2.57	2.47	2.36	2.30	2.24	2.18	2.11	2.04	1.97
24	5.72	4.32	3.72	3.38	3.15	2.99	2.87	2.78	2.70	2.64	2.54	2.44	2.33	2.27	2.21	2.15	2.08	2.01	1.94
25	5.69	4.29	3.69	3.35	3.13	2.97	2.85	2.75	2.68	2.61	2.51	2.41	2.30	2.24	2.18	2.12	2.05	1.98	1.91
26	5.66	4.27	3.67	3.33	3.10	2.94	2.82	2.73	2.65	2.59	2.49	2.39	2.28	2.22	2.16	2.09	2.03	1.95	1.88
27	5.63	4.24	3.65	3.31	3.08	2.92	2.80	2.71	2.63	2.57	2.47	2.36	2.25	2.19	2.13	2.07	2.00	1.93	1.85
28	5.61	4.22	3.63	3.29	3.06	2.90	2.78	2.69	2.61	2.55	2.45	2.34	2.23	2.17	2.11	2.05	1.98	1.91	1.83
29	5.59	4.20	3.61	3.27	3.04	2.88	2.76	2.67	2.59	2.53	2.43	2.32	2.21	2.15	2.09	2.03	1.96	1.89	1.81
30	5.57	4.18	3.59	3.25	3.03	2.87	2.75	2.65	2.57	2.51	2.41	2.31	2.20	2.14	2.07	2.01	1.94	1.87	1.79
40	5.42	4.05	3.46	3.13	2.90	2.74	2.62	2.53	2.45	2.39	2.29	2.18	2.07	2.01	1.94	1.88	1.80	1.72	1.64
60	5.29	3.93	3.34	3.01	2.79	2.63	2.51	2.41	2.33	2.27	2.17	2.06	1.94	1.88	1.82	1.74	1.67	1.58	1.48
120	5.15	3.80	3.23	2.89	2.67	2.52	2.39	2.30	2.22	2.16	2.05	1.94	1.82	1.76	1.69	1.61	1.53	1.43	1.31
∞	5.02	3.69	3.12	2.79	2.57	2.41	2.29	2.19	2.11	2.05	1.94	1.83	1.71	1.64	1.57	1.48	1.39	1.27	1.00

$\alpha = 0.01$

n_1 n_2	1	2	3	4	5	6	7	8	9	10	12	15	20	24	30	40	60	120	∞
1	4 052	4 999.5	5 403	5 625	5 764	5 859	5 928	5 981	6 022	6 056	6 106	6 157	6 209	6 235	6 261	6 287	6 313	6 339	6 366
2	98.50	99.00	99.17	99.25	99.30	99.33	99.36	99.37	99.39	99.40	99.42	99.43	99.45	99.46	99.47	99.47	99.48	99.49	99.50
3	34.12	30.82	29.46	28.71	28.24	27.91	27.67	27.49	27.35	27.23	27.05	26.87	26.69	26.60	26.50	26.41	26.32	26.22	26.13
4	21.20	18.00	16.69	15.98	15.52	15.21	14.98	14.80	14.66	14.55	14.37	14.20	14.02	13.93	13.84	13.75	13.65	13.56	13.46
5	16.26	13.27	12.06	11.39	10.97	10.67	10.46	10.29	10.16	10.05	9.89	9.72	9.55	9.47	9.38	9.29	9.20	9.11	9.02
6	13.75	10.92	9.78	9.15	8.75	8.47	8.26	8.10	7.98	7.87	7.72	7.56	7.40	7.31	7.23	7.14	7.06	6.97	6.88
7	12.25	9.55	8.45	7.85	7.46	7.19	6.99	6.84	6.72	6.62	6.47	6.31	6.16	6.07	5.99	5.91	5.82	5.74	5.65

续前表

n_2 \ n_1	1	2	3	4	5	6	7	8	9	10	12	15	20	24	30	40	60	120	∞
8	11.26	8.65	7.59	7.01	6.63	6.37	6.18	6.03	5.91	5.81	5.67	5.52	5.36	5.28	5.20	5.12	5.03	4.95	4.86
9	10.56	8.02	6.99	6.42	6.06	5.80	5.61	5.47	5.35	5.26	5.11	4.96	4.81	4.73	4.65	4.57	4.48	4.40	4.31
10	10.04	7.56	6.55	5.99	5.64	5.39	5.20	5.06	4.94	4.85	4.71	4.56	4.41	4.33	4.25	4.17	4.08	4.00	3.91
11	9.65	7.21	6.22	5.67	5.32	5.07	4.89	4.74	4.63	4.54	4.40	4.25	4.10	4.02	3.94	3.86	3.78	3.69	3.60
12	9.33	6.93	5.95	5.41	5.06	4.82	4.64	4.50	4.39	4.30	4.16	4.01	3.86	3.78	3.70	3.62	3.54	3.45	3.36
13	9.07	6.70	5.74	5.21	4.86	4.62	4.44	4.30	4.19	4.10	3.96	3.82	3.66	3.59	3.51	3.43	3.34	3.25	3.17
14	8.86	6.51	5.56	5.04	4.69	4.46	4.28	4.14	4.03	3.94	3.80	3.66	3.51	3.43	3.35	3.27	3.18	3.09	3.00
15	8.68	6.36	5.42	4.89	4.56	4.32	4.14	4.00	3.89	3.80	3.67	3.52	3.37	3.29	3.21	3.13	3.05	2.96	2.87
16	8.53	6.23	5.29	4.77	4.44	4.20	4.03	3.89	3.78	3.69	3.55	3.41	3.26	3.18	3.10	3.02	2.93	2.84	2.75
17	8.40	6.11	5.18	4.67	4.34	4.10	3.93	3.79	3.68	3.59	3.46	3.31	3.16	3.08	3.00	2.92	2.83	2.75	2.65
18	8.29	6.01	5.09	4.58	4.25	4.01	3.84	3.71	3.60	3.51	3.37	3.23	3.08	3.00	2.92	2.84	2.75	2.66	2.57
19	8.18	5.93	5.01	4.50	4.17	3.94	3.77	3.63	3.52	3.43	3.30	3.15	3.00	2.92	2.84	2.76	2.67	2.58	2.49
20	8.10	5.85	4.94	4.43	4.10	3.87	3.70	3.56	3.46	3.37	3.23	3.09	2.94	2.86	2.78	2.69	2.61	2.52	2.42
21	8.02	5.78	4.87	4.37	4.04	3.81	3.64	3.51	3.40	3.31	3.17	3.03	2.88	2.80	2.72	2.64	2.55	2.46	2.36
22	7.95	5.72	4.82	4.31	3.99	3.76	3.59	3.45	3.35	3.26	3.12	2.98	2.83	2.75	2.67	2.58	2.50	2.40	2.31
23	7.88	5.66	4.76	4.26	3.94	3.71	3.54	3.41	3.30	3.21	3.07	2.93	2.78	2.70	2.62	2.54	2.45	2.35	2.26
24	7.82	5.61	4.72	4.22	3.90	3.67	3.50	3.36	3.26	3.17	3.03	2.89	2.74	2.66	2.58	2.49	2.40	2.31	2.21
25	7.77	5.57	4.68	4.18	3.85	3.63	3.46	3.32	3.22	3.13	2.99	2.85	2.70	2.62	2.54	2.45	2.36	2.27	2.17
26	7.72	5.53	4.64	4.14	3.82	3.59	3.42	3.29	3.18	3.09	2.96	2.81	2.66	2.58	2.50	2.42	2.33	2.23	2.13
27	7.68	5.49	4.60	4.11	3.78	3.56	3.39	3.26	3.15	3.06	2.93	2.78	2.63	2.55	2.47	2.38	2.29	2.20	2.10

续前表

n_2 \ n_1	1	2	3	4	5	6	7	8	9	10	12	15	20	24	30	40	60	120	∞
28	7.64	5.45	4.57	4.07	3.75	3.53	3.36	3.23	3.12	3.03	2.90	2.75	2.60	2.52	2.44	2.35	2.26	2.17	2.06
29	7.60	5.42	4.54	4.04	3.73	3.50	3.33	3.20	3.09	3.00	2.87	2.73	2.57	2.49	2.41	2.33	2.23	2.14	2.03
30	7.56	5.39	4.51	4.02	3.70	3.47	3.30	3.17	3.07	2.98	2.84	2.70	2.55	2.47	2.39	2.30	2.21	2.11	2.01
40	7.31	5.18	4.31	3.83	3.51	3.29	3.12	2.99	2.89	2.80	2.66	2.52	2.37	2.29	2.20	2.11	2.02	1.92	1.80
60	7.08	4.98	4.13	3.65	3.34	3.12	2.95	2.82	2.72	2.63	2.50	2.35	2.20	2.12	2.03	1.94	1.84	1.73	1.60
120	6.85	4.79	3.95	3.48	3.17	2.96	2.79	2.66	2.56	2.47	2.34	2.19	2.03	1.95	1.86	1.76	1.66	1.53	1.38
∞	6.63	4.61	3.78	3.32	3.02	2.80	2.64	2.51	2.41	2.32	2.18	2.04	1.88	1.79	1.70	1.59	1.47	1.32	1.00

$$\alpha = 0.005$$

n_2 \ n_1	1	2	3	4	5	6	7	8	9	10	12	15	20	24	30	40	60	120	∞
1	16 211	20 000	21 615	22 500	23 056	23 437	23 715	23 925	24 091	24 224	24 426	24 630	24 836	24 940	25 044	25 148	25 253	25 358	25 464
2	198.5	199.0	199.1	199.2	199.3	199.3	199.4	199.4	199.4	199.4	199.4	199.4	199.5	199.5	199.5	199.5	199.5	199.5	199.5
3	55.55	49.80	47.47	46.19	45.39	44.84	44.43	44.13	43.88	43.69	43.39	43.08	42.78	42.62	42.47	42.31	42.15	41.99	41.83
4	31.33	26.28	24.26	23.15	22.46	21.97	21.62	21.35	21.14	20.97	20.70	20.44	20.17	20.03	19.89	19.75	19.61	19.47	19.32
5	22.78	18.31	16.53	15.56	14.94	14.51	14.20	13.96	13.77	13.62	13.38	13.15	12.90	12.78	12.66	12.53	12.40	12.27	12.14
6	18.63	14.54	12.92	12.03	11.46	11.07	10.79	10.57	10.39	10.25	10.03	9.81	9.59	9.47	9.36	9.24	9.12	9.00	8.88
7	16.24	12.40	10.88	10.05	9.52	9.16	8.89	8.68	8.51	8.38	8.18	7.97	7.75	7.64	7.53	7.42	7.31	7.19	7.08
8	14.69	11.04	9.60	8.81	8.30	7.95	7.69	7.50	7.34	7.21	7.01	6.81	6.61	6.50	6.40	6.29	6.18	6.06	5.95
9	13.61	10.11	8.72	7.96	7.47	7.13	6.88	6.69	6.54	6.42	6.23	6.03	5.83	5.73	5.62	5.52	5.41	5.30	5.19
10	12.83	9.43	8.08	7.34	6.87	6.54	6.30	6.12	5.97	5.85	5.66	5.47	5.27	5.17	5.07	4.97	4.86	4.75	4.64
11	12.23	8.91	7.60	6.88	6.42	6.10	5.86	5.68	5.54	5.42	5.24	5.05	4.86	4.76	4.65	4.55	4.45	4.34	4.23
12	11.75	8.51	7.23	6.52	6.07	5.76	5.52	5.35	5.20	5.09	4.91	4.72	4.53	4.43	4.33	4.23	4.12	4.01	3.90

续前表

n_1 / n_2	1	2	3	4	5	6	7	8	9	10	12	15	20	24	30	40	60	120	∞
13	11.37	8.19	6.93	6.23	5.79	5.48	5.25	5.08	4.94	4.82	4.64	4.46	4.27	4.17	4.07	3.97	3.87	3.76	3.65
14	11.06	7.92	6.68	6.00	5.56	5.26	5.03	4.86	4.72	4.60	4.43	4.25	4.06	3.96	3.86	3.76	3.66	3.55	3.44
15	10.80	7.70	6.48	5.80	5.37	5.07	4.85	4.67	4.54	4.42	4.25	4.07	3.88	3.79	3.69	3.58	3.48	3.37	3.26
16	10.58	7.51	6.30	5.64	5.21	4.91	4.69	4.52	4.38	4.27	4.10	3.92	3.73	3.64	3.54	3.44	3.33	3.22	3.11
17	10.38	7.35	6.16	5.50	5.07	4.78	4.56	4.39	4.25	4.14	3.97	3.79	3.61	3.51	3.41	3.31	3.21	3.10	2.98
18	10.22	7.21	6.03	5.37	4.96	4.66	4.44	4.28	4.14	4.03	3.86	3.68	3.50	3.40	3.30	3.20	3.10	2.99	2.87
19	10.07	7.09	5.92	5.27	4.85	4.56	4.34	4.18	4.04	3.93	3.76	3.59	3.40	3.31	3.21	3.11	3.00	2.89	2.78
20	9.94	6.99	5.82	5.17	4.76	4.47	4.26	4.09	3.96	3.85	3.68	3.50	3.32	3.22	3.12	3.02	2.92	2.81	2.69
21	9.83	6.89	5.73	5.09	4.68	4.39	4.18	4.01	3.88	3.77	3.60	3.43	3.24	3.15	3.05	2.95	2.84	2.73	2.61
22	9.73	6.81	5.65	5.02	4.61	4.32	4.11	3.94	3.81	3.70	3.54	3.36	3.18	3.08	2.98	2.88	2.77	2.66	2.55
23	9.63	6.73	5.58	4.95	4.54	4.26	4.05	3.88	3.75	3.64	3.47	3.30	3.12	3.02	2.92	2.82	2.71	2.60	2.48
24	9.55	6.66	5.52	4.89	4.49	4.20	3.99	3.83	3.69	3.59	3.42	3.25	3.06	2.97	2.87	2.77	2.66	2.55	2.43
25	9.48	6.60	5.46	4.84	4.43	4.15	3.94	3.78	3.64	3.54	3.37	3.20	3.01	2.92	2.82	2.72	2.61	2.50	2.38
26	9.41	6.54	5.41	4.79	4.38	4.10	3.89	3.73	3.60	3.49	3.33	3.15	2.97	2.87	2.77	2.67	2.56	2.45	2.33
27	9.34	6.49	5.36	4.74	4.34	4.06	3.85	3.69	3.56	3.45	3.28	3.11	2.93	2.83	2.73	2.63	2.52	2.41	2.29
28	9.28	6.44	5.32	4.70	4.30	4.02	3.81	3.65	3.52	3.41	3.25	3.07	2.89	2.79	2.69	2.59	2.48	2.37	2.25
29	9.23	6.40	5.28	4.66	4.26	3.98	3.77	3.61	3.48	3.38	3.21	3.04	2.86	2.76	2.66	2.56	2.45	2.33	2.21
30	9.18	6.35	5.24	4.62	4.23	3.95	3.74	3.58	3.45	3.34	3.18	3.01	2.82	2.73	2.63	2.52	2.42	2.30	2.18
40	8.83	6.07	4.98	4.37	3.99	3.71	3.51	3.35	3.22	3.12	2.95	2.78	2.60	2.50	2.40	2.30	2.18	2.06	1.93

续前表

n_1 n_2	1	2	3	4	5	6	7	8	9	10	12	15	20	24	30	40	60	120	∞
60	8.49	5.79	4.73	4.14	3.76	3.49	3.29	3.13	3.01	2.90	2.74	2.57	2.39	2.29	2.19	2.08	1.96	1.83	1.69
120	8.18	5.54	4.50	3.92	3.55	3.28	3.09	2.93	2.81	2.71	2.54	2.37	2.19	2.09	1.98	1.87	1.75	1.61	1.43
∞	7.88	5.30	4.28	3.72	3.35	3.09	2.90	2.74	2.62	2.52	2.36	2.19	2.00	1.90	1.79	1.67	1.53	1.36	1.00

附表 5　泊松分布概率值表

$$P\{X = m\} = \frac{\lambda^m}{m!}e^{-\lambda}$$

m \ λ	0.1	0.2	0.3	0.4	0.5	0.6	0.7	0.8
0	0. 904 837	0. 818 731	0. 740 818	0. 670 320	0. 606 531	0. 548 812	0. 496 585	0. 449 329
1	0. 090 484	0. 163 746	0. 222 245	0. 268 128	0. 303 265	0. 329 287	0. 347 610	0. 359 463
2	0. 004 524	0. 016 375	0. 033 337	0. 053 626	0. 075 816	0. 098 786	0. 121 663	0. 143 785
3	0. 000 151	0. 001 092	0. 003 334	0. 007 150	0. 012 636	0. 019 757	0. 028 388	0. 038 343
4	0. 000 004	0. 000 055	0. 000 250	0. 000 715	0. 001 580	0. 002 964	0. 004 968	0. 007 669
5		0. 000 002	0. 000 015	0. 000 057	0. 000 158	0. 000 356	0. 000 696	0. 001 227
6			0. 000 001	0. 000 004	0. 000 013	0. 000 036	0. 000 081	0. 000 164
7					0. 000 001	0. 000 003	0. 000 008	0. 000 019
8							0. 000 001	0. 000 002
9								
10								
11								
12								
13								
14								
15								
16								
17								

m \ λ	0.9	1.0	1.5	2.0	2.5	3.0	3.5	4.0
0	0. 406 570	0. 367 879	0. 223 130	0. 135 335	0. 082 085	0. 049 787	0. 030 197	0. 018 316
1	0. 365 913	0. 367 879	0. 334 695	0. 270 671	0. 205 212	0. 149 361	0. 105 691	0. 073 263

续前表

m \ λ	0.9	1.0	1.5	2.0	2.5	3.0	3.5	4.0
2	0.164 661	0.183 940	0.251 021	0.270 671	0.256 516	0.224 042	0.184 959	0.146 525
3	0.049 398	0.061 313	0.125 511	0.180 447	0.213 763	0.224 042	0.215 785	0.195 367
4	0.011 115	0.015 328	0.047 067	0.090 224	0.133 602	0.168 031	0.188 812	0.195 367
5	0.002 001	0.003 066	0.014 120	0.036 089	0.066 801	0.100 819	0.132 169	0.156 293
6	0.000 300	0.000 511	0.003 530	0.012 030	0.027 834	0.050 409	0.077 098	0.104 196
7	0.000 039	0.000 073	0.000 756	0.003 437	0.009 941	0.021 604	0.038 549	0.059 540
8	0.000 004	0.000 009	0.000 142	0.000 859	0.003 106	0.008 102	0.016 865	0.029 770
9		0.000 001	0.000 024	0.000 191	0.000 863	0.002 701	0.006 559	0.013 231
10			0.000 004	0.000 038	0.000 216	0.000 810	0.002 296	0.005 292
11				0.000 007	0.000 049	0.000 221	0.000 730	0.001 925
12				0.000 001	0.000 010	0.000 055	0.000 213	0.000 642
13					0.000 002	0.000 013	0.000 057	0.000 197
14						0.000 003	0.000 014	0.000 056
15						0.000 001	0.000 003	0.000 015
16							0.000 001	0.000 004
17								0.000 001

m \ λ	4.5	5.0	5.5	6.0	6.5	7.0	7.5	8.0
0	0.011 109	0.006 738	0.004 087	0.002 479	0.001 503	0.000 912	0.000 553	0.000 335
1	0.049 990	0.033 690	0.022 477	0.014 873	0.009 772	0.006 383	0.004 148	0.002 684
2	0.112 479	0.084 224	0.061 812	0.044 618	0.031 760	0.022 341	0.015 555	0.010 735
3	0.168 718	0.140 374	0.113 323	0.089 235	0.068 814	0.052 129	0.038 889	0.028 626
4	0.189 808	0.175 467	0.155 819	0.133 853	0.111 822	0.091 226	0.072 916	0.057 252
5	0.170 827	0.175 467	0.171 401	0.160 623	0.145 369	0.127 717	0.109 375	0.091 604
6	0.128 120	0.146 223	0.157 117	0.160 623	0.157 483	0.149 003	0.136 718	0.122 138
7	0.082 363	0.104 445	0.123 449	0.137 677	0.146 234	0.149 003	0.146 484	0.139 587

续前表

λ m	4.5	5.0	5.5	6.0	6.5	7.0	7.5	8.0
8	0.046 329	0.065 278	0.084 871	0.103 258	0.118 815	0.130 377	0.137 329	0.139 587
9	0.023 165	0.036 266	0.051 866	0.068 838	0.085 811	0.101 405	0.114 440	0.124 077
10	0.010 424	0.018 133	0.028 526	0.041 303	0.055 777	0.070 983	0.085 830	0.099 262
11	0.004 264	0.008 242	0.014 263	0.022 529	0.032 959	0.045 171	0.058 521	0.072 190
12	0.001 599	0.003 434	0.006 537	0.011 264	0.017 853	0.026 350	0.036 575	0.048 127
13	0.000 554	0.001 321	0.002 766	0.005 199	0.008 926	0.014 188	0.021 101	0.029 616
14	0.000 178	0.000 472	0.001 087	0.002 228	0.004 144	0.007 094	0.011 304	0.016 924
15	0.000 053	0.000 157	0.000 398	0.000 891	0.001 796	0.003 311	0.005 652	0.009 026
16	0.000 015	0.000 049	0.000 137	0.000 334	0.000 730	0.001 448	0.002 649	0.004 513
17	0.000 004	0.000 014	0.000 044	0.000 118	0.000 279	0.000 596	0.001 169	0.002 124
18	0.000 001	0.000 004	0.000 014	0.000 039	0.000 101	0.000 232	0.000 487	0.000 944
19		0.000 001	0.000 004	0.000 012	0.000 034	0.000 085	0.000 192	0.000 397
20			0.000 001	0.000 004	0.000 011	0.000 030	0.000 072	0.000 159
21				0.000 001	0.000 003	0.000 010	0.000 026	0.000 061
22					0.000 001	0.000 003	0.000 009	0.000 022
23						0.000 001	0.000 003	0.000 008
24							0.000 001	0.000 003
25								0.000 001

λ m	8.5	9.0	9.5	10.0	λ m	20	λ m	30
0	0.000 203	0.000 123	0.000 075	0.000 045	5	0.000 055	8	0.000 002
1	0.001 729	0.001 111	0.000 711	0.000 454	6	0.000 183	9	0.000 005
2	0.007 350	0.004 998	0.003 378	0.002 270	7	0.000 523	10	0.000 015
3	0.020 826	0.014 994	0.010 696	0.007 567	8	0.001 309	11	0.000 042
4	0.044 255	0.033 737	0.025 403	0.018 917	9	0.002 908	12	0.000 104

续前表

m \ λ	8.5	9.0	9.5	10.0	m \ λ	20	m \ λ	30
5	0. 075 233	0. 060 727	0. 048 266	0. 037 833	10	0. 005 816	13	0. 000 240
6	0. 106 581	0. 091 090	0. 076 421	0. 063 055	11	0. 010 575	14	0. 000 513
7	0. 129 419	0. 117 116	0. 103 714	0. 090 079	12	0. 017 625	15	0. 001 027
8	0. 137 508	0. 131 756	0. 123 160	0. 112 599	13	0. 027 116	16	0. 001 925
9	0. 129 869	0. 131 756	0. 130 003	0. 125 110	14	0. 038 737	17	0. 003 397
10	0. 110 388	0. 118 580	0. 123 502	0. 125 110	15	0. 051 649	18	0. 005 662
11	0. 085 300	0. 097 020	0. 106 661	0. 113 736	16	0. 064 561	19	0. 008 941
12	0. 060 421	0. 072 765	0. 084 440	0. 094 780	17	0. 075 954	20	0. 013 411
13	0. 039 506	0. 050 376	0. 061 706	0. 072 908	18	0. 084 394	21	0. 019 159
14	0. 023 986	0. 032 384	0. 041 872	0. 052 077	19	0. 088 835	22	0. 026 126
15	0. 013 592	0. 019 431	0. 026 519	0. 034 718	20	0. 088 835	23	0. 034 077
16	0. 007 221	0. 010 930	0. 015 746	0. 021 699	21	0. 084 605	24	0. 042 596
17	0. 003 610	0. 005 786	0. 008 799	0. 012 764	22	0. 076 914	25	0. 051 115
18	0. 001 705	0. 002 893	0. 004 644	0. 007 091	23	0. 066 881	26	0. 058 979
19	0. 000 763	0. 001 370	0. 002 322	0. 003 732	24	0. 055 735	27	0. 065 532
20	0. 000 324	0. 000 617	0. 001 103	0. 001 866	25	0. 044 588	28	0. 070 213
21	0. 000 131	0. 000 264	0. 000 499	0. 000 889	26	0. 034 298	29	0. 072 635
22	0. 000 051	0. 000 108	0. 000 215	0. 000 404	27	0. 025 406	30	0. 072 635
23	0. 000 019	0. 000 042	0. 000 089	0. 000 176	28	0. 018 147	31	0. 070 291
24	0. 000 007	0. 000 016	0. 000 035	0. 000 073	29	0. 012 515	32	0. 065 898
25	0. 000 002	0. 000 006	0. 000 013	0. 000 029	30	0. 008 344	33	0. 059 908
26	0. 000 001	0. 000 002	0. 000 005	0. 000 011	31	0. 005 383	34	0. 052 860
27		0. 000 001	0. 000 002	0. 000 004	32	0. 003 364	35	0. 045 308
28			0. 000 001	0. 000 001	33	0. 002 039	36	0. 037 757
29				0. 000 001	34	0. 001 199	37	0. 030 614

续前表

m	λ 8.5	9.0	9.5	10.0	m	λ 20	m	λ 30
					35	0.000 685	38	0.024 169
					36	0.000 381	39	0.018 591
					37	0.000 206	40	0.013 943
					38	0.000 108	41	0.010 203
					39	0.000 056	42	0.007 288
					40	0.000 028	43	0.005 084
					41	0.000 014	44	0.003 467
					42	0.000 006	45	0.002 311
					43	0.000 003	46	0.001 507
					44	0.000 001	47	0.000 962
					45	0.000 001	48	0.000 601

习题答案

第一章　答案

习题 1—1

1. (1) $S = \{HH, HT, TH, TT\}$；(2) $S = \{0,1,2,3\}$；(3) $A = \{HH, HT\}$，$B = \{HH, TT\}$，$C = \{HH, HT, TH\}$.

2. $A = \{1,3,5\}$，$B = \{3,4,5,6\}$.

3. (1) $\overline{A}\,\overline{B}\,\overline{C}$；(2) $AB\overline{C}$；(3) $\overline{A}\,BC$；(4) $\overline{ABC}$；(5) $AB \cup AC \cup BC$；
(6) $\overline{A}\,\overline{B}\,\overline{C} \cup A\overline{B}\,\overline{C} \cup \overline{A}B\overline{C} \cup \overline{A}\,\overline{B}C$.

4. (1) 至少有一次击中靶子；(2) 至少有一次没击中靶子；(3) 前两次都没击中靶子.

5. 区别在于是否有 $A \cup B = S$.

习题 1—2

1. (1) 0.3；(2) 0.2；(3) 0.7.

2. 0.4.

3. 0625；0.375；0.875.

4. 0.72.

5. (1) 0.48；(2) 0.48.

6. (1) $\dfrac{8}{33}$；(2) $\dfrac{67}{165}$；(3) $\dfrac{7}{165}$.

7. (1) $\dfrac{2}{3}$；(2) $\dfrac{1}{3}$.

8. (1) $C_8^2 C_{22}^8 / C_{30}^{10}$；(2) $(C_{22}^{10} + C_8^1 C_{22}^9 + C_8^2 C_{22}^8)/C_{30}^{10}$；(3) $1 - (C_{22}^{10} + C_8^1 C_{22}^9 + C_8^2 C_{22}^8)/C_{30}^{10}$.

9. $P_4^3 / 4^3$.

习题 1—3

1. 1/3.

2. $P(A \cup B) = 1/3$.

3. $P(A|B) = 1/3, P(B|A) = 1/5$.

4. $\dfrac{1}{5}$.

5. (1) $P(A) = 50\%, P(B) = 15\%$；(2) $P(B|A) = 0.1$；(3) $P(B|\overline{A}) = 0.2$；

(4) $P(A|\overline{B}) = \dfrac{9}{17}$；(5) $P(A|B) = \dfrac{1}{3}$.

6. (1) 40%；(2) 60%；(3) $\dfrac{1}{4}$.

8. 0.45.

9. 17.06%.

10. $P(N_1|M) = 0.24$，$P(N_2|M) = 0.60, P(N_3|M) = 0.16$.（$M$ 表示程序因打字机发生故障而被破坏；N_1 表示该程序是在 A 打字机上打字；N_2 表示该程序是在 B 打字机上打字；N_3 表示该程序是在 C 打字机上打字.）

11. 99.9947%.

12. (1) 94%；(2) $70/94$.

13. 0.993.

习题 1—4

1. (A).

2. (A).

3. (C).

4. $(0.4)^3$.

5. $P_1 P_2 + P_1 P_3 + P_2 P_3 - E P_1 P_2 P_3$.

6. 0.98.

7. $n = 5$.

8. 0.7.

9. $\dfrac{1}{2}$.

10. (1) $\dfrac{113}{250}$；(2) $\dfrac{83}{125}$.

11. (1) 0.38；(2) 0.88.

12. (1) 0.29；(2) 0.44；(3) 0.94.

13. (1) 0.0729；(2) 0.00856；(3) 0.99954.

第二章　答案

习题 2—1

1. $P(X \leqslant 0) = 0.5$，$P(0 < X \leqslant 1) = 0.5$，$P(X \geqslant 1) = 0.5$.

2. (1) $A = 1$；(2) $P(1 < X \leqslant 2) = \dfrac{1}{6}$．

3. (1) $A = \dfrac{1}{2}$，$B = \dfrac{1}{\pi}$；(2) $P(-1 < X \leqslant 1) = \dfrac{1}{2}$；(3) $f(x) = \dfrac{1}{\pi(1 + x^2)}$．

4. (1) $A = 1$；(2) $P(0.3 \leqslant X \leqslant 0.7) = 0.4$．

5. (1) $a = \dfrac{1}{2}$，$b = \dfrac{1}{\pi}$；(2) $\dfrac{1}{3}$．

习题 2—2

1. $\lambda = 2(\lambda > 0)$．

2. (1) $P\left\{\dfrac{1}{2} < X < \dfrac{5}{2}\right\} = \dfrac{1}{5}$；(2) $P\{1 \leqslant X \leqslant 3\} = \dfrac{2}{5}$；(3) $P\{X > 3\} = \dfrac{3}{5}$．

3. $c = \dfrac{37}{16}$，$P\{X < 1 \mid X \neq 0\} = \dfrac{8}{25}$．

4. $P\{X = 3\} = \dfrac{1}{C_5^3} = \dfrac{1}{10}$，$P\{X = 4\} = \dfrac{C_3^2}{C_5^3} = \dfrac{3}{10}$，$P\{X = 5\} = \dfrac{C_4^2}{C_5^3} = \dfrac{6}{10}$．

5. $P(A) = 0.6$．

6.

X	0	1
p_i	0.4	0.6

7. $P\{X = 0\} = \dfrac{C_7^3}{C_{10}^3}$，$P\{X = 1\} = \dfrac{C_7^2 C_3^2}{C_{10}^3}$，$P\{X = 2\} = \dfrac{C_7^1 C_3^2}{C_{10}^3}$，$P\{X = 3\} = \dfrac{C_3^3}{C_{10}^3}$．

8. X：$1, 2, 4, 5$，每次命中概率为 $p = 0.4$，

X	1	2	3	4	5
p_i	0.4	0.6 * 0.4	0.6^2 * 0.4	0.6^3 * 0.4	0.6^4 * 1

9. $P\{Y \geqslant 1\} = \dfrac{19}{27}$．

10. (1) $P\{X = 1\} = 0.732\,63$；(2) $P\{X \geqslant 1\} = 0.981\,684$；(3) $P\{X \leqslant 1\} = 0.091\,579$．

11. (S1) $P\{X > 15\} = 0.048\,7$；(2) $P\{X \geqslant 2\} \approx 0.153\,4$．

12. (1) $P(X = 2)C_5^2 0.6^2 0.4^3$；(2) $P(X \geqslant 3) = C_5^3 0.6^3 0.4^2 + C_5^4 0.6^4 0.4 + 0.6^5$；
(3) $P(X \leqslant 3) = 1 - C_5^4 0.6^4 0.4 - 0.6^5$；(4) $P(X \geqslant 1) = 1 - 0.4^5$．

13. 至少必须进行 11 次独立射击．

14. (1) $P\{X = 3\} = C_{10}^3 0.7^3 0.3^7$；(2) $P\{X \geqslant 3\} = 1 - P\{X < 3\} = 1 - \displaystyle\sum_{i=0}^{2} C_{10}^k 0.7^k 0.3^{10-k}$；

(3) 最有可能命中 7 炮．

15. $P\{X \leqslant 13\} = 0.9265 \ (\lambda = 9)$；(2) 9.

16. $F(x) = \begin{cases} 0, & x < 1 \\ 0.2, & 1 \leqslant x < 2 \\ 0.5, & 2 \leqslant x < 3 \\ 1, & x \geqslant 3 \end{cases}$.

习题 2—3

1. $Y = \dfrac{X+3}{2} \sim N(0,1)$.

2. 0.25；0；$F(x) = \begin{cases} 0, & x < 0 \\ x^2, & 0 \leqslant x < 1 \\ 1, & x \geqslant 1 \end{cases}$.

3. (1) $k = 2$；(2) $F(x) = \begin{cases} 0, & x < 0 \\ x^2, & 0 \leqslant x < 1 \\ 1, & x \geqslant 1 \end{cases}$；

(3) 法一：$P(-0.5 < X < 0.5) = \int_{-0.5}^{0.5} f(x)\mathrm{d}x = \int_{-0.5}^{0} 0\mathrm{d}x + \int_{0}^{0.5} 2x\mathrm{d}x = \dfrac{1}{4}$；

法二：$P(-0.5 < X < 0.5) = F(0.5) - F(-0.5) = \dfrac{1}{4} - 0 = \dfrac{1}{4}$.

4. (1) $f(x) = \begin{cases} 1/x, & 1 < x < \mathrm{e} \\ 0, & \text{其他} \end{cases}$；(2) $1 + \ln 2$.

5. (1) $\begin{cases} A = 1 \\ B = -1 \end{cases}$；(2) $1 - \mathrm{e}^{-2}$；(3) $f(x) = \begin{cases} 2\mathrm{e}^{-2x}, & x > 0 \\ 0, & x \leqslant 0 \end{cases}$.

6. $A = 0.5$；$F(x) = \begin{cases} 0.5\mathrm{e}^{x}, & x < 0 \\ 1 - 0.5\mathrm{e}^{-x}, & x \geqslant 0 \end{cases}$.

7. (1) $\dfrac{1}{4}(x_2 - 1)$；(2) $\dfrac{1}{4}(5 - x_1)$.

8. (1) 0.5328, 0.9996, 0.6977, 0.5；(2) $C = 3$.

9. $n = 4\,077$.

10. (1) 选第二条；(2) 选第一条.

11. $Y \sim B(5, \mathrm{e}^{-2})$. 即 $P(Y = k) = \dbinom{5}{k} \mathrm{e}^{-2k}(1 - \mathrm{e}^{-2})^{5-k} \ (k = 1,2,3,4,5)$；$P(Y \geqslant 1) = 0.5167$.

习题 2—4

1.

Y	0	1	4	9
p_i	$\dfrac{1}{5}$	$\dfrac{1}{6} + \dfrac{1}{15}$	$\dfrac{1}{5}$	$\dfrac{11}{30}$

2.

Y	-1	1	3
p	0.3	0.4	0.3

3. $f_Y(y) = \begin{cases} \dfrac{1}{b-a} \cdot \dfrac{1}{|c|}, & ca+d \leqslant y \leqslant cb+d, \\ 0, & \text{其他} \end{cases}$.

4. $f_Y(y) = \begin{cases} \dfrac{1}{y}, & 1 \leqslant y \leqslant \mathrm{e} \\ 0, & \text{其他} \end{cases}$.

5. $f_Y(y) = \begin{cases} \dfrac{1}{y^2}, & y \geqslant 1 \\ 0, & y < 1 \end{cases}$.

6. $f_Y(y) = \begin{cases} \dfrac{1}{\sqrt{y}}(1-\sqrt{y}), & 0 < y < 1 \\ 0, & \text{其他} \end{cases}$.

7. (1) $\psi(y) = \begin{cases} \dfrac{1}{\sqrt{2\pi}} \mathrm{e}^{-\frac{(\ln y)^2}{2}} \cdot \dfrac{1}{y}, & 0 < y < +\infty \\ 0, & \text{其他} \end{cases}$;

(2) $\psi(y) = \begin{cases} \dfrac{1}{2\sqrt{\pi(y-1)}} \mathrm{e}^{-\frac{y-1}{4}}, & y > 1 \\ 0, & \text{其他} \end{cases}$;

(3) $\psi(y) = \begin{cases} \sqrt{\dfrac{2}{\pi}} \mathrm{e}^{-\frac{y^2}{2}}, & y > 0 \\ 0, & \text{其他} \end{cases}$.

习题 2—5

1.

X＼Y	0	1	2
0	0	0	0.1
1	0	0.4	0.2
2	0.1	0.2	0

X	0	1	2
p_i	0.1	0.6	0.3

Y	0	1	2
p_i	0.1	0.6	0.3

2. (1) $a=0.1$, $b=0.3$；(2) $a=0.2$, $b=0.2$；(3) $a=0.3$, $b=0.1$.

3. (1) $k=1$；(2) 1/8；(3) 1/3；(4) 3/8.

4. (1) $k=8$；(2) 1/6；(3) 1/16.

5. (1) $a=1/6$, $b=7/18$；(2) $a=4/9$, $b=1/9$；(3) $a=1/3$, $b=2/9$.

6. $c=6$，X 与 Y 相互独立.

W	0	1	2	3
p_k	1/12	5/12	5/12	1/12

7. （表如上）．

第三章　答案

习题 3—1

1. 11.

2. $\alpha = 2$，$k = 3$.

3. $E(X) = 1.8$.

4. 4.

5. $E(X) = 1$.

6. $E(X^2) = 18.4$.

7. $E(Z) = 4$.

8. (C).

习题 3—2

1. (B)

2. (D)

3. (B).

4. $D(X) = 0.16$.

5. $E(Z) = 5, D(Z) = 9$; $f_Z(z) = \dfrac{1}{2\sqrt{2\pi}} e^{-\frac{(x-5)^2}{2 \times 9}}$，$-\infty < x < +\infty$.

6. $D(Z) = \dfrac{1}{18}$.

7. $E(X^*) = 0, D(X^*) = 1$.

习题 3—3

1. $D(2X + Y) = 148 ; D(X - 2Y) = 57$.

2. $E(X) = \dfrac{7}{12}$，$E(X^2) = \dfrac{11}{144}$，$D(X) = \dfrac{11}{144}$，$E(XY) = \dfrac{1}{3}$，$\text{cov}(X, Y) = -\dfrac{1}{144}$，$\rho_{XY} = -\dfrac{1}{11}$.

3. (1) $E(Z) = \dfrac{1}{3}$，$D(Z) = 3$；(2) $\rho_{XZ} = 0$ ；(3) X 与 Y 相互独立．

4. (C).

习题 3—4

1. 0.178 8.

2. 0.889；0.841.

第四章　答案

习题 4—1

1. (C).

2. 1.57，0.254，$0.064\,6$.

3. b^2/n.

习题 4—2

1. (B).

2. (1) $t(2)$；(2) $t(n-1)$；(3) $F(3,n-3)$.

3. 略.

4. $F(10,5)$.

5. (1) $U\sim\chi^2(4)$，$W\sim\chi^2(3)$，$D(s^2)=293\,378/3$；(2) 0.85；0.85.

6. 略.

7. -1.29，9.236，$-1.372\,2$，6.16.

8. $E(\overline{X})=m$，$D(\overline{X})=2m/n$.

习题 4—3

1. $N(0,1)$，$t(n-1)$，$\chi^2(n-1)$，$\chi^2(n)$.

2. $0.674\,4$.

3. (1) $0.829\,3$；(2) $0.262\,8$.

4. (1) $0.000\,398$；(2) $10\mathrm{e}^{-10}$.

5. (1) $16\mathrm{e}^{-2(x_1+x_2+x_3+x_4)}$ $(X_1,X_2,X_3,X_4>0)$；(2) $E(\overline{X})=\dfrac{1}{2}$，$D(\overline{X})=\dfrac{1}{16}$；

(3) $E(X_1X_2)=\dfrac{1}{4}$（由独立性）；(4) $\dfrac{1}{8}$；(5) $\dfrac{3}{16}$.

第五章 答案

习题 5—1

1. 略.

2. 略.

3. 略.

4. 略.

5. (1) T_1，T_3 是 θ 的无偏估计量；(2) T_3 是比 T_1 更有效的无偏估计量.

习题 5—2

1. (1) $\hat{b}=2\overline{X}$；(2) $\hat{b}=1.69$.

2. $\hat{\theta}=3\overline{X}$.

3. $\hat{p}=1+\overline{X}-\dfrac{A_2}{\overline{X}}$；$\hat{m}=\dfrac{(\overline{X}^2)}{\overline{X}+(\overline{X})^2-A_2}$.

4. (1) $\left(\dfrac{\overline{X}}{1-\overline{X}}\right)^2$；(2) $\left[\dfrac{n}{\displaystyle\sum_{i=1}^{n}\ln X_i}+1\right]^2$.

5. (1) $\hat{\theta} = 5/6$；(2) $\hat{\theta} = 5/6$.

6. $\hat{\theta} = \dfrac{\overline{X}}{2}$；$\hat{\theta} = \dfrac{1}{2n}\sum\limits_{i=1}^{n} x_i = \dfrac{\overline{x}}{2}$.

7. (1) $\hat{\lambda} = \dfrac{1}{n}\sum\limits_{i=1}^{n} x_i = \overline{x}$；$\hat{\lambda} = \overline{X}$ (2) $\hat{\lambda} = \overline{x} = 7.2$.

习题 5—3

1. (1) $(1.377, 1.439)$；(2) $(1.346, 1.454)$.

2. (1) $(0.0013, 0.0058)$；(2) $(0.036, 0.076)$.

3. (1) $(1464.42, 1491.58)$；(2) $(1466.60, 1489.40)$.

4. $(55.56, 58.04)$.

5. (1) $\hat{\mu} = \overline{x} = 14.72$，$s^2 = \dfrac{1}{n-1}\sum\limits_{i=1}^{n}(x_i - \overline{x})^2 = 1.9072$；(2) $(14.292, 15.148)$.

6. $(60.33, 72.27)$.

7. $(17.90, 20.24)$.

8. (1) 37.75；(2) $(4.406, 10.142)$.

9. $\underline{\mu} = 11.67$.

10. $\overline{\mu_A - \mu_B} = 6.75$.

第六章 答案

习题 6—1

1. (D).

2. (B).

3. 略.

4. 略.

5. 略.

6. 简单假设：(1)；复合假设：(2)、(3)、(4)、(5).

习题 6—2

1. (C).

2. (C).

3. (B).

4. (C).

5. 采用 U 检验，不能认为过去百分比平均数为 32.50%.

6. 采用 U 检验，今年的日均销售额与去年相比有显著变化.

7. 采用 t 检验，$\mu \neq 1277$.

8. 采用 t 检验，有显著差异.

9. 采用 χ^2 检验，这一天生产的产品游离氨基酸含量的总方差正常.

10. 采用 χ^2 检验，$\sigma_0^2 = 0.3$ 不可信.

11. 采用 t 检验，接受原假设 $H_0 : \mu \leqslant 125$.

12. 采用 χ^2 检验，拒绝原假设，方差没有变大.

13. 采用 χ^2 检验，提纯后株高高度更整齐.

习题 6—3

1. 采用 U 检验，有显著差异.

2. 采用 U 检验，没有显著差异.

3. 采用 t 检验，燃烧时间相同.

4. 采用 t 检验，没有显著差异.

5. 采用 F 检验，没有明显差异.

6. 先利用 F 检验，再利用 t 检验. 可以认为两窑砖的抗折强度的均值无显著差异.

7. 采用 U 检验，运动男生比不参加运动的男生平均身高明显高.

8. 采用 F 检验，乙机床的产品直径的方差明显小于甲机床.

9. 采用 F 检验，无显著差异.

10. 采用大样本 U 检验. 新方法将增加每台布机的平均断头次数，故不能推广.

习题 6—4

1. 认为是均匀的.

2. 认为白球和黑球个数相等.

第七章　答案

习题 7—1

1. 三校人数相等时成绩有显著差异；人数不等时成绩无显著差异.

2. 差异显著.

3. 温度对得率有显著影响.

习题 7—2

1. 不能证实.

2. (1) $y = 12.19 - 2.06x$；(2) -0.9556；(3) y 与 x 之间的线性回归关系特别显著.

3. (1) $y = -1.4264 + 0.1232x$；(2) 0.9845；(3) y 与 x 之间的线性回归关系特别显著；(4) $(1.2986, 2.0086)$

参考书目

[1] 周概容. 概率论与数理统计(经管类). 北京：高等教育出版社，2012.

[2] 吴赣昌. 概率论与数理统计(经管类·第四版). 北京：中国人民大学出版社，2011.

[3] 肖马成，周概容. 概率论与数理统计证明题 500 例解析. 北京：高等教育出版社，2008.

[4] 周概容. 概率统计习题集. 天津：南开大学出版社，2003.

图书在版编目（CIP）数据

概率论与数理统计/李振华，齐宗会主编. —北京：中国人民大学出版社，2014.11
21世纪高等院校创新教材
ISBN 978-7-300-20215-0

Ⅰ.①概… Ⅱ.①李…②齐… Ⅲ.①概率论-高等学校-教材②数理统计-高等学校-教材 Ⅳ.①O21

中国版本图书馆 CIP 数据核字（2014）第 243118 号

21世纪高等院校创新教材
概率论与数理统计
主　编　李振华　齐宗会
副主编　周振宁　樊园杰
Gailülun yu Shuli Tongji

出版发行	中国人民大学出版社			
社　　址	北京中关村大街 31 号		邮政编码	100080
电　　话	010－62511242（总编室）		010－62511770（质管部）	
	010－82501766（邮购部）		010－62514148（门市部）	
	010－62515195（发行公司）		010－62515275（盗版举报）	
网　　址	http://www.crup.com.cn			
经　　销	新华书店			
印　　刷	北京昌联印刷有限公司			
规　　格	185 mm×260 mm　16 开本		版　　次	2015 年 1 月第 1 版
印　　张	11.5 插页 1		印　　次	2019 年 12 月第 2 次印刷
字　　数	268 000		定　　价	23.00 元